普通高等教育"十二五"规划教材

机械制造基础

王甫茂　主编

科 学 出 版 社

北　京

内 容 简 介

本书根据高等职业技术院校机械类专业的教学基本要求，结合有关高职院校教学改革、课程改革的经验，以实际应用为目的，以“理论必须、够用为度”为指导思想，精选教学内容，将传统的工程材料及热处理、热加工工艺基础、冷加工工艺基础等课程的有关内容进行了优化重构，将理论知识与实验指导融为一体，体现了“理实一体化”的课程特色。

全书分为三篇：第一篇为工程材料，第二篇为毛坯成形方法，第三篇为金属切削加工。本书参考学时为60～70学时。

本书可作为三年制高职高专院校数控、模具、机电及近机械类专业的教材，也可作为有关教师与工程技术人员的参考书。

图书在版编目(CIP)数据

机械制造基础/王甫茂主编. —北京：科学出版社，2011
(普通高等教育“十二五”规划教材)
ISBN 978-7-03-031965-4

Ⅰ.①机… Ⅱ.①王… Ⅲ.①机械制造-高等学校-教材 Ⅳ.①TH16

中国版本图书馆CIP数据核字(2011)第155532号

责任编辑：毛 莹 张丽花/ 责任校对：林青梅
责任印制：张 伟/ 封面设计：迷底书装

科学出版社出版
北京东黄城根北街16号
邮政编码：100717
http://www.sciencep.com
涿州市般润文化传播有限公司 印刷
科学出版社发行 各地新华书店经销
*
2011年8月第 一 版 开本：787×1092 1/16
2022年1月第八次印刷 印张：13 3/4
字数：360 000

定价：49.00元

(如有印装质量问题，我社负责调换)

前　言

本书根据高等职业技术院校机械类专业的教学基本要求，结合有关高职院校教学改革、课程改革的经验，以实际应用为目的，以“理论必须、够用为度”为指导思想，精选教学内容，将传统的机械制造技术基础的教学内容进行了优化重构，并体现了“理实一体化”的课程特色。

本书是科学出版社普通高等教育“十二五”规划教材，也是四川省省级教改项目“高职高专机械基础系列课程与教材建设研究”系列教材之一。本书与其他同类教材不同的是，体现了现代高等职业教育的改革特点，将教材、学习参考书、实训指导书的功能融为一体。全书内容简洁、实用，知识面广，深度适宜，便于教师讲授和学生自学。

本书分为三篇，共14章，包括金属材料的力学性能及其测定、铁碳合金、钢的热处理、常用工程材料、铸造、锻压、焊接、切削加工基础、车削、钻削和镗削、刨削和铣削、磨削、齿轮齿形加工、钳工。

本书由部分高职院校具有丰富教学经验的教师编写。全书由宜宾职业技术学院王甫茂副教授担任主编，田泽明、周文超担任副主编，由泸州职业技术学院贺元成教授和宜宾职业技术学院陈子侠教授担任主审。具体的编写分工如下：周文超（第1、2章）、王甫茂（第3、4章）、王信（第5、6章）、张安民（第7章）、陈川雄（第8、9章）、罗宗平（第10、11章）、田泽明（第12、13章）、王强（第14章）。

因编者水平有限，错漏之处在所难免，恳请广大读者批评指正。

编　者

2011年6月

目　录

第一篇　工程材料

第二篇　毛坯成形方法

第三篇 金属切削加工

绪　论

材料科学和制造科学是促进人类文明与发展的重要领域，对国民经济的发展起着重要作用。面对市场经济和全球化竞争的挑战，机械制造工业要为国民经济的发展作出重要贡献，就要十分重视材料成形与制造科学的发展。

1. 机械的基本概念

机械（machine），源自于希腊语 mechine 及拉丁文 mecina，原指“巧妙的设计”，而现代意义的机械是机构和机器的总称，是能帮人们降低工作难度或省力的工具装置。

（1）机构。机构是指两个或两个以上的构件通过活动连接以实现规定运动的构件组合。机构的特征有：机构是一种人为的实物构件的组合，机构各部分之间具有确定的相对运动。

构件：机构中的运动单元体。

零件：组成机械和机器的不可分拆的单个制件，其制造过程一般不需要装配工序。零件是机械制造过程中的基本单元。

部件：机械的一部分，可以完成某个特定功能或动作，由若干装配在一起的零件组成。

（2）机器。机器是由零部件组装成的装置，可以运转，用来代替人的劳动、作能量变换或产生有用功。机器除具备机构的特征外，还必须具备第三个特征，即能代替人类的劳动以完成有用的机械功或转换机械能。机器贯穿人类历史的全过程。马克思指出，人类进入工业文明的标志就是现代意义上的机器的诞生。

2. 机械制造一般工艺过程

机械制造的生产过程一般是先根据设计选用材料，然后用铸造、压力加工或焊接等方法将材料制作成零件的毛坯（或半成品），再经切削加工制成符合尺寸精度要求的零件，最后将零件装配成为机器。为了改善毛坯和工件的性能，常须在制造过程中穿插进行热处理。机械制造工艺流程如图 0.1 所示。

毛坯材料和成形方法的选用直接影响零件的质量、成本和生产率。要合理选择毛坯种类及制造方法，就必须掌握各种材料的性能、特点、应用及其成形过程，包括各种成形方法的工艺实质、成形特点和选用原则等。

3. 我国机械制造的历史及发展

在材料生产及其成形工艺的历史上，我们的祖先有过辉煌的成就。我国在原始社会后期开始有陶器，在仰韶文化和龙山文化时期制陶技术已相当成熟；青铜冶炼始于夏代，至商、周代（公元前 16 世纪至公元前 8 世纪）冶铸技术已达到很高水平，形成了灿烂的青铜文化；公元前 7 世纪至公元前 6 世纪的春秋时期，铁器在我国已开始大量使用，白口铸铁、麻口铸铁、可锻铸铁相继出现，比欧洲诸国早了 1800 多年；约 3000 年前，我国便已采用铸造、锻造、淬火等技术生产工具和各种兵器。大量的历史文物，如湖北江陵楚墓中发现的埋藏了 2000 多年的越王勾践剑，至今仍异常锋利；陕西秦始皇陵出土的大型彩绘铜车马，由 3000 多个零部件组成，

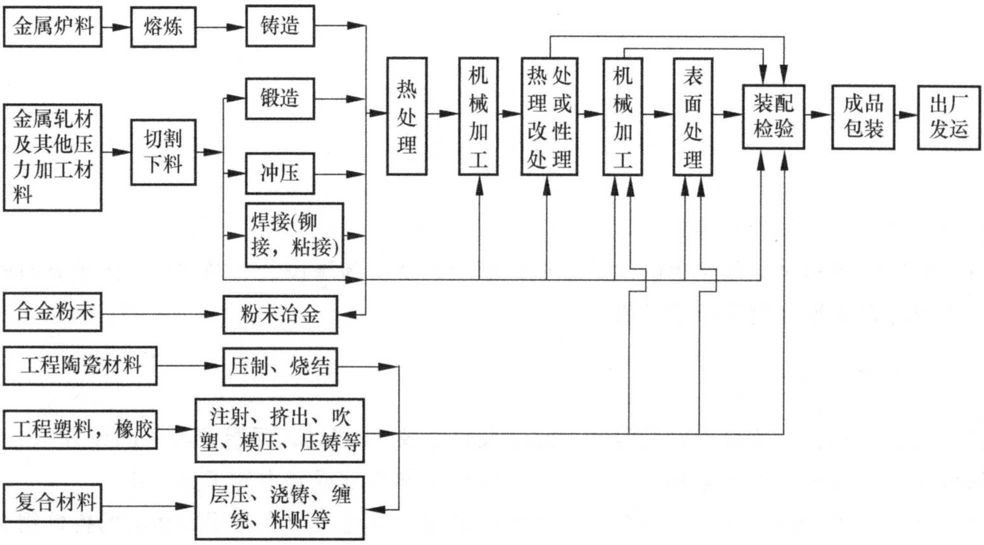

图 0.1　机械制造工艺流程图

综合采用了铸造、焊接、凿削、研磨、抛光等多种机械制造工艺，结构之复杂，制作之精美，至今仍令人叹服；明朝永乐年间制造的大钟（重 46.5t），上有经文 20 余万字，其浑厚悦耳的钟声至今仍伴随着华夏子孙辞旧迎新……都显示了中华民族在材料成形方法及热处理工艺等方面的卓越成就。

新中国成立以后，特别是近几十年来，我国工业生产发展迅速。20 世纪 60 年代我国自行设计并生产的 12000t 水压机，是制造大型机电设备的必备生产设备；我国人造地球卫星、洲际弹道导弹及“长征”系列运载火箭的研制成功，均与我国机械制造工艺水平的发展密切相关。上述飞行器的壳体均选用铝合金、钴合金或特殊合金薄壳结构，采用胶接及钨极氩弧焊、等离子弧焊、真空电子束焊、真空钎焊和电阻焊等方法焊接而成。我国成功生产了世界上最大的轧钢机机架铸钢件（重 410t）和长江三峡巨型水轮发电机组特大型零部件。

20 世纪 80 年代后，世界各国纷纷开始了对各种新材料的开发。光电子信息材料、先进复合材料、先进陶瓷材料、新型金属材料、高性能塑料、超导材料等层出不穷，并迅速投入使用，给社会生产和人们的生活带来了巨大的变化。近年来，精密成形技术的不断发展，使毛坯的形状、尺寸和表面质量更接近零件要求。国际机械加工技术学会预测，本世纪初精密成形与磨削加工相结合，将逐渐取代大部分中、小零件的切削加工，到 2015 年，它所成形的零件的公差可相当于磨削精度。

当今世界，科学技术迅猛发展，微电子、计算机、自动化技术与制造工艺和设备相结合，形成了从单机到系统、从刚性到柔性、从简单到复杂等不同档次的多种自动控制加工技术；成形加工过程的计算机模拟、仿真与并行工程、敏捷工程及虚拟制造相结合，已成为网络化异地设计和制造的重要内容，应用新型传感器、无损检测等自动化监控技术及可编程控制器、新型控制装置可以实现系统的自适应控制和自动化控制。

尽管各种新技术、新工艺应运而生，新的制造理念不断形成，但铸造、锻压、焊接、热处理及机械加工等传统的常规成形工艺至今仍是被广泛使用的技术。因此，常规工艺不断改进和提高，并通过各种途径实现其高效化、精密化、轻量化和绿色化，具有很重要的技术经济意义。

4. 本课程的主要内容

“机械制造基础”是机械类和近机械类专业的重要技术基础课程。本书以机械制造工艺过程的基本理论和基本知识为主线，整合了选材、毛坯、加工等内容，如图 0.2 所示。

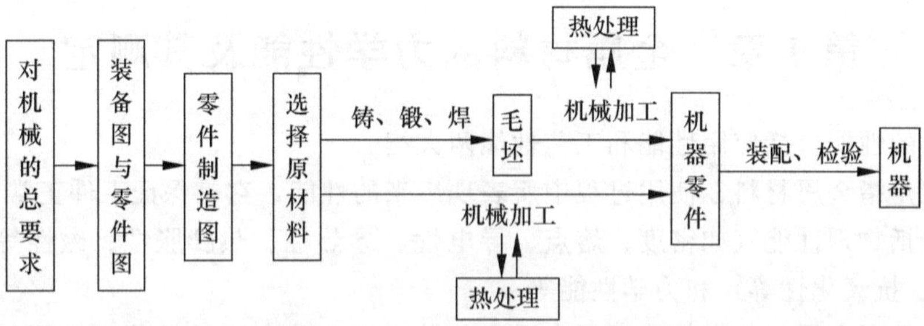

图 0.2 机器制造的一般过程

其主要内容包括：

(1) 材料的力学性能：介绍材料性能的基本概念和衡量指标、常用材料性能的测定方法。

(2) 铁碳合金相图：介绍铁碳合金的成分—组织—性能之间的关系。

(3) 钢的热处理：介绍改变常见金属材料性能的一般方法。

(4) 常用材料及选用：介绍工程中典型材料的牌号、性能和选用。

(5) 毛坯成形方法：介绍铸造、锻压、焊接等热加工的基本工艺方法。

(6) 切削加工原理：介绍切削加工运动、切削力、刀具以及一些切削物理现象等。

(7) 机械加工：介绍车、铣、钻、镗、刨、磨、钳及齿轮加工基本知识和基本工艺方法。

5. 本课程的教学目标及学习方法

通过本课程的教学，使学生掌握与机械制造技术有关的基础知识、基本理论和基本方法，获得正确选择材料、合理选择毛坯、机器零件切削加工原理、加工方法与设备及先进制造技术等方面的基本知识，学会与本课程基础知识相关的实验、实训的基本技能，为学习其他有关专业课程及以后从事机械设计与制造方面的工作奠定必要的技术基础。

机械制造基础涉及内容多，且实践性强，是典型的“理实一体化”课程。学习过程中除了注重建立相关理论知识体系外，要下工厂、多实践，要重视实验、生产实习，并配合相关职业资格鉴定要求进行实际操作培训，通过提高感性认识来强化知识体系，并初步形成良好的职业行为习惯。

第一篇　工程材料

第1章　金属材料的力学性能及其测定

金属材料的性能包括使用性能和工艺性能两大类。

使用性能是指金属材料在使用过程中所表现出来的性能，它是保证工件正常工作应具备的性能，主要包括物理性能（如密度、熔点、导电性、导热性、热膨胀性、磁性等）、化学性能（如耐腐蚀性、抗氧化性等）和力学性能等。

工艺性能是指金属材料在加工过程中适应各种加工工艺方法的性能，主要包括铸造性能、锻造性能、焊接性能和切削加工性能等。

金属材料的力学性能是零件设计、选材和验收的主要依据，直接关系到零件能否正常使用。

金属是绝大多数机械设备的选用材料。一般情况下，选用金属材料时，是以力学性能作为主要依据的。力学性能是指材料在外加载荷作用下所表现出来的性能，主要包括强度、塑性、硬度、韧性和疲劳强度等。用来表征材料力学性能的各种临界值或规定值均称为力学性能指标，材料力学性能的优劣就是用这些指标的具体数值来衡量的。要研究材料的力学性能，必须先了解零件所承受载荷的性质和作用方式。根据载荷的性质，一般分为静载荷、冲击载荷和交变载荷。静载荷是指载荷的大小和方向不变或变动很慢的载荷；冲击载荷是指突然作用于零部件上的载荷；交变载荷是指大小与方向随时间发生周期性变化的载荷。根据载荷形式的不同，载荷也可分为拉伸载荷、压缩载荷、弯曲载荷、剪切载荷和扭转载荷等，如图1.1所示。

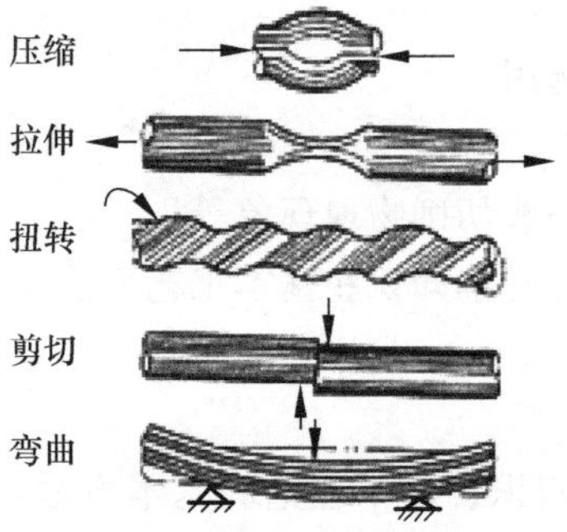

图1.1　载荷的形式

金属材料受到载荷作用时，发生形状和尺寸的变化，称为变形。变形按卸载后能否完全消失，分为弹性变形与塑性变形。所谓弹性变形，是指材料受到载荷作用时产生形变、载荷卸除后恢复原状的变形。而塑性变形是指载荷卸除后不能恢复原状的变形，也称永久变形。

1.1　强度、塑性指标及其测定

材料的强度与塑性是材料最重要的力学性能指标。

强度是指材料抵抗变形和断裂的能力。根据载荷作用形式的不同，强度可分为抗拉、抗压、抗弯、抗剪和抗扭强度等。一般情况下，多以静载荷作用下抗拉强度作为判别金属强度的基本指标。

塑性是指材料在断裂前产生永久变形而不被破坏的能力。

强度和塑性指标常通过拉伸试验来测定。拉伸试验是在拉伸试验机上，用静拉伸载荷对标准试样进行轴向拉伸，同时连续测量载荷和相应的伸长量，直至试样断裂，根据测出的拉伸曲线及数据，即可得出强度和塑性指标。

1.1.1 拉伸试验

低碳钢是工程上最广泛使用的材料，同时，低碳钢试样在拉伸试验中所表现出的变形与抗力间的关系也比较典型。所以，本次试验采用低碳钢作为塑性材料的代表进行测试。

1）拉伸试件

材料的力学性能是通过拉伸实验来确定的，因此必须把所测试的材料加工成能被拉伸的试件。试验表明，试件的尺寸和形状对实验结果有影响。为了避免这种影响和便于使各种材料力学性能的测试结果进行比较，国家标准对试件的尺寸和形状作了统一的规定，拉力试件分为比例的和非比例的两种。比例试件应符合如下的关系：

$$L_0 = K \cdot A_0 \tag{1-1}$$

式中，L_0 为标距，用于测量拉伸变形，mm；A_0 为标距部分试件的断面积；K 为系数，$K=5.56$ 或 $K=11.3$，前者称为短试件，后者称为长试件。

据此，直径为 d_0 的短、长圆形试件的标距长度 L_0 分别为 $5d_0$ 和 $10d_0$；非比例试件的标距与其横截面间则无上述关系，而是根据制品（薄板、薄带、细管、细丝、型材等）的尺寸和材料的性质规定出平行长度 L 和标距长度 L_0。长试件如图 1.2 所示。试件两端较粗的部分为装入试验机夹头中的夹持部分，起传递拉力的作用。它的形状及尺寸可根据试验的夹头形式而定。

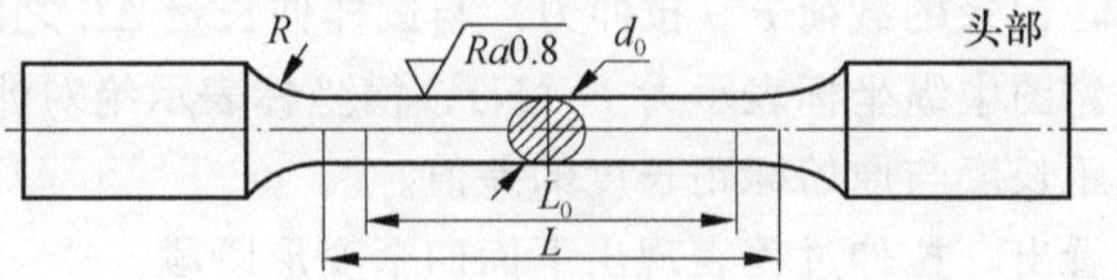

图 1.2　圆形拉伸试件

2）试验装置

万能试验机或拉力试验机。试验机的夹头有各种形式，一般采用夹板式，如图 1.3 所示。图形截面试件所用的夹板如图 1.4 所示。楔形夹板表面制成凸纹，因而承受拉力作用后的试件会越来越紧。有的试验机采用螺纹夹头，则试件夹持部分相应也为螺纹。试验时，利用试验机的自动绘图器可绘出低碳钢的拉伸图。

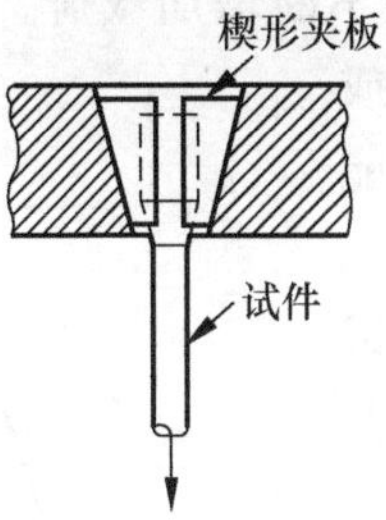

图 1.3　夹板式夹头

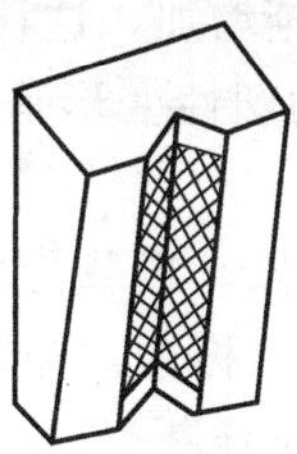

图 1.4　用于圆形截面试件的夹板

3）试验步骤

（1）试件准备与尺寸测量，用划线机划上试件的标距，并将其分成 10 格，以便观察标距范围内沿轴向的变形情况。用游标卡尺测量试件标距部分的直径。在标距范围的中间及两端处，每处两个互相垂直的方向上各测量一次，取其平均值为该处直径。用所测得的三个平均值中的最小值计算试件的横截面面积 A_0，计算 A_0 时取三位有效数字。

（2）观察颈缩现象。当测力指针再次出现停滞不前、倒退现象时，可以观察到试件产生局部变形的颈缩现象。随之，测力指针迅速倒退，试件很快断裂。

(3) 确定 F_b。试件断裂后，关闭机器电门；记录随动指针所指的刻度值，此即为强度极限载荷 F_b。

(4) 取下试件，将拉断的试件在断口处尽量对拢，量测拉断后的标距长度 L_1 和断口直径 d_1。

(5) 分析试验得到的曲线，如图 1.5 所示。

注意事项：

(1) 开机前和停机后，送油阀一定要置于关闭位置；加载、卸载和回油均须缓慢进行。

(2) 拉伸试件夹住后，不得再调整下夹头的位置。

(3) 机器开动时，操纵者不得擅自离开。

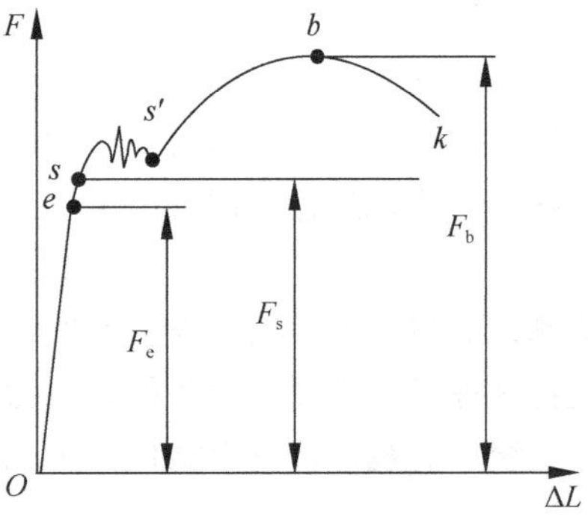

图 1.5 低碳钢（塑性材料）的力-伸长曲线图

(4) 使用时，听见异声或发生任何故障应立即停止。

(5) 调整测力指针指零时，一定要开机进油，使活动平台上升少许。

(6) 试件装夹必须正确，防止偏斜和夹入部分过短的现象；读测力度盘显示值时，测力指针所指的刻度值必须与所挂摆锤相对应。

4) 力-伸长曲线

在拉伸试验过程中，记录的载荷 F（拉伸力）与试样伸长量 ΔL 之间的关系曲线称为力-伸长曲线，如图 1.5 所示。图中纵坐标表示力 F (N)；横坐标表示绝对伸长量 ΔL (mm)，即在某一拉伸力时试样的标距长度与原始标距长度的差值。

由图 1.5 曲线可以看出，拉伸过程表现出下面四个变形阶段。

(1) Oe 段：弹性变形阶段。试样的伸长量与拉伸载荷成正比，此阶段内试样变形是弹性变形，如去除拉伸力，变形则完全消失。F_e 是保持弹性变形的最大拉伸力。

(2) es' 段：屈服阶段。在 es 段，不仅有弹性变形，还有微量的塑性变形，若此时卸载，试样的伸长只能部分地恢复，而保留一部分变形。在 ss' 段，会出现平台或锯齿状，这时载荷不增加或略有减少，试样却继续伸长，这种现象称为屈服现象，s 点称为屈服点。此时的载荷 F_s 为屈服载荷。屈服后，材料将残留较大的塑性变形。

(3) $s'b$ 段：强化阶段。要使试样继续发生变形，必须不断增加载荷。随着塑性变形的增加，材料变形抗力也逐渐增加，这种现象称为形变强化（或称加工硬化）。此阶段的塑性变形是均匀的。F_b 为试样所能承受的最大载荷。

(4) bk 段：缩颈阶段。当载荷增加到最大值 F_b 后，试样的直径发生局部收缩，称为“缩颈”。此时变形所需载荷也逐渐降低，至 k 点，试样断裂。

工程上使用的金属材料多数没有明显的屈服现象。有些脆性材料，不仅没有屈服现象，而且也不产生“缩颈”，如铸铁等。图 1.6 为铸铁（脆性材料）的力-伸长曲线。

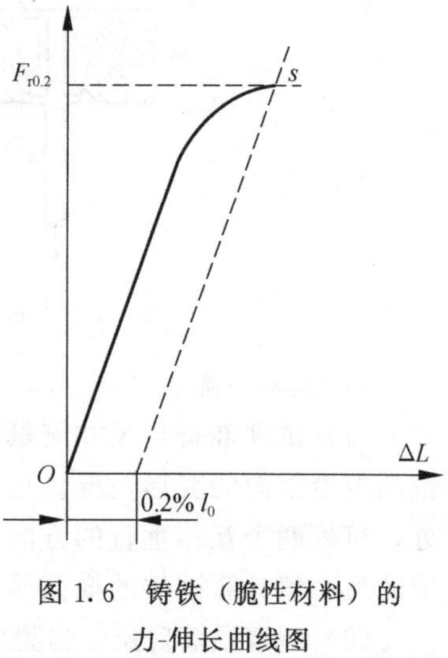

图 1.6 铸铁（脆性材料）的力-伸长曲线图

1.1.2 强度、塑性指标

1) 强度指标

材料的强度指标主要有弹性极限、屈服点和抗拉强度等。

(1) 弹性极限。材料只产生弹性变形所能承受的最大应力，MPa。

$$\sigma_e = \frac{F_e}{A_0} \tag{1-2}$$

式中，F_e 为试样只产生弹性变形的最大载荷，N；A_0 为试样原始横截面积，mm^2。

它是弹性零件设计与选材的重要依据。

(2) 屈服点。材料产生屈服时对应的应力，MPa。

$$\sigma_s = \frac{F_s}{A_0} \tag{1-3}$$

式中，F_s 为试样产生屈服时的载荷，N；A_0 为试样原始横截面积，mm^2。

对于屈服现象不明显的材料，如高碳钢、铸铁等，如图 1.6 所示，测定 σ_s 很困难。在此情况下，规定以试样长度方向产生 0.2%l_0 塑性变形时的应力，作为试样的“规定残余伸长应力”，用 $\sigma_{r0.2}$ 表示：

$$\sigma_{r0.2} = \frac{F_{r0.2}}{A_0} \tag{1-4}$$

式中，$F_{r0.2}$ 为残余伸长率达 0.2%时的载荷，N；A_0 为试样原始横截面积，mm^2。

机械零件在工作时一般不允许产生明显的塑性变形，材料的屈服强度或规定残余延伸强度越高，允许的工作应力也越高，则零件的截面尺寸及自身质量就可以减小。因此，通常以屈服强度或规定残余延伸强度作为机械零件设计和选材的主要依据。

(3) 抗拉强度。试样拉断前所能承受的最大应力，MPa。

$$\sigma_b = \frac{F_b}{A_0} \tag{1-5}$$

式中，F_b 为试样拉断前所能承受的最大载荷，N；A_0 为试样原始横截面积，mm^2。

零件在工作中所承受的应力不允许超过其抗拉强度，否则会产生断裂。σ_b 也是机械零件设计和选材的依据。

总之，屈服点和抗拉强度均为设计和使用金属材料的重要依据。机械零件与工具的使用应力必须小于材料的屈服点，否则会引起明显的塑性变形，导致机械零件与工具的损坏；若使用应力大于抗拉强度，则会发生断裂，造成事故。

2) 塑性指标

常用的塑性指标有断后伸长率和断面收缩率，它们都是通过拉伸试验求得的。

(1) 断后伸长率。指试样拉断后，标距的伸长量与原标距的百分比，即

$$\delta = \frac{l_1 - l_0}{l_0} \times 100\% \tag{1-6}$$

式中，l_0 为试样原始标距长度，mm；l_1 为试样拉断后标距长度，mm。

必须指出，长试样（$l_0=10d_0$）的伸长率用符号 δ_{10} 或 δ 表示，短试样（$l_0=5d_0$）的伸长率用符号 δ_5 表示。对同一材料，$\delta_5>\delta_{10}$。因此，在比较伸长率时应注意规格要统一。

(2) 断面收缩率 ψ。指试样拉断后，缩颈处横截面积的最大缩减量与原始横截面积的百分比，即

$$\psi = \frac{A_0 - A_1}{A_0} \times 100\% \tag{1-7}$$

式中，A_0 为试样原始横截面积，mm^2；A_1 为试样断裂处的最小横截面积，mm^2。

断面收缩率不受试样尺寸的影响，因此能比较确切地反映材料的塑性。

一般来说，δ、ψ 值越大，材料的塑性越好。塑性好的金属易通过塑性变形加工成形状复

杂的零件。例如，钢的塑性较好，能通过扎制、锻压、冲压成形。铸铁的塑性几乎为零，所以不能进行塑性变形加工。另外，塑性好的材料在受力过大时首先产生塑性变形，而不致突然断裂，因此比较安全。

1.2 硬度及其测定

1.2.1 布氏硬度及其测定

1. 试验原理

使用一定直径的硬质合金球，以规定的试验力压入金属表面，经规定的保持时间后卸除试验力，然后测量表面压痕直径来计算硬度，如图 1.7 所示为布氏硬度试验原理图。布氏硬度值是用球面压痕单位表面积上所承受的平均压力来表示的，其计算公式为

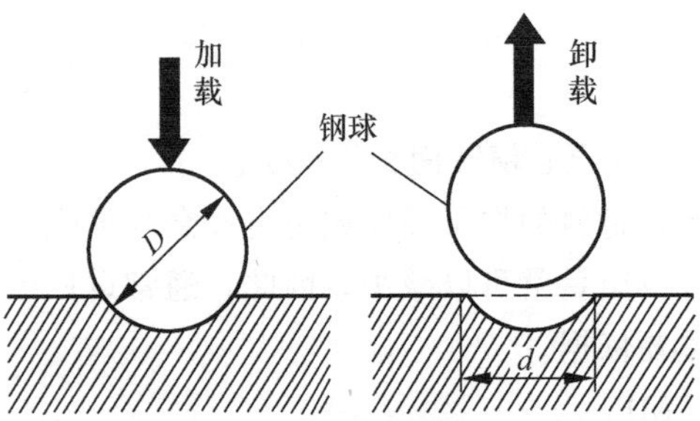

图 1.7 布氏硬度试验原理

$$HB = \frac{F}{S} = 0.102\frac{2F}{\pi D(D - \sqrt{D^2 - d^2})} \quad (1\text{-}8)$$

式中，HB 为布氏硬度值；F 为所加载荷，N；S 为球面压痕表面积，mm^2；D 为压头直径，mm；d 为压痕直径，mm。

从上式中可以看出，当试验力 F 和压头球体直径 D 一定时，布氏硬度值仅与压痕直径 d 的大小有关。d 越小，布氏硬度值越大，也就是硬度越高；反之，硬度越低。

布氏硬度符号为 HBS，表示用钢球压头测得值，其测量范围在 450HBS 以下；布氏硬度符号为 HBW，表示用硬质合金球压头测得值，其测量范围在 650HBW 以下。

通常布氏硬度值不标单位。实际试验时，布氏硬度一般不用计算，而是根据用刻度放大镜测出的压痕直径 d，从专门的硬度表中查出相应的布氏硬度值。

2. 布氏硬度的表示方法

硬度值写在符号 HBS 或 HBW 之前，在硬度符号后面按以下顺序用数字表示试验条件。

1）球体直径

常用的压头球体直径 D 有 10、5、2.5 和 1mm 四种。

2）试验力

试验力 F（单位为 kgf）与球体直径平方的比值（F/D^2）有 30、15、10、5、2.5 和 1 共六种，应根据金属材料的种类和硬度范围进行选择。

3）试验力保持的时间（10～15s 不标注）

一般钢铁材料为 10～15s，有色金属为 30s，布氏硬度值小于 35 时为 60s。

例如，600HBW1/30/20 表示用直径为 1mm 的硬质合金球，在 30kgf（294.2N）试验力作用下，保持 20s 时测得的布氏硬度值为 600MPa。350HBW5/750 表示用直径为 5mm 的硬质合金球，在 750kgf（7355N）试验力的作用下，保持 10～15s 时测得的布氏硬度值为 350MPa。

3. 布氏硬度的测定

布氏硬度试验主要用于测定原材料或半成品的硬度，适用于测量铸铁、有色金属以及退

火、正火调质处理的钢等硬度不是很高的材料。

1）试验设备及试样

(1) 布氏硬度试验机（HB-3000 型布氏硬度试验机，其简图如图 1.8 所示）。

(2) 布氏硬度试验试样：$\Phi 20\times 10$mm 的 45 钢或有色金属正火及退火状态。

试样技术条件：试样表面应平整光洁，不得有氧化皮或油污及明显的加工痕迹；试样厚度应大于压入深度的 10 倍；在试样制备过程中，应尽量避免试样受热及冷加工对硬度测试的影响。

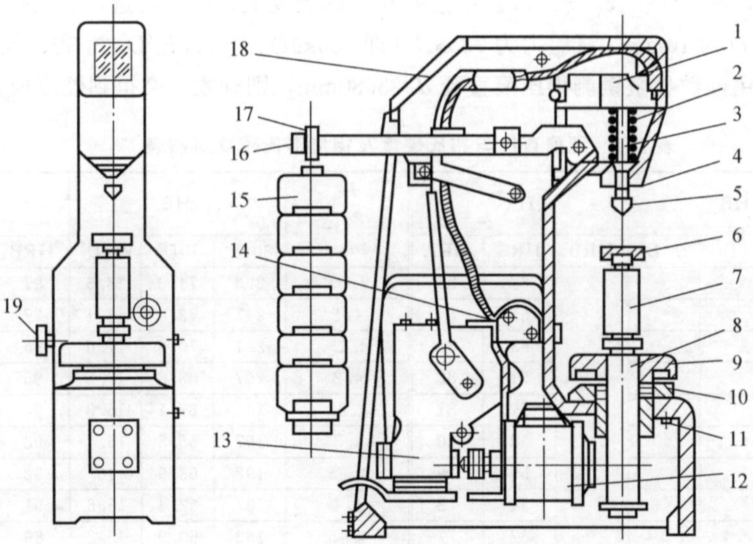

图 1.8　HB-3000 型布氏硬度试验机

1-小杠杆；2-弹簧；3-压轴；4-主轴衬套；5-钢球；6-可更换工作台；7-工作台立柱；8-螺杆；9-升降手轮；10-螺母；11-套筒；12-电动机；13-减速器；14-换向开关；15-砝码；16-大杠杆；17-吊环；18-机体；19-电源开关

2）试验步骤

(1) 据试验材料和试样厚度按表 1.1 布氏硬度试验规范选择球体直径 D、试验力 F 的大小和试验力作用保持的时间。例如，选择布氏硬度≥140 的铸铁材料，球体直径 D 为 10mm，试验力为 7355N（即 750kgf），则 $0.102F/D^2$ 为 30，保持时间为 10s。

表 1.1　布氏硬度试验规范

材料种类	布氏硬度使用范围	球直径 D/mm	$0.102F/D^2$	试验力 F/N	试验力保持时间/s	备　注
钢，铸铁	≥140	10 5 2.5	30	29420 7355 1839	10	1. 压痕中心距试样边缘＞2.5d； 2. 两相邻痕中心距离应＞4d（d 为压痕平均直径）
	＜140	10 5 2.5	10	9807 2452 612.9	10～15	
铜及铜合金	≥130	10 5 2.5	30	29420 7355 1839	30	
	35～130	10 5 2.5	10	9807 2452 612.9	30	
轻金属及其合金	＜35	10 5 2.5	2.5	2452 612.90 153.2	60	

（2）将试样平稳地放在工作台 6 上，顺时针转动升降手轮 9，使试样测试表面垂直于钢（硬质合金）球加力方向，直至试样与球体紧密接触手轮空转为止。

（3）打开电源开关 19，待电源指示灯亮后，再启动按钮开关，当加荷指示灯明亮时，表示试验力开始加载，此时立即拧紧定时压紧螺钉，即自动开始计时，达到预定加力时间后，即自行停止。

（4）关闭电源，逆时针方向转动手轮 9，使工作台 6 下降，取下试样。用读数显微镜测量压痕直径 d，用所得结果从对照表（表 1.2）中查找相应的硬度值。例如，选择布氏硬度≥140 的铸铁材料、球体直径 D 为 10mm、试验力为 7355N（即 750kgf）、$0.102F/D^2$ 为 30、保持时间为 10s 的试件进行测量，用读数显微镜测得压痕直径 $d=3.80$mm，则查表 1.2 得到硬度值为 255。

表 1.2　压痕直径与布氏硬度及相应洛氏硬度对照表

d_{10} $2d_5$ $4d_{2.5}$	HB			HR			d_{10} $2d_5$ $4d_{2.5}$	HB			HR		
	$30D^2$	$10D^2$	$2.5D^2$	HRB	HRC	HRA		$30D^2$	$10D^2$	$2.5D^2$	HRB	HRC	HRA
2.3	712				67	85	4.05	223	74.3	18.6	97	21	61
2.35	682				65	84	4.1	217	72.4	18.1	97	20	61
2.4	635				63	83	4.15	221	70.6	17.6	96		
2.45	627				61	82	4.2	207	68.8	17.2	95		
2.5	601				59	81	4.25	201	67.1	16.8	94		
2.55	578				58	80	4.3	197	65.5	16.4	93		
2.6	555				56	79	4.35	192	63.9	16	92		
2.65	534				54	78	4.4	187	62.4	15.6	91		
2.7	514				52	77	4.45	183	60.9	15.2	89		
2.75	495				51	76	4.5	179	59.5	14.9	88		
2.8	477				49	76	4.55	174	58.1	14.5	87		
2.85	461				48	75	4.6	170	56.8	14.2	86		
2.9	444				47	74	4.65	167	55.5	13.9	85		
2.95	429				45	73	4.7	163	54.3	13.6	84		
3	415		34.6		44	73	4.75	159	53	13.3	83		
3.05	401		33.4		43	72	4.8	156	51.9	13	82		
3.1	388	129	32.3		41	71	4.85	152	50.7	12.7	81		
3.15	375	125	31.3		40	71	4.9	149	49.6	12.4	80		
3.2	363	121	30.3		39	70	4.95	146	48.6	12.2	78		
3.25	352	117	29.3		38	69	5	143	47.5	11.9	77		
3.3	341	114	28.4		37	69	5.05	140	46.5	11.6	76		
3.35	331	110	27.6		36	68	5.1	137	45.5	11.4	75		
3.4	321	107	26.7		35	68	5.15	134	44.6	11.2	74		
3.45	311	104	25.9		34	67	5.2	131	43.7	10.9	72		
3.5	302	101	25.2		33	67	5.25	128	42.8	10.7	71		
3.55	293	97.7	24.5		31	66	5.3	126	41.9	10.5	69		
3.6	285	95	23.7		30	66	5.35	123	41	10.3	69		
3.65	277	92.3	23.1		29	95	5.4	121	40.2	13.1	67		
3.7	269	89.7	22.4		28	65	5.45	118	39.4	9.8	66		
3.75	262	87.2	21.8		27	64	5.5	116	38.6	9.66	65		
3.8	255	84.9	21.2		26	64	5.55	114	37.9	9.46	64		
3.85	248	82.6	20.7		25	63	5.6	111	37.1	9.27	62		
3.9	241	80.4	20.1	100	24	63	5.65	109	36.4	9.1	61		
3.95	235	78.3	19.6	99	23	62	5.7	107	35.7	8.93	59		
4	229	76.3	19.1	98	22	62	5.75	105	35	8.76	58		

3）应用范围及优缺点

测量布氏硬度常用的压头直径（10mm）大，因此压痕面积较大，能反映出较大范围内金属材料的平均硬度，故测定的硬度值较准确、稳定，数据重复强。

但是，测量布氏硬度较费时，而且由于压痕面积大，对金属表面的损伤也较大，不宜于测量成品及薄件。

1.2.2 洛氏硬度及其试验

1）试验原理

当材料的硬度较高或试样较小时，需要用洛氏硬度进行硬度测试。

洛氏硬度试验采用金刚石圆锥体或淬火钢球压头，先加初试验力，再加主试验力，压入金属表面，经规定的保持时间后卸除主试验力，但仍保持初试力。此时，由压头受主试验力作用压入的残余压痕深度 h 来确定洛氏硬度值，如图 1.9 所示。用符号 HR 表示，其计算公式为

$$洛氏硬度值 = K - \frac{h}{0.002} \tag{1-9}$$

式中，K 为常数，用金刚石圆锥体压头时 K 为 100，黑色表盘刻度所示，用淬火钢球压头时 K 为 130，红色表盘制度所示；h 为卸除主试验力后，压头受主试验力作用压入的残余压痕深度，mm。

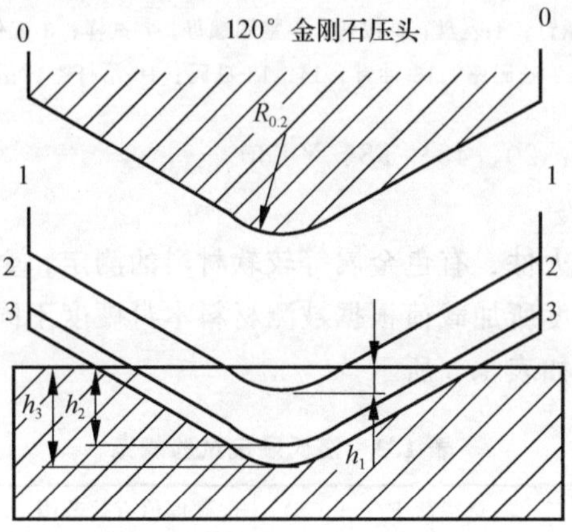

图 1.9　洛氏硬度实验原理示意图

2）常用洛氏硬度标尺及其适用范围

为了用一台硬度计测定从软到硬不同金属材料的硬度，可采用不同的压头和总试验力组成几种不同的洛氏硬度标尺，每一种标尺用一个字母在洛氏硬度符号后加以注明。常用的洛氏硬度标尺有 HRA、HRB、HRC 三种，其中 HRC 标尺运用最为广泛。洛氏硬度表示方法如下：在符号 HRC、HRB、HRA 前面的数字表示各种标尺的洛氏硬度值。例如，45HRC 表示用 C 标尺测定的洛氏硬度值为 45。洛氏硬度没有单位。实际试验时，硬度值直接从硬度计的表盘上读出。

3）试验设备、试样及试验规范

(1) 洛氏硬度试验机。HR-150 型洛氏硬度试验机，其简图如图 1.10 所示。

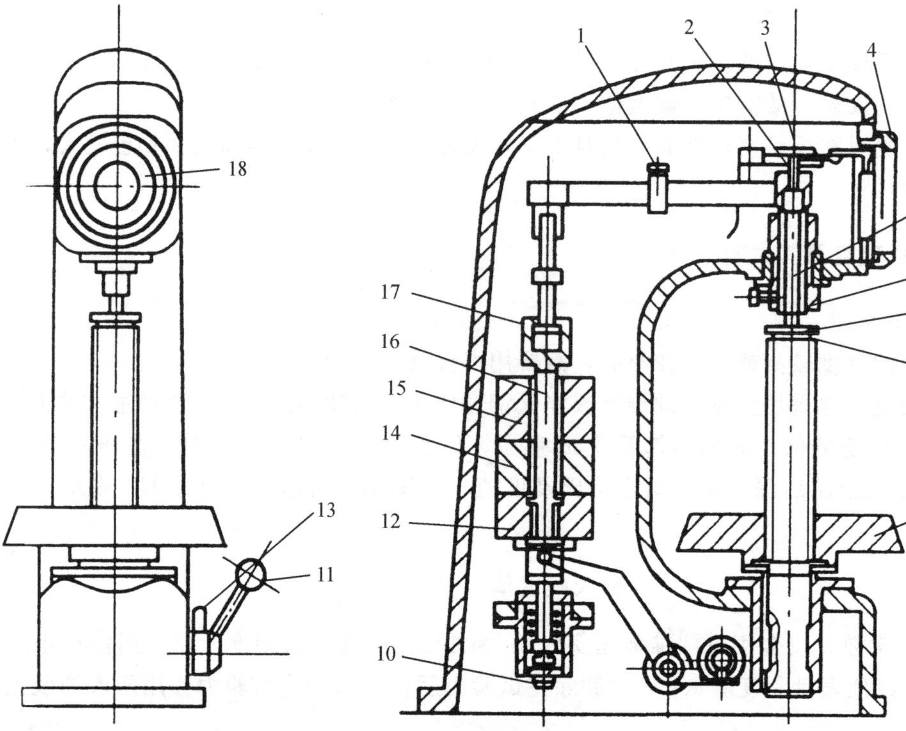

图 1.10　HR-150 型洛氏硬度试验机

1-调整块；2-顶杆；3-调整螺钉；4-表盘；5-按钮；6-紧固螺母；7-试样；8-工作台；9-手轮；10-放油螺钉；11-操纵手柄；12-砝码座；13-油针；14、15-砝码；16-吊杆；17-吊套；18-指示器

(2) 洛氏硬度试验试样：20、45、T8、YT30。

(3) 洛氏硬度试验规范。

淬火钢球压头适用于退火件、有色金属等较软材料的测定；金刚石压头适用于淬火钢等较硬材料的硬度测定。洛氏硬度所加载荷根据被测材料本身硬度不同而作不同规定，组成不同的洛氏硬度标尺，其试验规范如表 1.3 所示。

表 1.3　洛氏硬度试验规范

硬度符号	压头类型	总载荷 F/kgf (N)	硬度值有效范围	应用举例
HRA	120°金刚石圆锥体	60 (588.4)	60～85HRA	硬质合金、表面淬火钢等
HRB	ϕ1.588mm 钢球	100 (980.7)	25～100HRB	有色金属，正、退火钢等
HRC	120°金刚石圆锥体	150 (1471.1)	20～67HRC	一般淬火钢件

各种不同标尺的洛氏硬度值不能直接进行比较，但可用试验测定的换算表相互比较。

4) 试验步骤

试验前，应使用与试验硬度相近的二级标准洛氏硬度块对硬度计进行校正。

(1) 按表 1.3 规范，根据所测试样选择压头类型和主负荷的大小。

(2) 根据试样形状与大小，选择适宜的工作台，将试样平稳地放在工作台 18 上。

(3) 顺时针转动手轮 20，使试样与压头缓慢接触，直至表盘的小指针指到“0”为止，此时即施加了 10kgf 的预载荷。

(4) 将表盘的大指针调整至零点（HRC、HRA 零点为 0，HRB 零点为 30）。

(5) 加主载荷，将加载手柄 8 推向加载位置，主载荷将会通过杠杆 13 加于压头上，而使压头压入试样，保持一定时间。

(6) 卸除主载荷，使手柄 8 转动至原来位置即可。

(7) 读出硬度值，长指针在卸除主负荷后停留位置所对应的数字即为硬度值。注意，HRB 读红色数字，HRC、HRA 读黑色数字。

(8) 逆时针旋转手轮 20，取出试样。

5) 应用范围及优缺点

洛氏硬度试验的优点是：操作简单迅速，能直接从表盘上读出硬度值；压痕较小，可以测定成品及较薄的工件；测量的硬度值范围大，可测从很软到很硬的金属材料。其缺点是：因压痕较小，测定的硬度值不够准确，数据波动较大，重复性差，通常需要在不同部位测试数次，以取其平均值。

洛氏硬度试验不适用于测量各微小部分性能不均匀的材料（如铸铁）。

1.2.3 维氏硬度简介

维氏硬度试验原理基本上和布氏硬度相同，将相对面夹角为 136°正四棱锥体金刚石压头，以选定的试验力压入金属表面，经规定的保持时间后卸除试验力，则在金属表面压出一个正四棱锥形的压痕，通过测量压痕对角线的长度来计算硬度值。实际试验时，维氏硬度值与布氏硬度值一样，不用计算，而根据压痕对角线长度从表中直接查出。

维氏硬度试验所用的试验力可根据工件的大小、厚薄等条件进行选择，常用试验力在 49.04～980.7N 范围内变动。

维氏硬度因试验时所加的试验力较小，压入深度较浅。故可测量较薄的材料，也可测量渗碳、渗氮等表面硬化层的硬度；同时维氏硬度值具有连续性（10～1000HV），故可测量从很软到很硬的各种金属材料；压痕轮廓清晰，数据准确性高。其缺点是：测量压痕对角线的长度较麻烦；对工件表面质量要求较高。

1.3 冲击韧性、疲劳强度

1.3.1 冲击韧性

前述的拉伸试验和硬度试验都属于静载荷试验。而实际使用的机械零件往往要受到冲击载荷的作用，如连杆螺栓、活塞销、锤杆和锻模等。对于这些零件，不仅要满足在静载荷作用下的强度、塑性、硬度等性能指标，还应具有足够的韧性。这就必须考虑材料抵抗冲击载荷的能力。金属材料抵抗冲击载荷作用而不破坏的能力称为冲击韧性，实质上是指金属材料在断裂前吸收变形能量的能力。目前，常用一次摆锤冲击试验、小能量多次冲击试验来测定金属材料的韧性。

1) 一次摆锤冲击试验

冲击试验的原理如图 1.11 所示。试验时，将待测的金属材料加工成 U 形或 V 形缺口标准试样，然后放在试验机的支座上，试样缺口背向摆锤冲击方向。将重力为 G 的摆锤从高度 H_1 处释放落下，试样被冲断后，摆锤则继续上摆到高度 H_2 处。试样破断所吸收的能量，即是摆锤冲断试样所做的功，称为冲击吸收功，用 A_k 表示，且

$$A_k = G(H_1 - H_2) \tag{1-10}$$

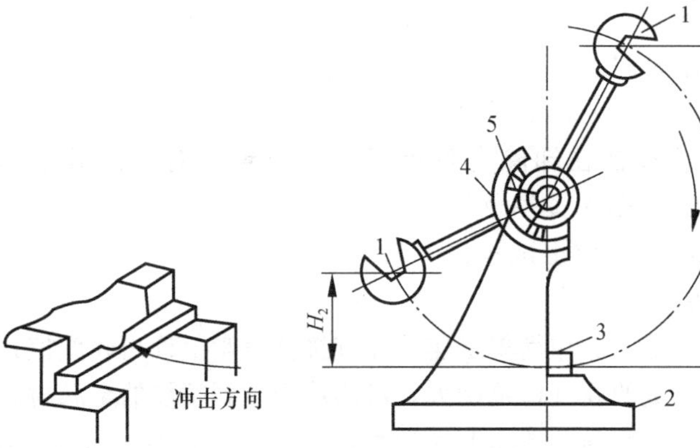

图 1.11　冲击试验示意图

1-摆锤；2-底座；3-试样；4-刻度盘；5-指针

A_k 值可从试验机刻度盘上直接读出，不需计算。将冲击吸收功 A_k 除以试样缺口底部处的横截面积，即为材料的冲击韧度，用符号 α_k 表示，单位 J/cm^2。

$$\alpha_k = A_k/A \tag{1-11}$$

式中，A_k 为冲击吸收功，J；A 为试样缺口底部处的横截面积，cm^2。

应当指出，冲击吸收功只有一部分消耗在断开试样缺口的截面上，其余部分则消耗在缺口附近体积内的塑性变形上。因此，用冲击吸收功 A_k 作为材料韧性的指标更为适宜。国标现已规定采用 A_k 作为韧性指标。

冲击吸收功 A_k 越大，材料的韧性越好。一般把冲击吸收功低的材料称为脆性材料，冲击吸收功高的材料称为韧性材料。

2）材料的低温冲击性能

材料的冲击韧性与温度有关，如图 1.12 所示。

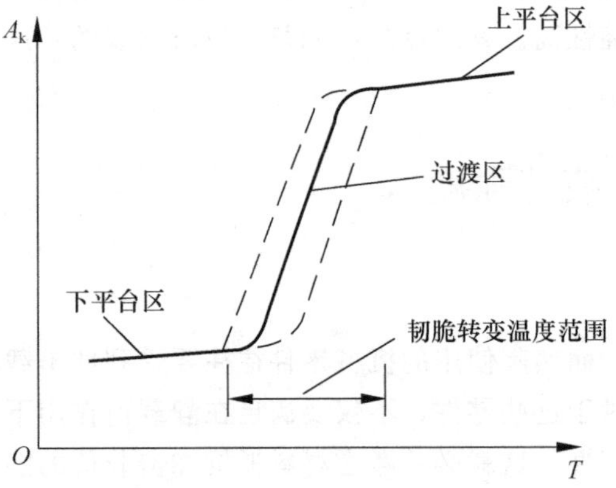

图 1.12　冲击吸收功与温度的关系

由图 1.12 可见，冲击吸收功 A_k 随温度的降低而减小。当温度降到某一 T_k 值时，冲击吸收功 A_k 急剧下降，使材料呈现出脆性状态。冲击吸收功急剧变化的温度区域，称为韧脆转变温度。韧脆转变温度越低，材料的低温抗冲击性能越好。

车辆、管道、桥梁等在低于－20℃的冬季发生脆断的原因，就是这些地区的冬季气温低于材料的韧脆转变温度。

冲击吸收功还与试样的形状、尺寸、表面粗糙度、内部组织和缺陷等有关。因此，冲击吸收功一般作为选材的参考，而不能直接用于强度计算。

3）小能量多次冲击

在一次冲断条件下测得的冲击韧度值 α_k，对于判别材料抵抗大能量冲击能力有一定的意义。实践表明，绝大多数机件是在小能量多次冲击作用下而破坏的，如凿岩机风镐上的活塞、冲模的冲头等。它们的破坏是多次冲击损伤的积累，导致裂纹的产生与扩展的结果，根本不同于一次冲击的破坏过程。对于这样的零件，用冲击韧度来设计显然是不符合实际的。

小能量多次冲击测试的原理如图 1.13 所示。试样在冲头多次冲击下断裂时，经受的冲击次数（N）代表金属的抗冲击能力。

实践证明，金属材料受大能量的冲击载荷作用时，冲击抗力主要取决于冲击韧度，而在小能量条件下，其冲击抗力主要取决于材料的强度和塑性。因此，冲击韧度值 α_k 一般只作为设计和选材的参考。

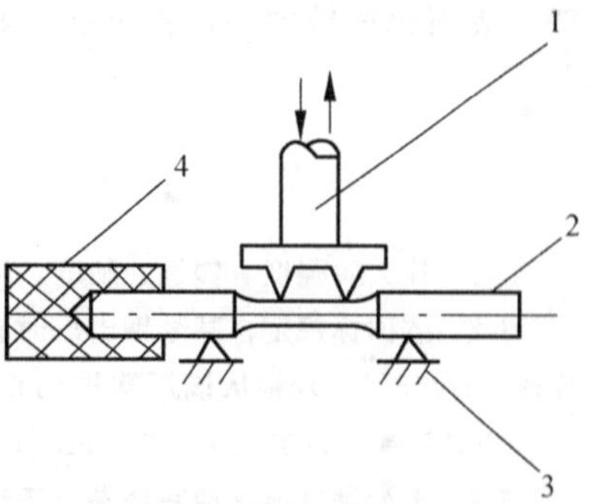

图 1.13　小能量多次冲击工作图

1-冲头；2-试样；3-支承座；4-橡皮传动轴

1.3.2　疲劳强度

1）疲劳的概念

许多机械零件，如轴、齿轮、弹簧及轴承等，都是在交变应力（也称循环应力）作用下工作的。尽管零件所受的应力低于材料的屈服点，但经过较长时间的工作后，也会产生裂纹或突然断裂。材料在循环应力的作用下，在一处或几处产生局部永久性累积损伤，经一定循环次数后产生裂纹或突然发生完全断裂的过程称为疲劳（疲劳断裂）。

疲劳破坏是机械零件失效的主要原因之一。据统计，在机械零件失效中，有 60%～70% 属于疲劳破坏，而且疲劳破坏前没有明显的变形就突然破断，所以往往会造成重大事故。因此在零件设计和选材时，要考虑材料对疲劳断裂的抗力。

2）疲劳极限

图 1.14 所示为循环应力和循环次数关系的曲线，称为疲劳曲线，是通过疲劳试验测定的。曲线表明，材料承受的最大循环应力越大，则断裂时循环次数（N）越少，反之，则 N 越多。当循环应力低于某一数值时，如图 1.14（a）所示的 σ_5，曲线与横坐标平行，表示材料可经受无限次循环而不断裂，此应力值称为材料的疲劳极限（或疲劳强度）。在对称交变应力条件下，疲劳强度用 σ_1 表示，单位 MPa。

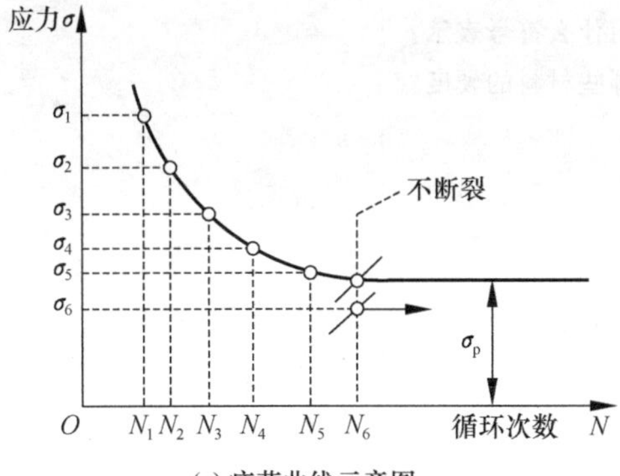

(a) 疲劳曲线示意图

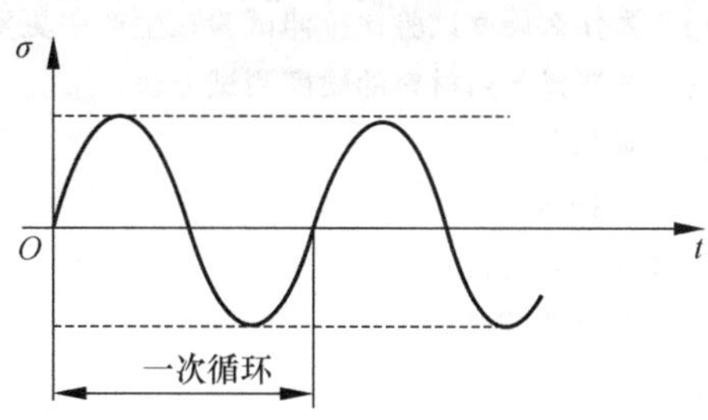

(b) 对称循环应力图

图 1.14　疲劳曲线示意图

实际上，金属材料不可能做无限次循环载荷试验，工程上用的疲劳强度是指在一定的循环基数下不发生断裂的最大应力，通常规定钢铁材料的循环基数取 10^7，有色金属为 10^8。

影响疲劳强度的因素很多，如材料中的气孔、微裂纹、夹杂物等缺陷，材料表面的划痕、局部应力集中、刀痕等因素，均会加快疲劳断裂。减小表面粗糙度值和进行表面淬火、喷丸处理、表面滚压等方法，都可提高材料的疲劳强度。

复习思考题

1-1　什么叫强度、塑性、硬度、冲击韧性和疲劳强度？

1-2　按国标规定，某号钢出厂时各项力学性能指标应不低于下列数值：$\sigma_b=380MPa$；$\sigma_s=230MPa$；$\delta_5=27\%$；$\psi=55\%$。现将从该厂购进的该钢制成 $d_0=10mm$ 的圆形短试样做拉伸试验，得到下列数据：$F_b=34000N$；$F_s=21000N$；$l_1=65mm$；$d_1=6mm$。试问这批钢材的力学性能是否合格？

1-3　下列硬度要求或写法是否正确？为什么？

550HBS～600HBS，HBS30～HBS40，12HRC～15HRC，70HRC～75HRC，800HV～850HV，HRC50kgf/mm^2～HRC60kgf/mm^2。

1-4　下列情况应采用什么方法测试硬度？写出硬度值符号。

钢车刀、锉刀；硬质合金模具；钢件表面的镀层；铝合金半成品。

1-5　什么叫韧脆转变温度？

1-6　何谓金属的力学性能？金属的力学性能包括哪些？

1-7　根据作用性质的不同，载荷可分为哪几类？

1-8　何谓变形？变形有哪两类？

1-9　绘制低碳钢的拉伸曲线，并根据拉伸曲线思考下列问题：

(1) 哪一段曲线表示出了材料的弹性变形能力（弹性）和抗弹性变形能力（刚度）？

(2) 哪一段曲线表示出了材料的塑性变形能力？

(3) 哪一段曲线表示出了材料塑性变形后强度得到提高的能力（形变强化能力）？

1-10　何谓强度？衡量强度的常用指标有哪些？各用什么符号表示？

1-11　何谓塑性？衡量塑性的指标有哪些？各用什么符号表示？

1-12　某厂购进一批 40 钢，按照国家标准规定，其力学性能应符合如下要求：$\sigma_s\geqslant340MPa$，$\sigma_b\geqslant540MPa$，$\delta\geqslant19\%$，$\psi\geqslant45\%$。验收时，用该材料制成 $d=10mm$ 的短试样进行拉伸试验，当载荷达到 28260N 时，试样产生屈服现象；载荷加至 45530N 时，试样产生缩颈现象，然后被拉断。拉断后标距长度为 60.5mm，断裂处直径为 7.3mm。试计算这批钢材是否合格。

1-13　何谓硬度？常用的硬度试验法有哪 3 种？各用什么符号表示？

1-14　常用的洛氏硬度标尺有哪 3 种？各适于测定哪些材料的硬度？

1-15　为什么硬度试验比拉伸试验在生产中更实用？

1-16　试选择下列材料的硬度测试方法：

(1) 灰铸铁件；

(2) 手用钢锯条；

(3) 硬质合金刀片；

(4) 铝合金半成品。

第2章 铁碳合金

铁碳合金是现代工业中应用最广泛的金属材料。碳钢和铸铁都是铁碳合金，了解和掌握铁碳合金相图，对于钢铁材料的研究和使用、各种冷热加工工艺的制定等，都具有重要的指导意义。

金属材料是非常重要的工程材料，不同的金属材料具有不同的力学性能，即使是同一种金属材料，在不同的条件下，其力学性能也不同。金属力学性能的这种差异是由其化学成分和组织结构所决定的。因此，要了解金属材料的特性，必须了解金属的内部结构以及金属的结晶过程。

2.1 金属的晶体结构与结晶

2.1.1 金属的晶体结构

1. 晶体结构的基本知识

1）晶体与非晶体

固体物质按原子聚集状态不同分为晶体与非晶体。非晶体的原子是无规律杂乱地堆积的，如松香、玻璃、沥青等。晶体的原子是按一定几何形状作有规律排列的（图2.1），如金刚石、石墨、金属与合金等。晶体有固定的熔点，各向异性，即其性能随方向而不同。非晶体没有固定的熔点，各向同性。

2）晶格与晶胞

通过X射线晶体结构描述，可以测得晶体中原子的排列规律。为了便于分析，可将原子看成一个点，将各原子中心用假想线条连接起来，形成一个空间格子。这种描述原子在晶体中规律排列方式的空间格子称为结晶格子，简称晶格，如图2.2（a）所示。晶格中直线交点称为结点。晶格中能代表原子排列规律的基本几何单元称为晶胞，如图2.2（b）所示。

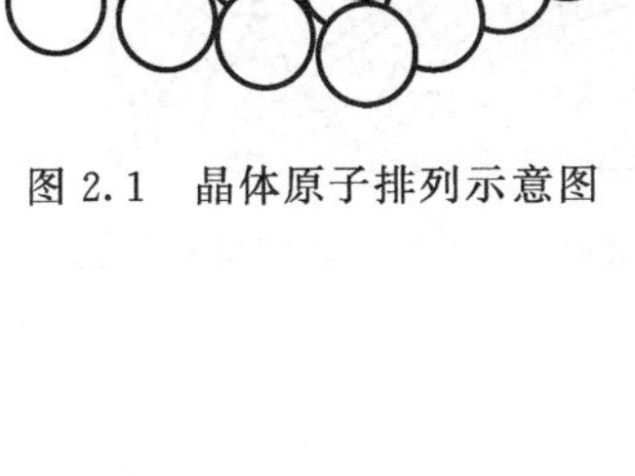

图2.1 晶体原子排列示意图

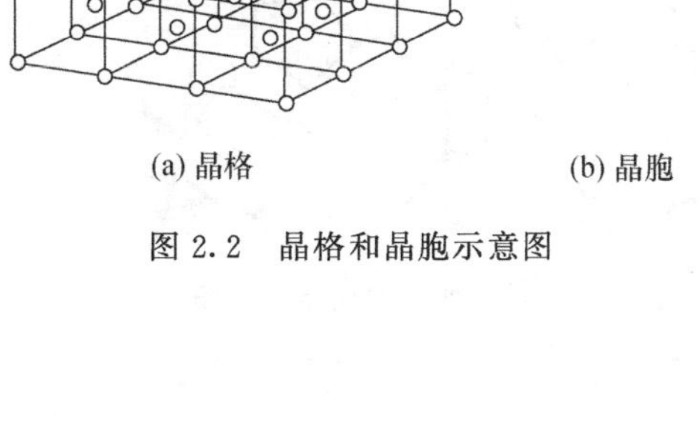

(a) 晶格　　(b) 晶胞

图2.2 晶格和晶胞示意图

2. 常见的金属晶格类型

金属晶格类型常见的有三种：体心立方晶格、面心立方晶格、密排六方晶格，如表 2.1 所示。金属晶格类型不同，其原子排列的紧密程度不同。面心立方晶格和密排六方晶格的原子密度大，体心立方晶格的原子密度稍小。因此，金属晶格类型的改变将引起金属体积和性能的变化。

表 2.1　常见的金属晶格类型

名　称	示意图	原子排列	常见金属
体心立方晶格	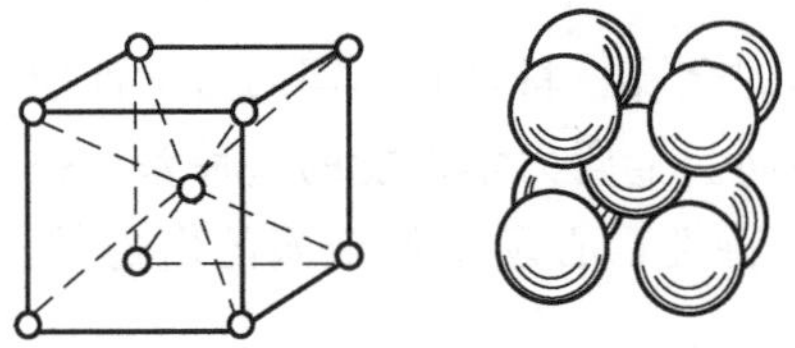	晶胞是一个立方体，在立方体的八个顶角和立方体的中心各有一个原子	铬（Cr）、钨（W）、钼（Mo）、钒（V）、铌（Nb）和 α-铁（α-Fe）等
面心立方晶格	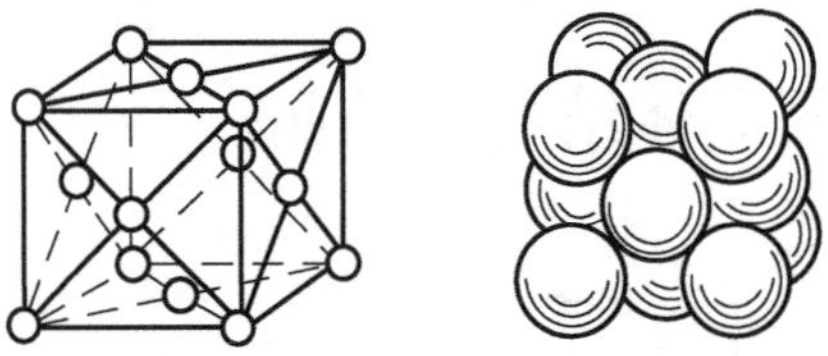	晶胞是一个立方体，在立方体的八个顶角和立方体的六个面的中心各有一个原子	铝（Al）、铜（Cu）、镍（Ni）、铅（Pb）和 γ-铁（γ-Fe）等
密排六方晶格	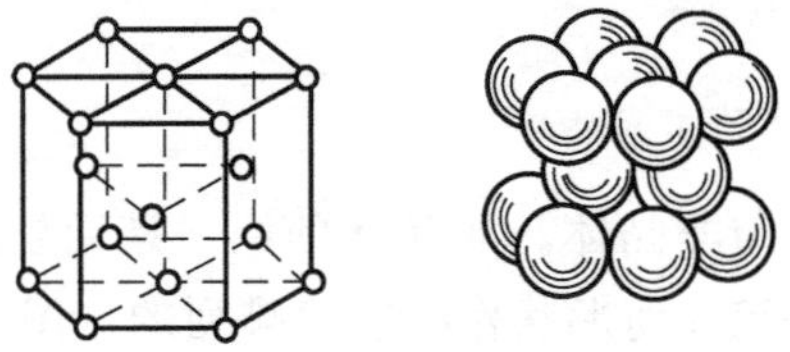	晶胞是一个六方柱体，在六方柱体的各个顶角和上下底面的中心各有一个原子，在顶面和底面间还有三个原子	镁（Mg）、锌（Zn）、铍（Be）、镉（Cd）和 α-钛（α-Ti）等

2.1.2　金属的实际晶体结构

1. 多晶体结构

晶体内部原子排列方向（称晶格位向）完全一致的晶体称为单晶体。在金相显微镜下观察金属材料时，常看到金属是由许多小晶体组成的，如图 2.3 所示。由许多小晶体组成的晶体称为多晶体，如图 2.4 所示。多晶体材料内以晶界分开、晶格排列方向基本相同的小晶体，称为晶粒。

图 2.3　工业纯铁的显微组织图

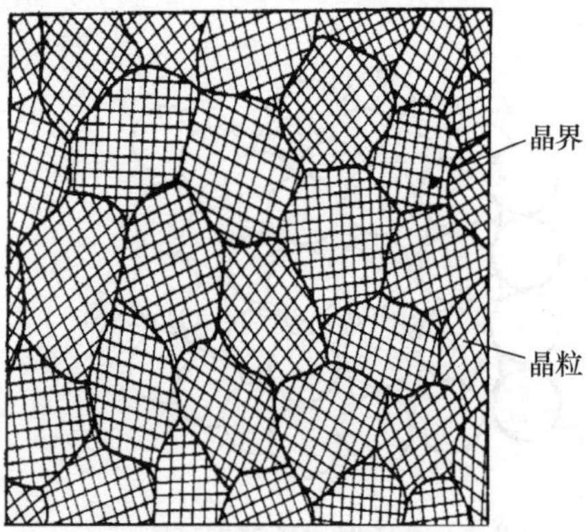

图 2.4　金属多晶体结构示意图

多晶体材料中相邻晶粒的界面称为晶界。在多晶体中，虽然每个晶粒和单晶体一样具有各向异性，但一块金属包含大量彼此位向不同的晶粒，不同方向的金属性能都是许多晶粒性能的平均值，故一般金属（多晶体）表现为各向同性。

2. 晶体缺陷

实际使用的金属，由于原子热运动、结晶和加工等影响，晶体中某些区域的原子规律排列受到破坏，这种区域称为晶体缺陷。晶体缺陷按几何形状分为点缺陷、线缺陷和面缺陷，晶体缺陷对金属的性能和内部结构的转变都有很大的影响。通常，晶体缺陷产生晶格畸变，使金属的强度、硬度有所提高。

2.1.3 纯金属的结晶

金属从液态转变为固态晶体的过程称为结晶。纯金属的结晶在固定的温度下进行。

1. 纯金属冷却曲线与过冷度

将金属熔化，然后以缓慢的速度冷却，在冷却过程中，记录温度、时间，作出温度-时间关系曲线，称为冷却曲线，如图 2.5（b）所示。测绘冷却曲线的方法称为热分析法。图中斜线表示液态金属或固态金属向周围空气失散热量使温度随时间而降低。

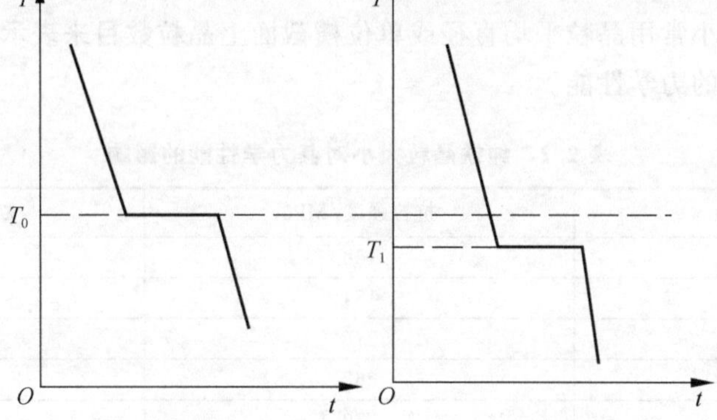

(a) 理论结晶　　(b) 实际结晶

图 2.5　纯金属结晶的冷却曲线

图中水平线表示液态金属结晶时有结晶潜热放出，补偿了金属向周围空气散失的热量，即结晶过程中温度不变。T_0 对应的温度称为理论结晶温度。生产中，实际结晶温度 T_1 要低于理论结晶温度 T_0，这种现象称为过冷现象。T_1 与 T_0 之差称为过冷度，用 ΔT 表示，即 $\Delta T=T_0-T_1$。

过冷度与冷却速度、金属性质及纯度有关。冷却速度越快，过冷度越大，结晶过程越滞后。实际上，金属都在过冷条件下结晶，过冷是金属结晶的必要条件。

2. 金属的结晶过程

纯金属的结晶过程发生在冷却曲线上平台所经历的这段时间内，是一个不断形成晶核和晶核不断长大的过程，如图 2.6 所示。

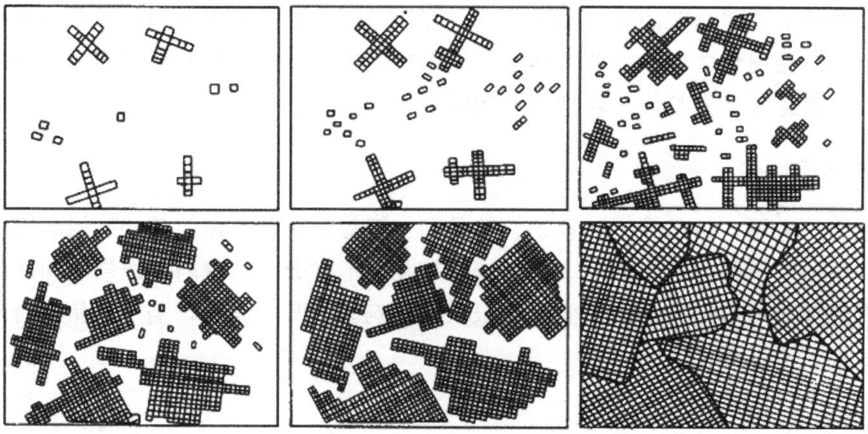

图 2.6 纯金属结晶过程示意图

当温度下降到结晶温度时，在液态金属中某些地方，原子首先排列成有规则的小晶体，形成了结晶核心（晶核），称为自发结晶。这些晶核依靠吸附周围液体中的原子长大。与此同时，在液态金属中又有新晶核产生、长大，直到全部结晶成固态金属。

3. 金属晶粒大小及细化方法

金属凝固后，晶粒有粗有细。通常，细晶粒金属的强度比粗晶粒高，塑性、韧性也好，如表 2.2 所示。晶粒大小常用晶粒平均直径或单位横截面上晶粒数目来表示。生产中常用细化晶粒的方法来提高金属的力学性能。

表 2.2 纯铁晶粒大小对其力学性能的影响

晶粒平均直径/μm	抗拉强度/MPa	断后伸长率 δ/%
97	168	28.8
70	184	30.6
25	215	39.6
2	268	48.8
1.6	270	50.7

（1）增加过冷度。随过冷度增加，行成晶核的速度（形核率）和晶核长大速度（长大率）都会增加。在实际生产的过冷度条件下，形核率增加比长大率增加要快，产生的晶核数显著增加。因此，增加过冷度，可使晶粒细化。

（2）变质处理。在液态金属中人为地加入少量其他物质（变质剂），主要是大量难熔的固体微粒，可以充当人工晶核（非自发晶核），使晶粒细化。这种方法称为变质处理。

（3）附加振动。在液态金属结晶过程中，采用机械振动、超声波振动、电磁振动等方法可使晶粒破碎，晶核增多，从而细化晶粒。

4. 纯铁的同素异晶转变

大多数金属在结晶后晶格类型不再发生变化，但少数金属，如铁、钛、钴等，在结晶后其晶格类型会随温度的改变而发生变化，这种变化称为同素异晶（构）转变。同素异晶转变时，有结晶潜热产生，同时也遵循晶核形成和晶核长大的结晶规律，与液态金属的结晶相似，故又称为重结晶。

如图 2.7 所示，液态纯铁结晶后，晶格类型为体心立方晶格，称为δ铁，可用δ-Fe表示；继续冷却 1394℃，晶格类型转变为面心立方晶格，称为γ铁，可用γ-Fe表示；再继续冷却到 912℃，晶格类型转变为体心立方晶格，称为α铁，可用α-Fe表示，如继续冷却晶格类型不再发生变化。加热时则发生相反的变化。纯铁的同素异晶转变过程概括如图 2.7 所示。

金属的同素异晶转变将导致金属的体积发生变化，并产生较大的应力。例如，γ-Fe 转变为α-Fe时，铁的体积会膨胀约 1%，这是钢热处理时引起应力，导致工件变形和开裂的重要原因。纯铁具有同素异晶转变的特性，因此生产中才有可能通过不同的热处理来改变钢铁的组织和性能。

纯铁的磁性转变温度为 770℃。磁性转变不是相变，晶格不发生转变。

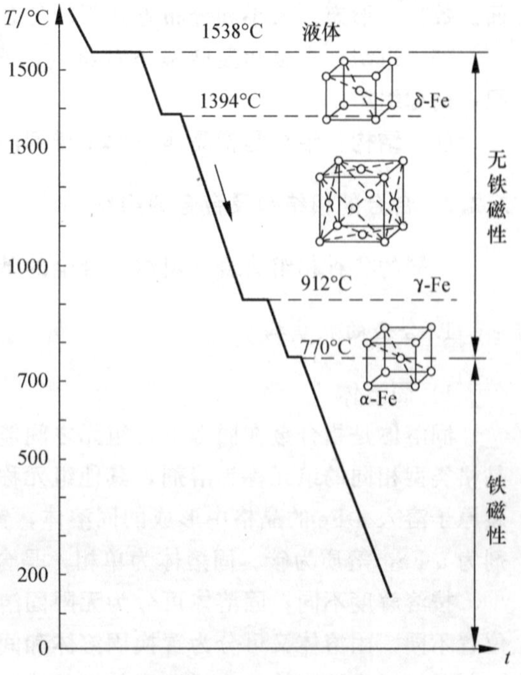

图 2.7 纯铁的冷却曲线及晶体结构变化

2.2 合金的晶体结构与二元合金相图

2.2.1 合金的实用价值及有关合金的几个基本概念

1. 合金的实用价值

纯金属虽然得到一定的应用，但它的强度、硬度一般都较低，价格较高，在使用上受到很大限制。在工业生产中广泛使用的是合金。与组成合金的纯金属相比，合金除具有更好的力学性能外，还可以调整组成元素之间的比例，以获得一系列性能各异的合金，从而满足工业生产对不同性能的合金的要求。

2. 合金的几个基本概念

(1) 合金：合金是一种金属元素与其他金属元素或非金属元素通过熔炼或其他方法结合而成的具有金属特性的材料。例如，普通黄铜是由铜和锌两种金属元素组成的合金，碳素钢是由铁和碳组成的合金。

(2) 组元：组成合金的最基本的独立物质称为组元，简称元。通常组元就是组成合金的元素。组元可以是金属元素、非金属元素或稳定化合物。按组元数目，合金分为二元合金、三元合金和多元合金。例如，普通黄铜的组元是铜和锌；铁碳合金的组元是铁和渗碳体。

(3) 合金系：合金系是指组成合金的组元相同，但组元的比例或含量不同的一系列合金。例如，由不同比例的 Pb 和 Sb 组成的一系列合金，称为 Pb-Sb 合金系；各种碳钢就是含碳量不同的铁碳合金系。

(4) 相：在合金中成分、结构及性能相同的组成部分称为相。相与相之间具有明显的界面。数量、形态、大小和分布方式不同的各种相组成合金组织。

（5）组织：在金相显微镜下观察到的金属材料内部的微观形貌，称为金属材料的显微组织，简称组织。

（6）结构：结构是指晶体中原子排列的几何方式。

2.2.2 合金的相结构及合金的组织

不同的各种相组成合金组织，合金的基本相结构可分两大类：固溶体和金属化合物。

1. 合金的相结构

1）固溶体

固溶体是指合金在固态下，组元之间能互相溶解而形成的均匀相。在各组元中，与固溶体晶格类型相同的组元称为溶剂，其他组元称为溶质。例如，铁碳合金组织中的铁素体相，就是碳原子溶入 α-Fe 的晶格中形成的固溶体，铁素体的晶格类型保持 α-Fe 的体心立方晶格，其溶剂为 α-Fe，溶质为碳。固溶体为单相，是合金的一种基本相结构。

按溶解度不同，固溶体可分为无限固溶体和有限固溶体；按溶质原子在溶剂晶格中所处的位置不同，固溶体又可分为置换固溶体和间隙固溶体。

（1）置换固溶体。溶质原子替换部分溶剂原子占据溶剂晶格中一些结点位置所形成的固溶体称为置换固溶体，如图 2.8（b）所示。置换固溶体又可分为无限置换固溶体和有限置换固溶体。例如，铜镍合金（白铜），铜原子和镍原子可按任意比例相互溶解，形成无限固溶体；铜锌合金（普通黄铜），只有 $W_{Zn} \leqslant 39\%$时，锌原子能全部溶入铜原子的晶格中，形成单相的 α 固溶体，当 $W_{Zn} > 39\%$时，组织中除了 α 固溶体外，还有铜与锌的金属化合物。溶解度的大小主要取决于组元的晶格类型、原子直径、在周期表中的相互位置及温度等。

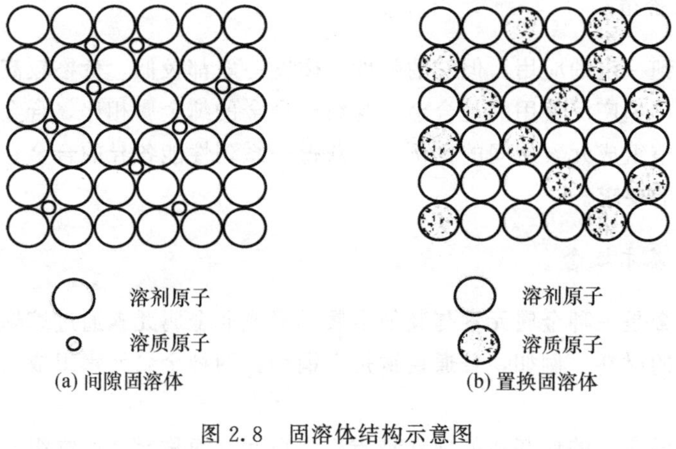

图 2.8 固溶体结构示意图

（2）间隙固溶体。溶质原子溶入溶剂晶格的间隙而形成的固溶体称为间隙固溶体，如图 2.8（a）所示。例如，铁碳合金组织中的铁素体，就是碳溶于 α-Fe 的晶格间隙中所形成的间隙固溶体。间隙固溶体都是有限固溶体。

溶质原子的溶入，使固溶体的晶格发生畸变（图 2.9），使合金的强度、硬度提高，这种现象称为“固溶强化”。固溶强化是金属强化的重要途径之一。

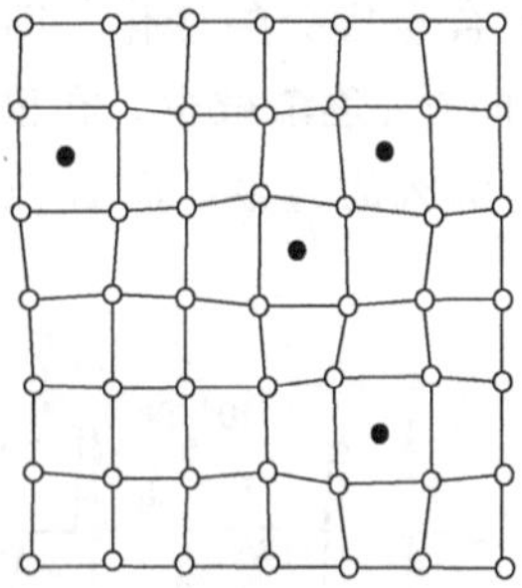

(a) 间隙固溶体

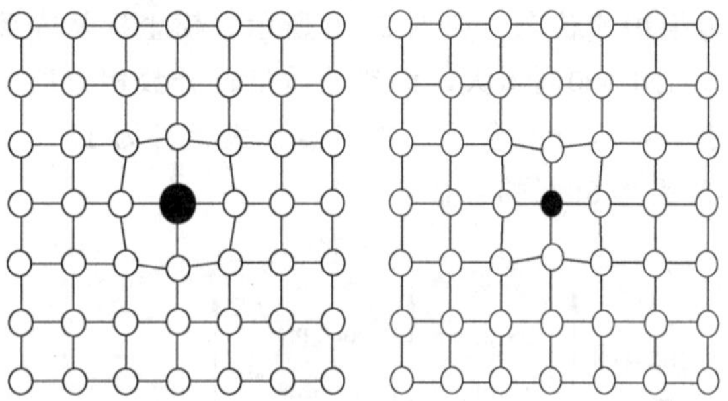

(b) 置换固溶体

图 2.9 固溶体的晶格畸变示意图

2） 金属化合物

金属化合物是指合金组元之间相互化合而成的，具有金属特性的一种新相，一般可用分子式表示。金属化合物的晶格类型和性能不同于组成它的任一组元，金属化合物一般熔点高、硬而脆。例如，铁碳合金组织中的渗碳体（Fe_3C），其晶格类型不同于铁的体心立方晶格和碳的六方晶格，而是复杂的斜方晶格，熔点为1227℃，硬度约为1000HV，塑性及韧性极差。

在钢铁材料中，常见的金属化合物有 Fe_3C、TiC、WC 等，它们是钢铁材料主要的强化相。

2. 合金的组织

合金的组织组成可能出现以下几种状况：

（1） 由单相固溶体晶粒组成；

（2） 由单相的金属化合物晶粒组成；

（3） 由两种固溶体的混合物组成；

（4） 由固溶体和金属化合物混合组成。

合金组织的组成相中，固溶体强度、硬度较低，塑性、韧性较好；金属化合物硬度高、脆性大；而由固溶体和金属化合物组合的机械混合物的性能往往介于二者之间，即强度硬度较高，塑性韧性较好。由两种以上固溶体及金属化合物组成的多相合金组织，又会因其各组成相的相对数量、尺寸、形状和分布不同，形成各种各样组织形态，从而影响合金的性能。在显微镜下可以明显辨别出各组成相的形貌。

2.2.3 二元合金相图的含义及建立方法

合金的组织比纯金属复杂。同一个合金系，因成分的变化，其组织也不同；另一方面，同一成分的合金，其组织随温度的不同而变化。因此，为了掌握合金的成分、组织与性能之间的关系，必须了解合金的结晶过程，了解合金中各组织的形成及变化的规律。相图就是研究这些问题的一种工具。

1. 二元合金相图的含义

相图是表示在平衡条件（极其缓慢加热或冷却）下给定合金系中合金的成分、温度与其组织或状态之间关系的一个简明坐标图形。它是研究和选用合金的重要工具，对于金属的加工及热处理，具有指导意义。二元合金相图的纵坐标表示温度，横坐标表示合金的成分，坐标图形中表示合金组织或状态。如图 2.10 所示，横坐标从左到右表示合金成分的变化，即锑的质量百分数由 0%向 100%增大，而铅的质量百分数相应地由 100%向 0%逐渐减少。在横坐标上每一点都代表一种成分的合金，如 *F* 点代表含锑为 11%、含铅为 89%的合金，而 *G* 点代表含锑为 50%、含铅为 50%的合金。

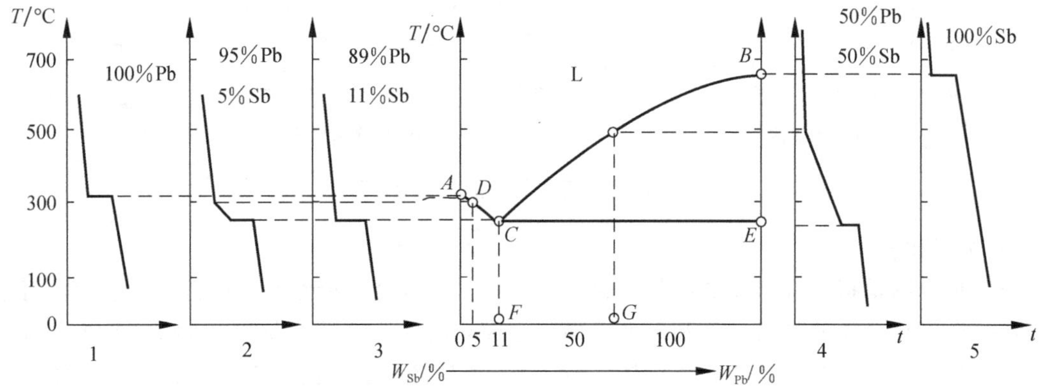

图 2.10 Pb-Sb 合金相图的绘制

2. 二元合金相图的建立方法

二元合金相图是通过实验方法建立起来的，目前测绘相图的方法很多，最常用的是热分析法。现以铅锑二元合金为例说明测绘合金相图的方法及步骤。

(1) 配制若干组不同成分的铅锑合金，如表 2.3 所示。

表 2.3 Pb-Sb 合金的成分和临界点

合金序号	化学成分/%		临界点/℃	
	Pb	Sb	开始结晶温度	结晶终了温度
1	100	0	327	327
2	95	5	300	252
3	89	11	252	252
4	50	50	460	252
5	0	100	631	631

(2) 分别用热分析法作出各个合金的冷却曲线，如图 2.10 所示。

(3) 找出各冷却曲线临界点。

(4) 将临界点标在成分、温度坐标系的坐标图上，并连接各相同含义的临界点，就得到如图 2.10 所示的铅锑二元合金相图。

实际上，所有二元合金相图的建立方法都可以通过上述四个步骤后得到相应合金相图。

2.3 铁碳合金相图

铁碳合金是现代工业中应用最广泛的金属材料。不同成分的铁碳合金，在不同的温度下，具有不同的性能。铁碳合金相图对于铁碳合金的研究和使用，具有重要的指导意义。

2.3.1 铁碳合金的基本相

铁和碳是铁碳合金的两个基本组元，它们在液态下完全互溶，在固态下，碳既可溶于铁中形成间隙固溶体，又能与铁作用形成金属化合物。铁碳合金的基本相有以下三种。

1. 铁素体（F 或 α）

铁素体是碳溶于 α-Fe 中形成的间隙固溶体，用符号 F（或 α）表示。由于 α-Fe 是体心立方晶格，其晶格间隙的直径很小，因而铁素体的溶碳能力极低。在 727℃时溶碳量最大（W_C = 0.0218%），随着温度的下降溶碳量逐渐减少，在 600℃时溶碳量 W_C = 0.0057%，因此，其室温时的性能几乎与纯铁相同，即铁素体的强度、硬度不高，但具有良好的塑性和韧性。

2. 奥氏体（A 或 γ）

奥氏体是碳溶于 γ-Fe 中形成的间隙固溶体，用符号 A（或 γ）表示。奥氏体仍保持 γ-Fe 的面心立方晶格。

由于面心立方晶格间隙比体心立方晶格的大，故 γ-Fe 比 α-Fe 的溶碳能力大得多。在 1148℃时溶碳量最大（W_C = 2.11%），随着温度的下降溶碳量逐渐减少，在 727℃时溶碳量 W_C = 0.77%。

奥氏体具有一定的强度和硬度，塑性、韧性好。因此，生产中常将钢材加热到奥氏体状态进行锻造。

3. 渗碳体（Fe_3C）

渗碳体是铁和碳形成的一种具有复杂晶格的金属化合物，用分子式 Fe_3C 表示。

渗碳体的 W_C = 6.69%，硬度很高，脆性很大、塑性极差，熔点为 1227℃。

渗碳体是钢中主要强化相。在钢和铸铁中渗碳体常以片状、球状和网状等不同的形式存在，它的形态与分布对钢的性能有很大影响。

铁素体、奥氏体、渗碳体均为单相组织，称为铁碳合金的基本相。

除上述基本相以外，还有由基本相组成的复相组织珠光体（P）和莱氏体（L_d）。

珠光体是铁素体和渗碳体的机械混合物，强度较高，硬度适中，具有一定塑性。

莱氏体为奥氏体和渗碳体所组成的共晶体，又称高温莱氏体（L_d）；在室温下莱氏体由珠光体和渗碳体组成，称为低温莱氏体（L'_d）。莱氏体以渗碳体做基体，硬度很高，塑性很差。

以上五种组织的力学性能如表 2.4 所示。

表 2.4 铁碳合金组织的力学性能

组织名称	符　号	抗拉强度 σ_b/MPa	伸长率 δ/%	HBS
铁素体	F	180～280	30～50	50～80
奥氏体	A	—	40～60	120～220
渗碳体	Fe_3C	30	0	约 800
珠光体	P	800	20～35	180
莱氏体	L_d（L'_d）	—	0	＞700

2.3.2 铁碳合金相图

铁碳合金相图是指在平衡状态（极缓慢加热或冷却）条件下，不同成分的铁碳合金，在不同温度下具有的状态或组织的图形。

铁碳合金相图的建立方法与 P_b-S_b 合金相图的建立方法相似，因铁碳合金相图建立过程较复杂，故其建立过程在此省略，下面直接给出简化的 Fe-Fe_3C 相图（图 2.11），由于 W_C = 6.69%的铁碳合金可形成稳定金属化合物 Fe_3C，而 W_C > 6.69%的铁碳合金的力学性能很差，没有实用价值。因此，铁碳合金相图实际上是 W_C 为 0～6.69%的 Fe-Fe_3C 相图。

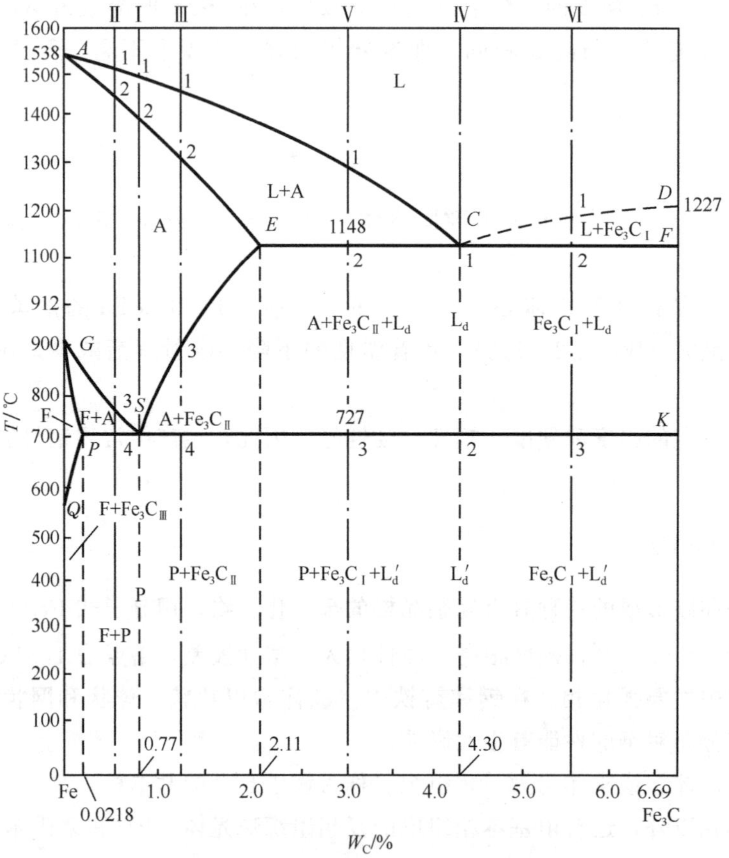

图 2.11 简化的 Fe-Fe_3C 合金相图

1. 铁碳合金相图分析

铁碳合金相图的纵坐标表示温度，横坐标表示成分。左端原点 W_C = 0%，即纯铁；右端点 W_C = 6.69%，即 Fe_3C。横坐标上任何一点，均代表一种成分的铁碳合金。

（1）铁碳合金相图的相区。简化的铁碳合金相图有三个单相区：*ACD* 以上为液相区（L）；*AESGA* 为奥氏体区（A）；*GPQG* 为铁素体区（F）。相图中有五个双相区，分别是：L＋A、L＋Fe_3C、F＋A、A＋Fe_3C（*ESKFCE* 区域）、F＋Fe_3C（*QPSK* 以下区域）。

（2）铁碳合金相图的特性点。简化的铁碳合金相图中各特性点的温度、成分及含义如表 2.5 所示。

表 2.5　简化的铁碳合金相图特性点

特性点符号	温度 t/℃	W_C/%	含　义
A	1538	0	纯铁的熔点
D	1227	6.69	渗碳体的熔点
C	1148	4.3	共晶点，$L_c \rightarrow L_d$（$A_E + Fe_3C$）
S	727	0.77	共析点，$A_S \rightarrow P$（$F_P + Fe_3C$）
E	1148	2.11	碳在 γ-Fe 中的最大溶解度
P	727	0.0218	碳在 α-Fe 中的最大溶解度
Q	600	0.0057	600℃时碳在铁素体中的溶解度
G	912	0	α-Fe 与 γ-Fe 同素异构转变点

（3）铁碳合金相图的特性线。铁碳合金相图的特性线是不同成分的合金具有相同意义相变点的连接线。简化的铁碳合金相图中各特性线的符号、名称及含义如表 2.6 所示。

表 2.6　简化的铁碳合金相图特性线

特性线	名　称	含　义
ACD 线	液相线	此线以上，合金全部为液相（L），液态合金缓冷至 AC 线时，开始结晶出奥氏体；液态合金缓冷至 CD 线时，开始结晶出渗碳体，称为一次渗碳体（Fe_3C_I）
$AECF$ 线	固相线	此线以下，合金全部处于固相状态，加热到此温度线，合金开始熔化
ECF 水平线	共晶线	凡是 W_C>2.11%的铁碳合金，缓冷至该线（1148℃）时，均发生共晶转变，生成莱氏体（Ld）
PSK 水平线	共析线（又称 A_1）	凡是 W_C>0.0218%的铁碳合金，缓冷至该线（727℃）时，均发生共析转变，生成珠光体（P）
ES 线	A_{cm}线	碳在奥氏体中的溶解度曲线。在 1148℃时奥氏体具有最大的溶碳能力，W_C=2.11%，随着温度降低，溶碳量减少，727℃时 W_C=0.77%。W_C>0.77%的合金，由高温缓冷至该线时，从奥氏体中开始析出渗碳体，称为二次渗碳体（Fe_3C_{II}）
PQ 线		碳在铁素体中的溶解度曲线。在 727℃时铁素体具有最大的溶碳能力，W_C=0.0218%，随着温度降低，溶碳量减少，至 600℃时 W_C=0.0057%。合金由 727℃缓冷至该线时，从铁素体中开始析出渗碳体，称为三次渗碳体（Fe_3C_{III}）
GS 线	A_3 线	W_C<0.77%的铁碳合金，缓冷时，奥氏体向铁素体转变的开始线；缓慢加热时，铁素体转变为奥氏体的终了线

2. 典型铁碳合金的结晶过程

1）铁碳合金的分类

铁碳合金按其含碳量和室温平衡组织不同，分为三大类，即工业纯铁、钢和白口铸铁。

（1）工业纯铁：$W_C \leqslant 0.0218\%$，室温平衡组织为铁素体。

（2）钢：$0.0218\% < W_C \leqslant 2.11\%$。按室温平衡组织不同，又分为三类：

① 共析钢：$W_C = 0.77\%$，室温平衡组织为珠光体。

② 亚共析钢：$0.0218\% < W_C < 0.77\%$，室温平衡组织为珠光体＋铁素体。

③ 过共析钢：$0.77\% < W_C \leqslant 2.11\%$，室温平衡组织为珠光体＋二次渗碳体。

（3）白口铸铁：$2.11\% < W_C < 6.69\%$。按室温平衡组织不同，又分为以下三种：

① 共晶白口铸铁：$W_C = 4.3\%$，室温平衡组织为低温莱氏体。

② 亚共晶白口铸铁：$2.11\% < W_C < 4.3\%$，室温平衡组织为珠光体＋二次渗碳体＋低温莱氏体。

③ 过共晶白口铸铁：$4.3\% < W_C < 6.69\%$，室温平衡组织为低温莱氏体＋一次渗碳体。

2）典型铁碳合金的结晶过程

（1）共析钢。共析钢（合金Ⅰ）结晶过程示意图如图 2.12 所示，可归纳为

$$L \rightarrow L+A \rightarrow A \rightarrow P$$

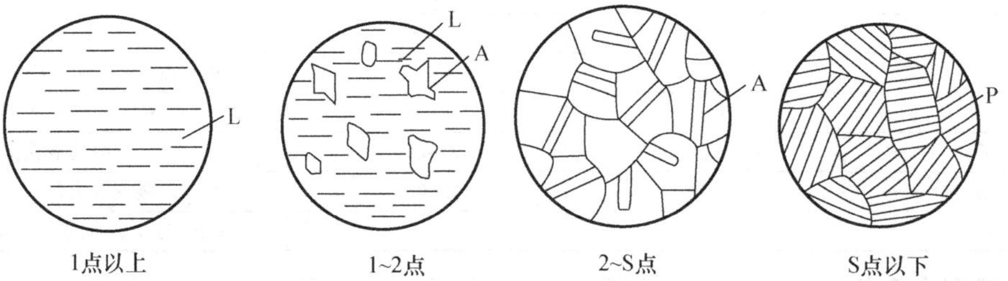

图 2.12　共析钢结晶过程示意图

（2）亚共析钢。亚共析钢（如合金Ⅱ）结晶过程示意图如图 2.13 所示，可归纳为

$$L \rightarrow L+A \rightarrow A \rightarrow F+A \rightarrow F+P$$

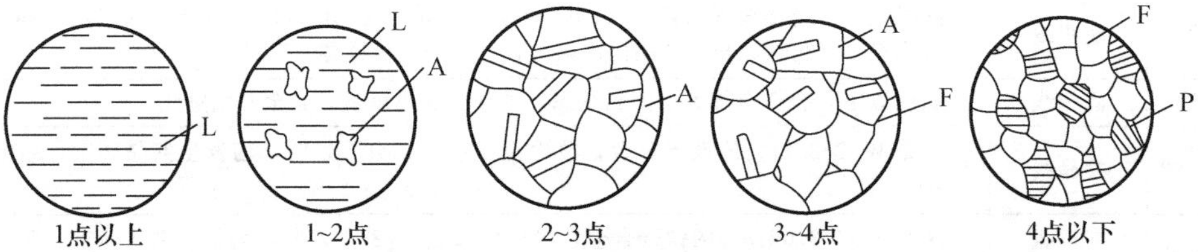

图 2.13　亚共析钢结晶过程示意图

凡是亚共析钢，缓冷后室温平衡组织均由铁素体和珠光体组成。含碳量越高，珠光体的相对量越多，铁素体相对量越少。亚共析钢的室温组织如图 2.14 所示，图中白色部分为铁素体，黑色部分为珠光体。

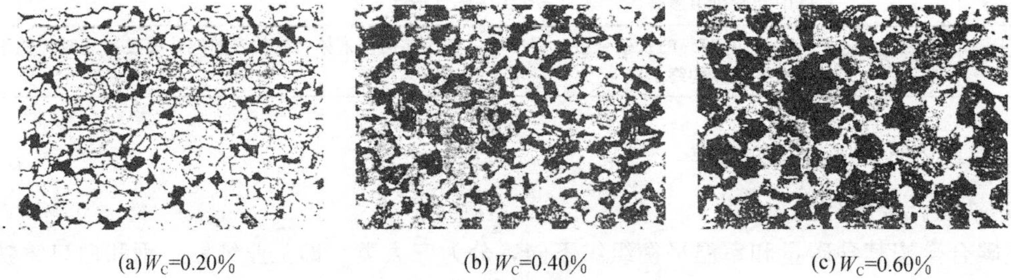

(a) W_C=0.20%　(b) W_C=0.40%　(c) W_C=0.60%

图 2.14　亚共析钢的室温组织

（3）过共析钢。过共析钢（如合金Ⅲ）结晶过程示意图如图 2.15 所示，可归纳为

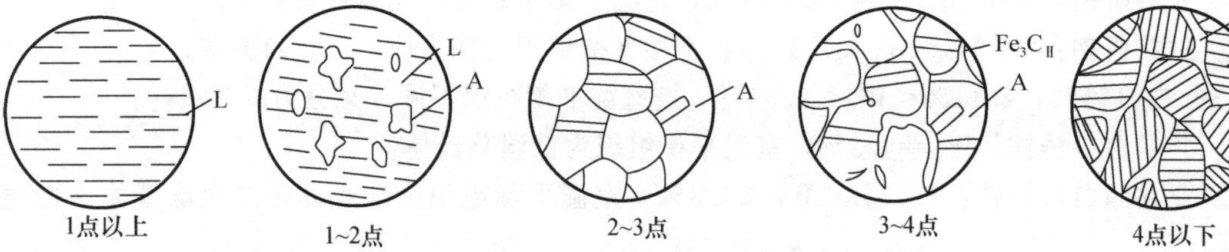

图 2.15　过共析钢结晶过程示意图

$$L \rightarrow L+A \rightarrow A \rightarrow A+Fe_3C_{II} \rightarrow P+Fe_3C_{II}$$

凡是过共析钢，缓冷后室温平衡组织均由珠光体和网状二次渗碳体组成。只是钢的含碳量越高，珠光体的相对量越少，网状二次渗碳体的相对量越多。过共析钢的室温组织如图 2.16 所示，图中暗黑色的部分为珠光体，白色网状的部分为二次渗碳体。

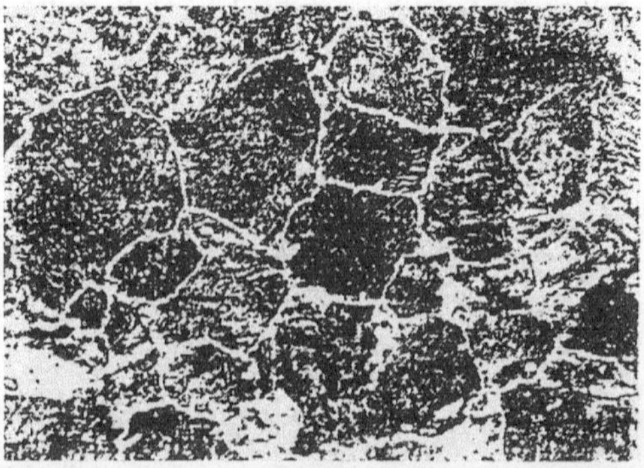

图 2.16　$W_C=1.2\%$的过共析钢的室温组织

(4) 共晶白口铸铁。共晶白口铸铁（如合金Ⅳ）的结晶过程示意图，如图 2.17 所示，可归纳为

$$L \rightarrow L_d \rightarrow L'_d$$

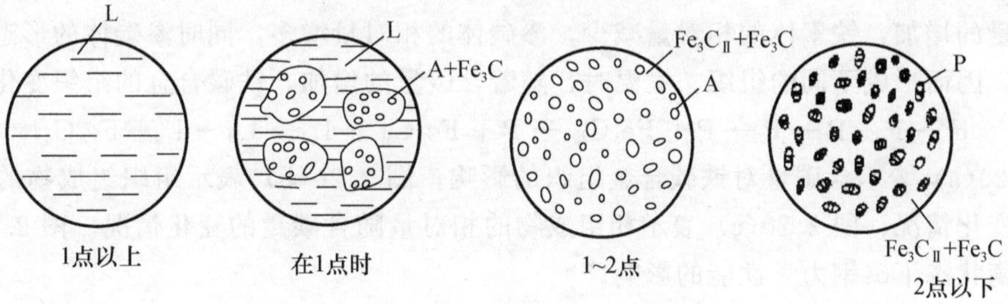

图 2.17　共晶白口铸铁结晶过程示意图

(5) 亚共晶白口铸铁。亚共晶白口铸铁（如合金Ⅴ）的结晶过程示意图，如图 2.18 所示，

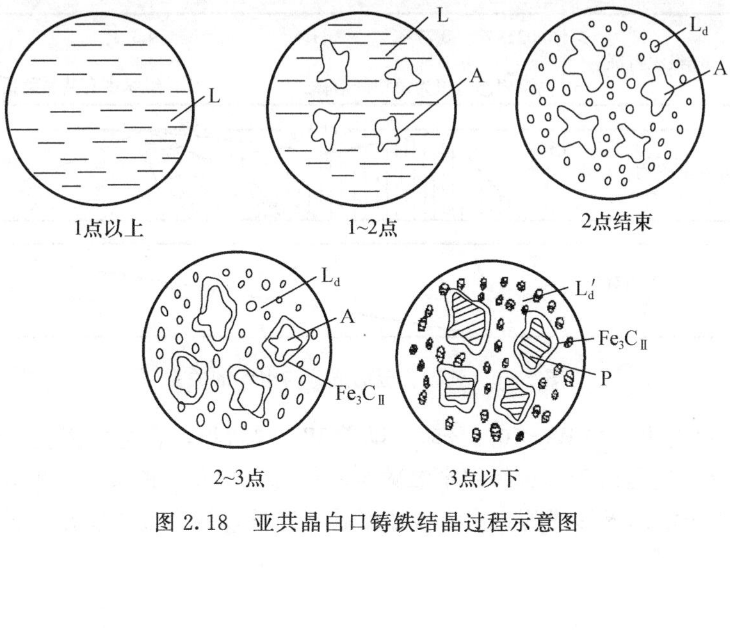

图 2.18　亚共晶白口铸铁结晶过程示意图

可归纳为

$$L \rightarrow L + A \rightarrow A + L_d \rightarrow A + Fe_3C_{II} + L_d \rightarrow P + Fe_3C_{II} + L'_d$$

(6) 过共晶白口铸铁。过共晶白口铸铁（如合金Ⅵ）的结晶过程示意图，如图 2.19 所示，可归纳为

$$L \rightarrow L + Fe_3C_{I} \rightarrow L_d + Fe_3C_{I} \rightarrow L'_d + Fe_3C_{I}$$

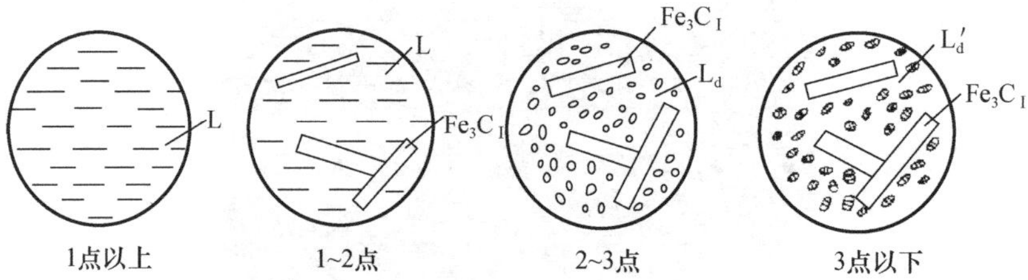

图 2.19　过共晶白口铸铁结晶过程示意图

3. 含碳量对铁碳合金组织和力学性能的影响

一般来说，铁碳合金的成分决定合金的组织，而组织（包括数量、形态和分布等）又决定了合金的性能。

从相组成来看，任何成分的铁碳合金在室温下的平衡组织均由铁素体和渗碳体两相组成。随着含碳量的增加，铁素体的相对量减少，渗碳体的相对量增多，同时渗碳体的形态和分布也有所不同，因而形成不同的组织。室温时，随着含碳量的增加，铁碳合金的组织变化如下：

$$F \rightarrow F + P \rightarrow P \rightarrow P + Fe_3C_{II} \rightarrow P + Fe_3C_{II} + L'_d \rightarrow L'_d \rightarrow L'_d + Fe_3C_{I}$$

图 2.20(a) 表示含碳量对铁碳合金组织的影响；图 2.20(b) 表示组织组成物的相对量随含碳量的变化情况；图 2.20(c) 表示相组成物的相对量随含碳量的变化情况。图 2.21 表示含碳量对平衡状态下碳钢力学性能的影响。

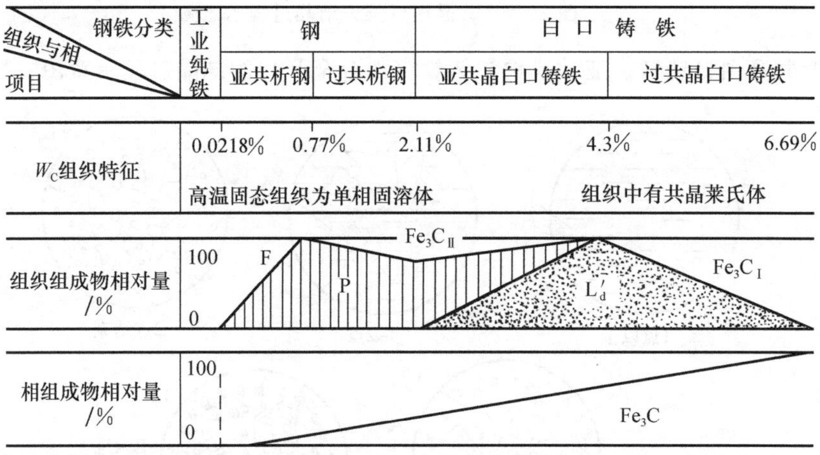

图 2.20　铁碳合金的成分与组织的关系

从图 2.21 可以看出，当 W_C<0.9%时，随着 W_C 的增加，合金的强度、硬度都提高，而塑性、韧性均下降，这是由于合金组织中渗碳体的相对量增多，铁素体的相对量减少所致；当 W_C>0.9%时，由于沿晶界形成的二次渗碳体网趋于完整，故合金强度开始明显下降，但硬度

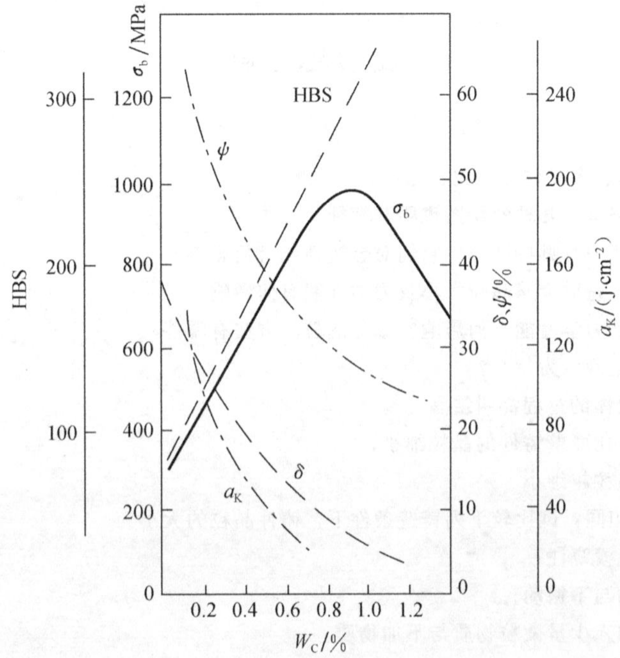

图 2.21　含碳量对碳钢力学性能的影响

仍在增高，塑性和韧性继续下降。为保证工业用的碳钢具有足够的强度、一定的塑性和韧性，钢的 W_C 一般小于 1.4%。

4. 铁碳合金相图的应用

（1）在选材方面的应用。铁碳合金相图表明了钢铁材料的成分、组织、性能的规律，为生产中的选材提供了重要的依据。含碳量低的钢（W_C<0.25%），其塑性、韧性很好，适合制作要求成形性能较好的各种型材、板材、管材等；含碳量中等的钢（0.25%≤W_C≤0.6%），其强度和韧性都比较好，可以用来制造承受冲击载荷和要求强度较高的各种机械零件，如轴和齿轮等；含碳量较高的钢（W_C>0.6%），其硬度较高，可以用来制造要求强度高、硬而耐磨的各种切削工具、模具和量具等。

（2）在铸造方面的应用。根据铁碳合金相图，可以确定合金的浇注温度。合金的铸造性能取决于结晶温度范围的大小，范围越小，其铸造性能越好。由相图可知，纯铁和共晶白口铸铁的铸造性能最好，所以生产中铸铁的成分多选在共晶成分附近（W_C=4.3%）；在铸钢生产中，含碳量规定为 0.15%～0.6%。

（3）在锻造和焊接方面的应用。室温时，碳钢是由铁素体和渗碳体两相组成的，塑性较差，变形困难。加热到单相奥氏体状态，可获得良好的塑性，易于锻造成形。含碳量越低，锻造性能越好。白口铸铁因在低温、高温时，其基体均有渗碳体，故不能锻造。

焊接性能主要与钢的含碳量有关，含碳量越高，组织中渗碳体量越多，焊接性能越差。通常低碳钢的焊接性能好，高碳钢和白口铸铁的焊接性能差。

（4）在热处理方面的应用。由相图可知，铁碳合金在加热或冷却过程中有相变，故钢和铸铁可进行热处理。热处理中的组织转变及其工艺参数的选择，与铁碳相图的关系最为密切，这将在后续章节中进一步说明。

复习思考题

2-1 解释下列名词：

晶格、晶胞、单晶体、多晶体、晶粒、晶界。

2-2 常见的金属晶格有哪几种？绘图说明其特征。

2-3 金属的实际晶体中有哪些缺陷？它们对金属性能有何影响？

2-4 什么叫过冷度？它对金属晶粒大小及力学性能有何影响？

2-5 晶粒大小对金属力学性能有何影响？细化晶粒的方法有哪些？

2-6 下列说法是否正确？为什么？

(1) 由液体凝固成固体的过程都叫结晶；

(2) 薄壁铸件的晶粒比厚壁铸件的晶粒细小；

(3) 过冷度越大，晶粒越细小。

2-7 如果其他条件相同，试比较下列铸造条件下，铸件晶粒的大小。

(1) 金属模浇注与砂模浇注；

(2) 浇注时采用振动与不振动；

(3) 向液态金属中加入少量微粒物质与不加物质。

2-8 什么叫热分析法？它有什么用途？

2-9 晶体、晶粒和组织有何区别？

2-10 什么叫热分析法？它有什么用途？

2-11 什么是合金？与纯金属相比它有何优点？为什么？

2-12 试比较金属与合金的晶格构造。

2-13 解释下列名词并说明其性能和显微组织特征：

铁素体、奥氏体、渗碳体、珠光体、莱氏体。

2-14 分析一次渗碳体、二次渗碳体、三次渗碳体、共晶渗碳体、共析渗碳体的异同之处。

2-15 试画出简化的 $Fe\text{-}Fe_3C$ 相图，说明图中主要点、线的意义，填出各相区的相和组织组成物。

2-16 简述碳钢的含碳量、显微组织与力学性能之间的关系。

2-17 同样形状的两块铁碳合金，其中一块是低碳钢，一块是白口铸铁，用什么简单的方法可迅速区分它们？

2-18 根据 $Fe\text{-}Fe_3C$ 相图，解释下列现象：

(1) 在室温下，$W_C=0.8\%$的碳钢比 $W_C=0.4\%$的碳钢硬度高，比 $W_C=1.2\%$的碳钢强度高；

(2) 钢铆钉一般用低碳钢制造；

(3) 绑扎物件一般用铁丝（镀辞低碳钢丝），而起重机吊重物时都用钢丝绳（用 60 钢、65 钢等制成）；

(4) 在 1100℃时，$W_C=0.4\%$的钢能进行锻造，而 $W_C=4.0\%$的铸铁不能进行锻造；

(5) 钳工锯削 T8、T10、T12 等退火钢料比锯削 10、20 钢费力，且锯条易磨钝；

(6) 钢适宜压力加工成形，而铸铁适宜铸造成形。

第 3 章　钢的热处理

钢的热处理是指钢在固态范围内，在不改变工件形状的前提下，通过加热到一定温度、保温和冷却，改变其内部组织，从而获得所需性能的一种工艺方法。通常热处理工艺过程可用热处理工艺曲线来表示（图 3.1）。

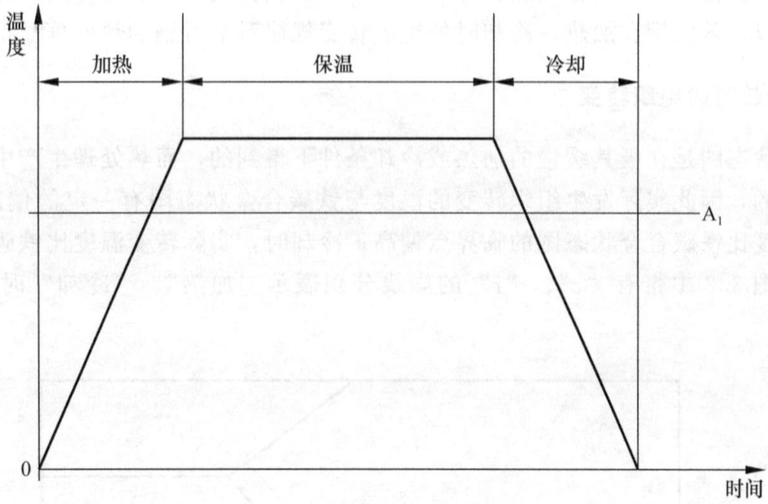

图 3.1　热处理工艺曲线

热处理过程中，金属形状没有明显变化，但是在加热和冷却过程中，其内部发生了组织或相的转变，性能也相应地发生变化。加热温度、保温时间、冷却速度是热处理过程中的三个主要工艺参数。改变工艺参数就可以得到不同的性能，其原因是不同工艺参数下的热处理得到不同的组织，从而获得不同的性能。

热处理在机械制造业中有着极为重要的意义。据统计，在汽车、农业机械、机床制造业中，约有 70% 以上的工件要进行热处理；各种刀具、模具、量具及滚动轴承等几乎都要进行热处理。热处理的主要作用有以下几个方面。

（1）改变工件的内部组织。例如，钢退火可以得到硬度较低的珠光体组织，而淬火可以得到硬度高的马氏体组织。

（2）改变工件的性能，以便于切削加工，或者满足工件的使用性能要求。例如，低碳钢太软不利于切削，切削过程中容易粘刀，可以进行正火热处理以提高其硬度，改善切削加工性能。

（3）改变工件表层的成分、组织及性能。例如，汽车汽缸的激光表面淬火可以提高其工作表面的硬度和耐磨性，延长其使用寿命。

（4）热处理可以消除锻造、铸造、焊接等加工工艺过程中造成的多种缺陷。例如，热处理可以细化晶粒，消除偏析，降低内应力，使钢的组织、性能更加均匀等。

总之，经过热处理的工件，不仅能充分发挥材料内部潜力，提高使用性能，延长使用寿命，还能改善材料的加工工艺性能，扩大使用范围，减轻结构重量，节省金属材料，从而取得明显的经济效益。

随着工业生产的发展和科技的进步，热处理工艺方法日益增多。根据热处理的目的要求以及加热和冷却方式不同可分为：普通热处理和表面热处理两大类。前者有退火、正火、淬火、回火；后者有表面淬火（感应加热、火焰加热等）、化学热处理（渗碳、渗氮、氰化等）。

3.1 钢在热处理时的组织转变规律

钢的热处理工艺是根据钢在加热和冷却过程中的组织转变规律制定的具体加热、保温、冷却的工艺。所以，掌握钢在加热、冷却时的组织转变规律对学习钢的热处理显得尤为重要。

3.1.1 钢在加热时的组织转变

铁碳合金状态图是在极其缓慢的加热或冷却条件下得到的，而热处理生产中加热或冷却都不是极其缓慢的，因此实际发生组织转变的温度与铁碳合金状态图有一定的偏离。即加热时，实际转变的温度比铁碳合金状态图的临界点偏高；冷却时，实际转变温度比铁碳合金状态图的临界点偏低，图 3.2 中带有“c”、“r”的虚线分别表示“加热”、“冷却”时组织转变的临界线。

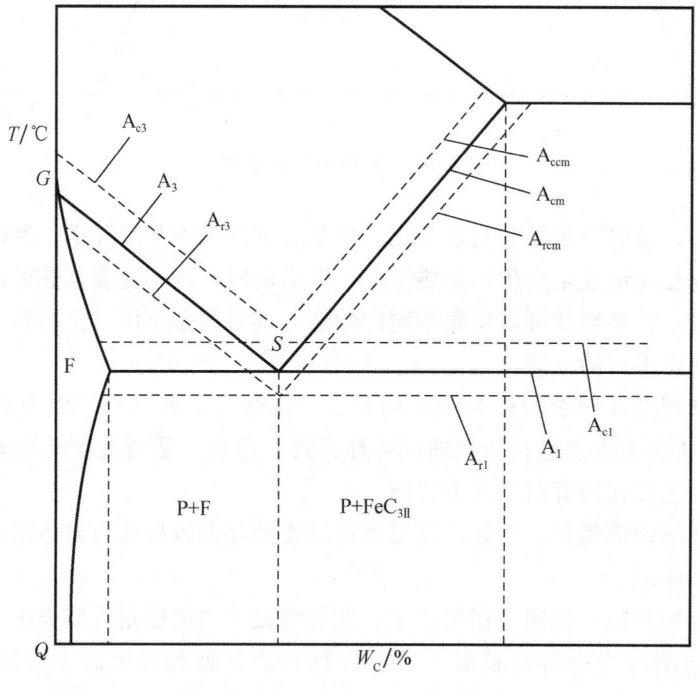

图 3.2 热处理加热（冷却）时铁碳合金相图上的各临界点位置

1. 奥氏体的形成过程

加热是热处理的第一道工序，其最主要的目的就是为了获得均匀的奥氏体（A）组织，因此这种加热转变过程称为钢的奥氏体化。现以共析钢为例分析钢的 A 化过程。共析钢在室温下的平衡组织为片状的 F 和 Fe_3C 构成的片层相间的组织，即为单一的 P。当加热到 A_{c1} 以上时，P 转变成 A，如图 3.3 所示，为共析钢的 A 形成过程的示意图。其过程可分为以下四个阶段。

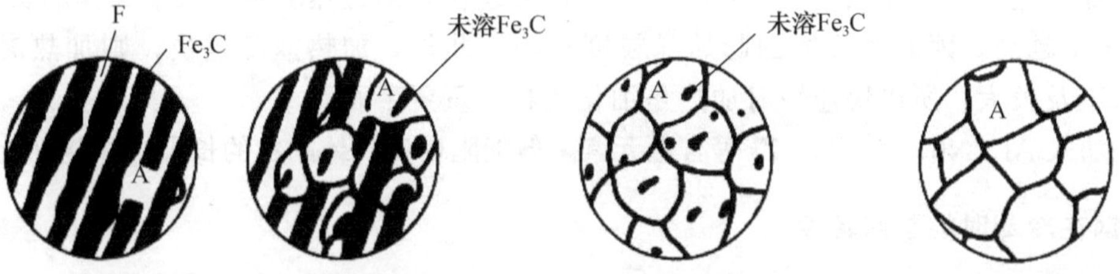

图 3.3 共析钢 A 的形成过程

(1) A 晶核形成。当共析钢加热到 A_{c1} 线以上时，A 晶核首先在 F 与 Fe_3C 的相界面上形成，这是因为相界面的原子是 F 与 Fe_3C 两种晶格的过渡结构，容易改组为新的晶格，而且，含碳量也处于 F（$W_C=0.218\%$）和 Fe_3C（$W_C=6.69\%$）之间，与 A（$W_C=0.77\%$）差别小，为 A 晶核的形成提供了有利条件。

(2) A 晶核的长大。它是 A 晶核的相界面同时向 F 和 Fe_3C 内推移的过程，通过原子的扩散，F（体心立方）晶格逐渐改组为 A 晶格（面心立方）渗碳体不断分解溶入 A 晶格中。

(3) 残余 Fe_3C 的溶解。由于 F 晶格与 A 晶格差别小，F 改组为 A 的速度比 Fe_3C 的速度快，所以，在 F 全部转变为 A 后，仍有部分 Fe_3C 尚未溶解，需一段时间继续向 A 溶解，直至全部 Fe_3C 消失为止。

(4) A 的均匀化。当 P 全部转变为 A 时，在 A 的内部成分是不均匀的，在原来 F 处含碳量较低，在原来 Fe_3C 处含碳量较高，也需要一段时间，通过原子的扩散，才能得到成分均匀的 A 组织。

由此可知，钢在热处理时，需要一定时间保温，不仅是为了保证工件热透，而且也为了使组织转变充分和 A 成分均匀化。

亚共析钢和过共析钢加热时的组织转变与共析钢相似。不同的是亚共析钢（或过共析钢）在 $A_{c1}\sim A_{c3}$（或 $A_{c1}\sim A_{ccm}$）时尚有一部分未溶的先共析 F（或二次 Fe_3C）存在，因此亚共析钢（或过共析钢）必须加热到 A_{c3}（或 A_{ccm}）以上才能完全 A 化，得到单相 A。

2. 奥氏体晶粒的长大与控制

1) 奥氏体晶粒的长大

当珠光体向奥氏体转变刚完成时，由于奥氏体是在片状珠光体的两相（铁素体与渗碳体）界面上形核，晶核数量多，获得细小的奥氏体晶粒。随着加热温度的升高或保温时间延长，奥氏体晶粒就长大，因为高温下原子的扩散能力增强，通过大晶粒“吞并”小晶粒可以减少晶界表面积，从而使晶界表面能降低，奥氏体组织处于更稳定的状态。奥氏体晶粒的大小直接影响到热处理后的力学性能。加热时获得的奥氏体晶粒细小，则冷却后转变产物的晶粒也细小，其强度、韧性和塑性较好；反之，粗大的奥氏体晶粒冷却后转变的产物晶粒也粗大，其强度、韧性和塑性显著降低。

2) 奥氏体晶粒大小的控制

(1) 加热温度和保温时间。加热温度越高，晶粒长大越快，奥氏体晶粒越粗大。因此，必须严格控制加热温度。当加热温度一定时，随着保温时间延长，晶粒不断长大，但长大速度越来越慢，不会无限长大下去，所以延长保温时间的影响要比提高加热温度小得多。

(2) 加热速度。当加热温度一定时，加热速度越快，则过热度越大（奥氏体的实际温度越高），形核率越高，因而奥氏体的起始晶粒度越小。此外，加热速度越快，则加热时间越短，晶粒越来不及长大，所以快速短时加热是细化晶粒的重要手段。

(3) 加入 Al、Nb、V、Ti、Zr 等合金元素一般能阻碍奥氏体晶粒的长大，即能细化晶粒。

3.1.2 钢在冷却时的组织转变

钢的奥氏体化不是热处理的最终目的，它是为了随后的冷却转变作组织准备。因为大多数机械构件都在室温下工作，且钢件性能最终取决于奥氏体冷却转变后的组织，所以研究不同冷却条件下钢中奥氏体组织的转变规律，具有更重要的实际意义。

奥氏体在临界转变温度以上是稳定的，不会发生转变。奥氏体冷却至临界温度以下，在热力学上处于不稳定状态，要发生转变。这种在临界点以下存在的不稳定且将要发生转变的奥氏体，称为过冷奥氏体。过冷奥氏体的转变产物，决定于它的转变温度，而转变温度又主要与冷却的方式和速度有关。在热处理中，通常有两种冷却方式，即等温冷却与连续冷却。等温冷却是将加热、保温后的钢件很快冷却到 A_1 以下某一温度等温，待组织转变结束后，再冷却到室温；连续冷却是将加热、保温后的钢件在某种冷却介质中连续冷却至室温，组织转变是在不断降温过程中进行的。

1. 过冷奥氏体的等温转变

1) 等温转变曲线（又称 C 形曲线）

将奥氏体化后的钢试样冷却至临界点以下的某一温度等温停留，并测定奥氏体转变量与时间的关系，即可得到过冷奥氏体等温转变动力学曲线。图 3.4 为共析钢在不同温度下的等温转变动力学曲线。将各个温度下转变开始和终了时间标注在温度-时间坐标中，并连成曲线，即得到共析钢的过冷奥氏体等温转变曲线，如图 3.4 所示。这种曲线形状类似字母“C”，故称为 C 形曲线，亦称“TTT 图”。它不仅可以表达不同温度下过冷奥氏体转变量与时间的关系，同时也可以指出过冷奥氏体等温转变的产物。

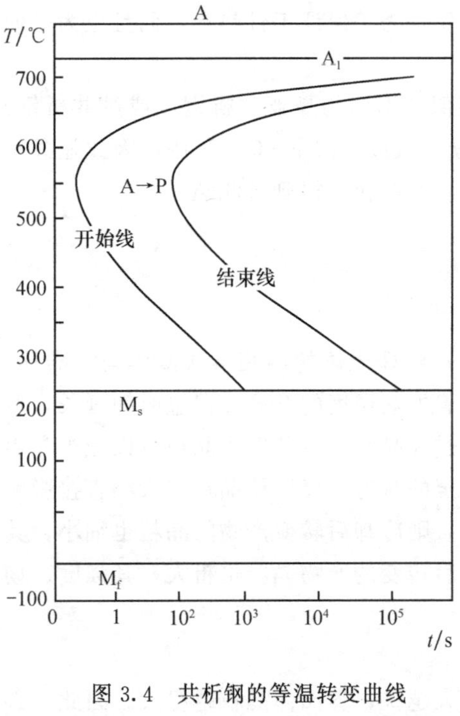

图 3.4 共析钢的等温转变曲线

由图 3.4 可见，共析钢的等温转变曲线中有三条水平线和两条 C 形曲线。

三条水平线：①A_1 线是 A 和 P 的平衡温度线，A_1 线以上 A 是稳定的，A_1 以下 A 是不稳定的；②M_s 是过 A 向马氏体转变的开始温度线；③M_f 是过冷 A 向马氏体转变的结束线。

两条 C 形曲线：①左边的 C 形曲线是过冷 A 向其他组织转变的开始线；②右边的 C 形曲线是过冷 A 向其他组织转变的结束线。

两条C形曲线将 A_1 以下的区域分为三个部分：①过冷A区，它是C形曲线左边的A区域，还未发生组织转变；②转变过渡区，它是两条C形曲线之间的区域，A正在向其他组织转变；③转变结束区，它是C形曲线右边的区域，过冷A已全部转变为其他组织。

2）等温转变产物的组织和性能

过冷A在 A_1～M_s 进行等温转变。以共析钢为例，根据等温转变产物的组织特征可分为以下两类。

(1) 珠光体转变。过A在 A_1～550℃等温，其转变产物都是由片状F和片状 Fe_3C 构成的机械混合物，称珠光体型产物。由于等温的温度不同，过冷度不同，产物的粗细程度不同，又将珠光体型产物分为珠光体（P）、索氏体（S）和托氏体（T），其组织和性能特点如表3.1所示。

表3.1　共析钢中珠光体型产物的组织和性能特点

组织类型	等温温度/℃	片层间距/μm	硬度/HRC
珠光体（P）	A_1～650	>0.4	5～25
索氏体（S）	650～600	0.2～0.4	25～35
托氏体（T）	600～550	<0.2	35～45

由表3.1可见，珠光体最粗，硬度最低，而托氏体最细，硬度最高。

(2) 贝氏体转变。过A在550℃～M_s 等温，其转变产物都是由碳在α-Fe中的过饱和固溶体和渗碳体构成的机械混合物，称贝氏体（B）。由于等温度不同贝氏体的形态也不同，通常将贝氏体又分为上贝氏体（B_c）和下贝氏体（B_d），其组织和性能特点如表3.2所示。

表3.2　共析钢中贝氏体的组织和性能特点

组织类型	等温温度/℃	组织形态	硬度/HRC
上贝氏体（B_c）	550～350	羽毛状	35～45
下贝氏体（B_d）	350～M_s	针片状	45～55

由表3.2可见，上贝氏体组织虽然硬度高，但由于其塑性和韧性差，生产中很少应用；下贝氏体组织不仅硬度高，而且具有良好的塑性和韧性，即具有良好的综合性能，生产中应用较多。

珠光体转变和贝氏体转变都是一个晶核的形成和长大的过程，是通过铁、碳原子的扩散来完成的，所以都属扩散型相变过程。

2. 过冷奥氏体的连续冷却转变

1）连续冷却转变曲线及转变的产物

连续冷却转变曲线是指过冷A在不同的冷却速度下连续冷却，其转变量和时间的关系曲线。

生产中由于连续冷却转变曲线很能难测量，而C形曲线的资料又较多，所以常用C形曲线对连续冷却转变进行定性分析。其原则是：①在连续冷却转变时，只有珠光体和马氏体转变，没有贝氏体转变；②过冷A连续冷却转变的产物与其冷却曲线与C形曲线相交的温度范围内发生的等温转变的产物相近。

图3.5为共析钢以不同速度连续冷却时，其冷却曲线与C形曲线的关系。

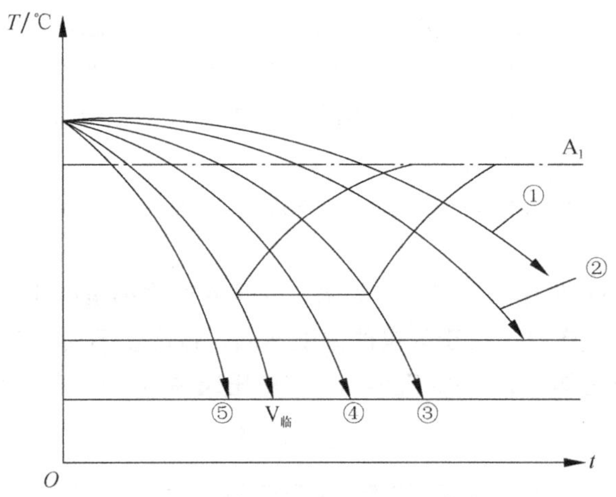

图 3.5　共析钢以不同方式冷却时，冷却曲线与C形曲线的关系

由图3.5可见，冷却曲线①是共析钢加热后在炉内冷却，冷却缓慢，过冷度小，与C形曲线 A_1～650℃相交，得到珠光体组织，硬度约为180HBS。

冷却曲线②为在空气中冷却，冷却速度比炉冷快，过冷度增加，与C形曲线在650～600℃相交，得到索氏体组织，硬度为25～35HRC。

冷却曲线③是在强制流动的空气中冷却，冷却速度比一般的空气中冷却快，过冷度较大，与C形曲线在600～550℃相交，得到托氏体组织，硬度为35～45HRC。

冷却曲线④表示在油中冷却，冷却速度更快，与C形曲线的转变开始线在650～600℃相交，得到索氏体组织，但未与转变结束线相交，所以，过冷A不能全部转变为索氏体，剩余的A过冷到 M_s 下转变为马氏体，最后得到索氏体和马氏体的混合物，其硬度为45～55HRC。

冷却曲线⑤表示在水中冷却，冷却速度比油冷快，冷却曲线不与C形曲线相交，过冷A不发生珠光体型转变，直接过冷到 M_s 以下，转变为马氏体。其硬度最高，为55～65HRC，但塑性最低。

由此可见，同一成分的钢在冷却时，由于冷却方式不同，即冷却速度不同，A被过冷到不同温度，将转变成不同的组织，因而具有不同的性能。

2）马氏体转变

马氏体转变是在 M_s～M_f 进行的，转变产物称为马氏体，它是碳全部固溶在α-Fe中的过饱和固溶体。

（1）马氏体转变的特点。马氏体转变也是一个晶核的形成和长大过程，但由于转变温度低，铁、碳原子不能扩散，而是以无扩散的方式由γ-Fe的体心立方直接改组为α-Fe的面心立方晶格。原固溶在γ-Fe中的碳原子也就全部固溶在α-Fe中，成为过饱和固溶体。所以马氏体转变属于非扩散型相变。其主要特点是：①转变速度极快，瞬时形成，瞬间长大；②转变是在一定温度范围（M_s～M_f）不断降温形成的；③转变不完全，即使温度降低到 M_f 以下，过冷A也不能全部转变为马氏体，称残余A；④转变时体积膨胀，是钢在热处理时产生变形和裂纹的主要原因。

（2）马氏体的组织形态和性能特点。淬火钢中的马氏体主要有两种形态：一类是板条状马氏体，其含碳量 $W_C<0.2\%$，又称低碳马氏体，具有良好的综合力学性能；另一类是针片状马氏体，其含碳量 $W_C>1\%$，又称高碳马氏体，具有高硬度、高强度，但塑性、韧性差，即硬而脆。含碳量 $W_C=0.2\%\sim1\%$ 时，组织为两者的混合物，其性能也在前二者之间。

3.2 钢的普通热处理

普通热处理是将工件整体进行加热、保温和冷却，以改变钢的组织，获得所需性能的一种工艺方法，它包括退火、正火、淬火和回火四种。普通热处理是钢制零件制造过程中非常重要的工序。

3.2.1 退火

退火是将钢件加热到一定温度，然后缓慢冷却的一种热处理工艺方法。生产中，常用的退火方法有以下几种。

1）完全退火（普通退火）

完全退火广泛用于亚共析成分的铸件、锻件及轧件。目的是细化晶粒，消除内应力，降低硬度，为切削加工和最终热处理做准备。方法是先将钢加热到 A_{c3} 以上 30～50℃，保温一定时间，然后随炉或在石灰、砂子中缓慢冷却到室温，也可以在退火温度缓慢冷却到 500～600℃时，将钢取出空冷。退火后组织是由铁素体和珠光体组成，硬度较低，因而完全退火又称软化处理。但完全退火不适宜处理过共析成分的钢，因为加热到 A_{ccm} 线以上缓冷时，会沿晶界析出网状渗碳体，从而显著降低钢的塑性和韧性。

2）球化退火（不完全退火）

球化退火广泛用于共析、过共析成分的碳钢、合金工具钢。目的是使网状或片状渗碳体球化，降低硬度，提高韧性，为切削加工和最终热处理做准备。方法是将共析或过共析成分的钢，加热到 A_{c1} 以上 20～30℃，保温后等温冷却或缓冷到室温。其退火后组织是由铁素体和球状渗碳体组成，又称球状珠光体。球化退火不适宜用于亚共析钢，因为这种方法的退火温度略高于 A_{c1}，钢中只有珠光体组织通过重结晶得到改善，而铁素体得不到改善。

3）去应力退火（低温退火）

去应力退火的目的是用来消除铸件、锻件、焊接件及切削加工件的内应力，稳定零件尺寸。方法是将钢加热到 A_{c1} 以下（为 500～650℃），保温后随炉缓慢冷却，或缓慢冷却到 300～200℃后取出空冷。由于去应力退火加热温度低于 A_{c1}，钢中不发生相变。

4）均匀化退火（高温退火）

均匀化退火主要用于合金钢铸件。目的是消除钢的偏析，提高钢的质量。方法是将钢加热到 1050～1150℃，保持 10～20h，然后缓慢冷却。

碳钢的各种退火的加热温度范围和工艺曲线如图 3.6 所示。

3.2.2 正火

正火是将钢件加热到 A_{c3}（亚共析钢）或 A_{ccm}（过共析钢）以上 30～50℃，保温一定时间，然后在空气中冷却的一种热处理工艺方法。

正火和完全退火属于同一类型的热处理工艺，都是将钢加热到奥氏体状态。所不同的是，正火在空气中冷却，而退火是随炉冷却。由于在空气中冷却速度比随炉冷却快，冷却曲线将穿过C形曲线的索氏体转变区域。亚共析钢正火后得到索氏体＋铁素体组织，其中，铁素体含量较少；过共析钢可得到索氏体组织，并且消除了网状渗碳体。因此，正火后的强度、硬度比退火高。

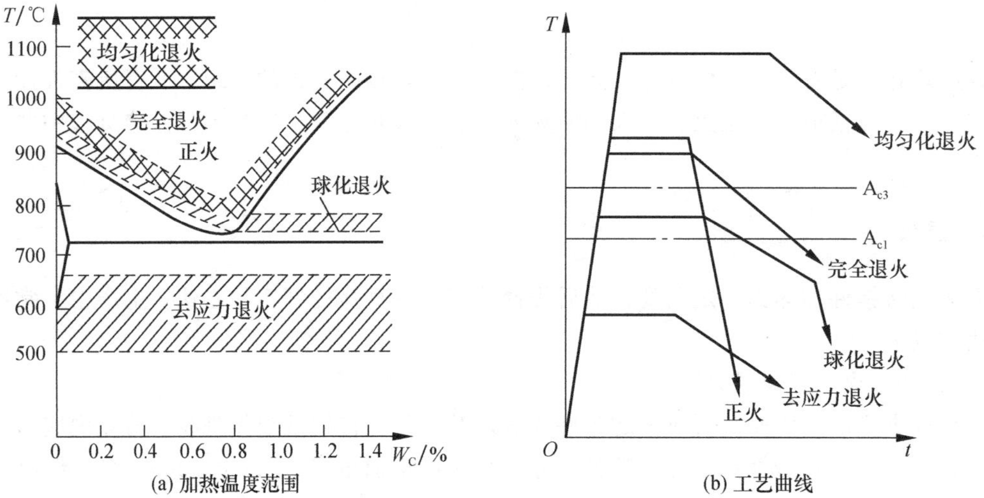

图 3.6　碳钢的各种退火和正火的工艺示意图

正火是一种操作简便、生产周期短、成本较低的热处理工艺，所以在生产中得到了广泛应用，主要用于以下几个方面：

(1) 作为对力学性能要求不高的零件的最终热处理。

(2) 改善低碳钢的可切削性。低碳钢硬度低、韧性大，切削时不易断屑，容易“粘刀”，表面粗糙。正火后硬度增加，韧性下降，切削时易于断屑，工件表面粗糙度降低。

(3) 作为中碳钢的预备热处理。中碳钢正火后，组织均匀，晶粒细小，可改善切削性能，减小淬火时的变形、开裂倾向。

3.2.3　淬火

淬火是将钢件加热到 A_{c3} 或 A_{c1} 以上 30～50℃，保温一定时间，然后快速冷却的一种热处理工艺方法。主要目的是获得高强度、高硬度，即获得马氏体组织，以充分地发挥材料的性能潜力。它是最常用的一种热处理，是决定产品质量的关键。淬火操作时必须正确地确定加热温度、保温时间和冷却方式。

淬火加热温度是根据铁碳合金状态图来确定的。对于亚共析成分的钢，一般取 A_{c3} 以上 30～50℃，保温一定时间，得到细晶粒的奥氏体，然后快速冷却，得到均匀细小的马氏体；对于过共析成分的钢，一般取 A_{c1} 以上 30～50℃，保温一定时间，得到奥氏体和渗碳体组织，然后快速冷却，得到马氏体和粒状渗碳体组织，粒状渗碳体的存在，可进一步提高硬度和耐磨性。

冷却速度应不低于钢的临界冷却速度，以使奥氏体在冷却过程中不发生分解，而到 M_s 以下转变为马氏体，但冷却速度越快，产生变形及开裂的趋向越大。因此，在淬火过程中应注意选择冷却介质和冷却方式，图 3.7 所示为常用淬火冷却方法。

1) 单介质淬火

它是将加热至淬火温度的工件，投入一种淬火介质中连续冷却至室温，如图 3.7 中曲线 1 所示。例如，碳钢在水中淬火，合金钢在油中淬火等。单介质淬火操作简便，易于实现机械化和自动化；但内应力大，易产生变形、裂纹等缺陷。此淬火方法常用于形状简单的小型零件的淬火处理。

2）双介质淬火

双介质淬火是将加热的工件先投入一种冷却能力强的介质中冷却，然后在 M_s 点以下区域时转入冷却能力小的另一种介质中冷却，如图 3.7 中曲线 2 所示。例如，形状复杂的非合金钢工件采用水淬油冷却法；合金钢工件采用油淬空冷法等。双介质淬火可使低温转变时的内应力减小，从而有效防止工件的变形和开裂。能否准确地控制工件从第一种介质转到第二种介质时的温度，是双介质淬火的关键，需要一定的实践经验。

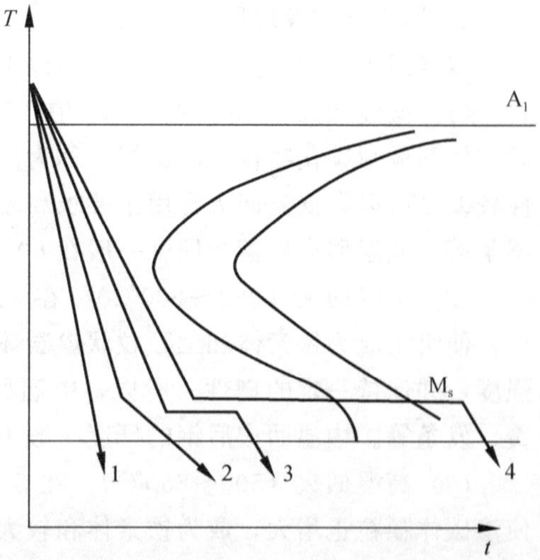

图 3.7 常用淬火冷却方法示意图

1-单介质淬火；2-双介质淬火；3-分级淬火；4-贝氏体等温淬火

3）分级淬火

它将加热的工件先放入温度为 M_s 点附近（150～260℃）的盐浴或碱浴中，稍加停留（2～5min），等工件温度趋于均匀时，再取出空冷以获得马氏体，如图 3.7 中曲线 3 所示。分级淬火可更为有效地避免变形和裂纹的产生，而且比双介质淬火易于操作，一般适用于形状较复杂、尺寸较小的工件。

4）贝氏体等温淬火

如图 3.7 中曲线 4 所示，等温淬火与分级淬火相似，其差别在于等温淬火是在稍高于 M_s 点温度的盐浴或碱浴中，保温足够的时间，使其发生下贝氏转变后出炉空冷。等温淬火的内应力小，工件不易变形与开裂，而且具有良好的综合力学性能。等温淬火常用于处理形状复杂，尺寸要求精确，并且硬度和韧性都要求较高的工件，如各种冷、热冲模，成形刃具和弹簧等。

不同成分的钢获得马氏体的能力（即淬透性）是不同的。例如，碳钢获得马氏体的能力较差，即淬透性差，淬火时应采用冷却能力较强的冷却介质（水），以保证获得马氏体，但产生变形开裂的趋向大；合金钢获得马氏体的能力较强，淬透性较好，淬火时应采用冷却能力较弱的冷却介质（油），保证获得马氏体，而且产生变形、开裂的趋向较小。

3.2.4 回火

回火是将淬火后的钢，重新加热到 A_{c1} 以下某一温度，然后以一定方式冷却的一种热处理工艺方法。

1）回火的主要目的

（1）降低脆性，消除或减小内应力。钢件在淬火后存在很大的内应力和脆性，如不及时回火会使工件变形，甚至开裂。

（2）获得所要求的机械性能。钢件在淬火后，硬度高而脆性大，通过适当的回火可调整硬度，得到所需的机械性能。

（3）稳定尺寸。淬火钢中马氏体等组织是不稳定组织，会发生分解，而引起工件形状和尺寸变化，通过回火，可使其转变成稳定组织（铁素体和渗碳体），以稳定工件尺寸。

因此，淬火一般是为回火做准备，而回火则决定了钢在使用时的性能，是钢淬火后的后续热处理工艺。

2）回火分类及应用

根据回火温度不同，回火可分为以下三种。

（1）低温回火（150～250℃）。在250℃以下回火，可获得保持原有马氏体形态的过饱和α固溶体和极细碳化物构成的组织，称为回火马氏体。它具有高强度、硬度和耐磨性而塑性和韧性较差。所以，低温回火常用于要求高硬度、高耐磨性的各种刃具、量具和模具等，如锉刀、锯条等。低温回火后钢的硬度一般在60HRC以上。

（2）中温回火（350～500℃）。在350～500℃回火，碳原子几乎完全从马氏体晶格中析出，使组织成为铁素体和细颗粒状渗碳体的机械混合物，称为回火托氏体。它具有高弹性、高强度，并保持一定的韧性。所以，中温回火常用于要求弹性、韧性好的各种弹性零件，如弹簧、发条等。中温回火后钢的硬度一般为35～45HRC。

（3）高温回火（500～650℃）。在500～650℃回火，由于温度高，原子的扩散能力增强，使渗碳体颗粒也增大，成为铁素体和较大颗粒状渗碳体的机械混合物，称为回火索氏体。它具有较好的综合力学性能。通常把“淬火后的高温回火”称为调质处理，简称“调质”。调质处理广泛用于各种重要的结构零件，特别是在交变负荷作用下的连杆、螺栓、齿轮及轴类零件等。高温回火后钢的硬度一般为28～33HRC。

应指出的是，同一成分的钢调质和正火处理后，硬度相近，但调质处理后不仅钢的强度较高，而且塑性和韧性显著超过正火状态。所以，重要结构零件均进行调质而不用正火，表3.3为45钢经正火或调质后的力学性能比较。

表3.3　45钢经正火或调质后的力学性能比较

指标 种类	σ_b/MPa	δ/%	D_k/（J/cm^2）	HBS
正火	700～800	15～20	50～80	162～220
调质	750～850	20～25	50～120	210～250

3.2.5　钢的普通热处理及金相观察实验

1. 热处理实验

1）仪器、设备和材料

（1）加热用箱式电阻炉以及控温仪表（图3.8、图3.9）。

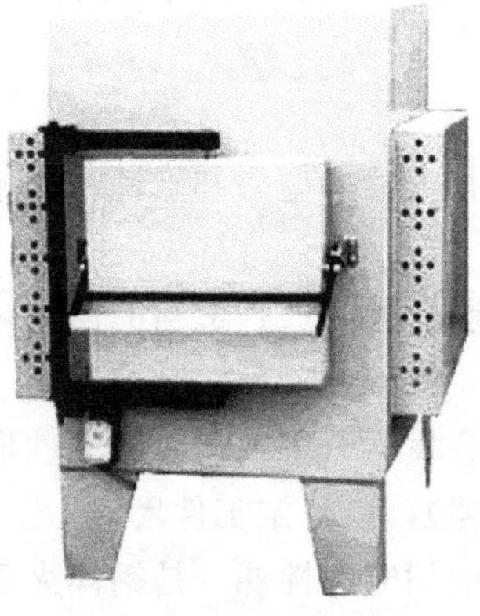

图3.8　加热用箱式电阻炉

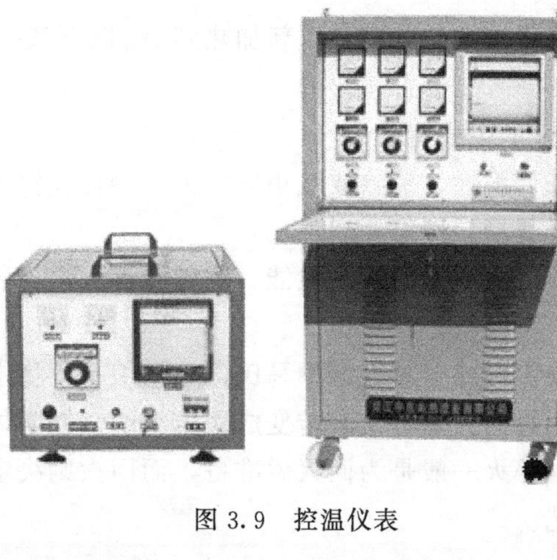

图3.9　控温仪表

(2) 热处理实验用 45 钢、T10、65Mn 钢丝以及低碳钢丝试样一套。

(3) 冷却剂：冷水、机油。

(4) 砂轮机、洛氏和布氏硬度试验机或者新细锉刀。

2) 操作指导（表 3.4）

表 3.4　钢的普通热处理操作指导

1	退火（正火）	材料	T10 钢手工废锯条 1 根
		退火温度	750～770℃
		保温时间	3～5min（锯条加热部热透）
		冷却方式	随炉温冷却（出炉空冷）
		检验	弯折锯条比较其强度及塑性的变化
2	淬火	材料	T10 钢手工废锯条 1 根
		淬火温度	770～790℃
		保温时间	3～5min
		冷却方式	水中急冷
		检验	① 观察锯条淬火部位呈何颜色
			② 手折锯条看结果如何
3	回火	材料	淬火后的锯条 1 根
		回火温度	350～450℃
		保温时间	3～5min
		冷却方式	空冷
		检验	锯条是否具有一定的弹性
4	弹簧制作	材料	低碳钢丝 1 根
		制作方法	将 $\phi2$ 钢丝在芯棒上绕制成弹簧
		淬火温度	820～850℃
		冷却方式	水中急冷
		检验	拉、压弹簧，观察结果
5	弹簧制作	材料	65Mn 钢丝 1 根
		工艺	淬火＋中温回火（退火）
		检验	弹簧功能
6	榔头工艺流程	材料	45 钢手工榔头
		工艺	淬火＋回火（不同冷却方式/回火温度）
		硬度检测Ⅰ	原状态下的榔头硬度值
		硬度检测Ⅱ	中间状态下的榔头硬度值
		硬度检测Ⅲ	最终状态下的榔头硬度值

3) 试验步骤

(1) 认识常见材料热处理设备。

(2) 常用几种材料的热处理操作过程如下。

① 45 钢。

在对钳工实习时所制作的铁锤进行热处理。把铁锤放在电阻炉中进行加热到 800～840℃，保温 5～15min。必须戴手套，使用夹钳从炉中取出后在冷水中冷却连续调头淬火，浸入水中深度约 5mm。待工件呈黑暗色后，全部浸入水或者机油中。从水或者机油中取出，再加热至 250℃低温回火（350～500℃中温回火、500～600℃高温回火）。淬火时水温应保持为 20～30℃，水温过高应及时换水。

热处理后的试样磨去两边氧化皮，同时要防止试样温度升高引起组织变化，然后用锉刀检查各人制作铁锤的硬度，填写表 3.5 和表 3.6（洛氏硬度）。

表 3.5　45 钢第一次热处理相关数据

第一次热处理内容						
炉号	炉温/℃	试样编号	试样数	冷却方式	检测硬度力学性能	硬度参考值
1	830 加热 15min	45.01（退火）	1	炉冷至 650℃空冷		≤197HBS
		45.02（正火）	1	空冷*		≤226HBS
		45.03～05（淬火）	3	水冷*		＞50HRC
		45.05（淬火）	1	油冷*		45～55HRC
2	980（5min）过热	45.06（淬火）	1	水冷		
3	760（18min）过冷	45.07（淬火）	1	水冷		

表 3.6　45 钢第二次热处理相关数据

第二次热处理内容						
炉号	炉温/℃	试样编号	试样数	冷却方式	检测硬度力学性能	参考值
4	200（低温回火）	45.03	1	水冷*		58～64HRC
5	450（中温回火）	45.04	1	水冷*		20～35HRC
6	600（高温回火）	45.05	1	水冷*		35～50HRC

新细锉刀硬度在 60HRC 以上：锉刀打滑或者有刮痕说明工件硬度高于锉刀；锉刀稍用力可锉动工件说明工件硬度为 30～40HRC；锉刀不易锉动工件说明工件硬度为 50～55HRC；锉刀只能稍锉动工件说明工件硬度为 55～60HRC。

② T10 锯条。

T10 钢手工废锯条 1 根，进行退火处理。把锯条放在电阻炉中进行加热到 750～770℃，保温 3～5min。关闭电源，温度表调零，随炉温冷却至室温，取出检测其性能（硬度弹性塑韧性颜色）。硬度检测同上。

T10 钢手工废锯条 1 根，进行正火处理。把锯条放在电阻炉中进行加热到 750～770℃，锯条加热部热透，保温 3～5min。关闭电源，温度表调零，出炉空冷。待至室温检测其性能（硬度弹性塑韧性颜色）。硬度检测同上。

T10 钢手工废锯条 1 根，进行淬火处理。把锯条放在电阻炉中进行加热到 770～790℃，保温 3～5min。关闭电源，温度表调零，取出水中急冷，观察锯条淬火部位呈何颜色，手折锯条看结果如何，检测其性能（硬度弹性塑韧性颜色）。硬度检测同上。

T10 钢手工废锯条 1 根，进行回火处理。把锯条放在电阻炉中进行加热到 250～650℃（低温、中温、高温），保温 3～5min。关闭电源，温度表调零，取出空冷，待冷却至室温，检查锯条是否具有一定的弹性，检测其性能（硬度弹性塑韧性颜色）。硬度检测同上。并填写表 3.7。

表 3.7　T10 钢热处理内容

钢号	编号	炉号	热处理工艺				
			加热温度/℃	保温时间/min	冷却方式	回火温度/℃	力学性能
T10 钢	01	3	770		炉冷	无	
	02	3	770		空冷	无	
	03	3	770		油冷	无	
	04	3	770		水冷	无	
	05	3.4	770		水冷	200	
	06	3.5	770		水冷	400	
	07	3.6	770		水冷	600	
	08	7	860		水冷	无	

③ 65Mn 钢丝。

将 $\phi 2$mm 钢丝在芯棒上绕制成弹簧，加热至 820～850℃，在水中急冷，拉压弹簧，观察结果。

将 $\phi 2$mm 钢丝进行中温回火（400～600℃），检验弹簧功能。

将淬火加中温回火的 $\phi 2$mm 钢丝加热至 770℃进行退火，检验弹簧是否还具有弹性以及其他性能。

4）注意事项

（1）本试验加热都为电炉，由于炉内电阻丝距离炉膛较近，容易漏电，所以电炉一定要接地，在放、取试样时必须先切断电源。

（2）往炉中放、取试样必须使用夹钳，夹钳必须擦干，不得沾有油和水。开关炉门要迅速，炉门打开时间不宜过长。

（3）试样由炉中取出淬火时，动作要迅速，以免温度下降，影响淬火质量。

（4）试样在淬火液中应不断搅动，否则试样表面会由于冷却不均而出现软点。

（5）淬火时水温应保持为 20～30℃，水温过高要及时换水。

（6）淬火或回火后的试样均要用砂纸打磨，去掉氧化皮后再测定硬度值。

2. 金相观察实验

1）仪器、设备和材料

（1）金相显微镜以及金相图册；

（2）各种铁碳合金的金相显微样品；

（3）浸蚀剂：3%～5%硝酸酒精溶液。

2）试验原理

（1）碳钢和白口铸铁的平衡组织。

平衡组织一般是指合金在极为缓慢冷却的条件下（如退火状态）所得到的组织。铁碳合金在平衡状态下的显微组织可以根据 $Fe\text{-}Fe_3C$ 相图来分析。由相图可知，所有碳钢和白口铸铁在室温时的显微组织均由铁素体（F）和渗碳体（Fe_3C）组成。但是，由于碳质量分数的不同、结晶条件的差别，铁素体和渗碳体的相对数量、形态、分布的混合情况均不一样，因而呈现出各种不同特征的组织组成物。

（2）各种相或组织的特征。

碳钢和白口铸铁的金相试样经浸蚀后，其平衡组织中各种相或组织的形态特征和性能如下所述。

铁素体：铁素体是碳溶于 α-Fe 中形成的间隙固溶体。经 3%～5%的硝酸酒精溶液浸蚀后，在显微镜下为白亮色多边形晶粒。在亚共析钢中，铁素体呈块状分布；当含碳量接近于共析成分时，铁素体则呈断续的网状分布于珠光体周围。铁素体具有良好的塑性及磁性，硬度较低，一般为 80～120HBS。

渗碳体：抗浸蚀能力较强，经 3%～5%酒精溶液浸蚀后，在显微镜下观察同样呈白亮色。一次渗碳体呈长白条状分布在莱氏体之间；二次渗碳体呈网状分布于珠光体的边界上；三次渗碳体分布在铁素体晶界处；珠光体中的渗碳体一般呈片状。另外，经不同的热处理后，渗碳体可以呈片状、粒状或断续网状。渗碳体的硬度很高，可达 800HV 以上，但其强度、塑性都很差，是一种硬而脆的相。

珠光体：是由铁素体片和渗碳体片相互交替排列形成的层片状组织。经3%～5%酒精溶液浸蚀后，在显微镜下观察其组织中的铁素体和渗碳体都呈白亮色，而铁素体和渗碳体的相界被浸蚀后呈黑色线条。实际上，珠光体在不同放大倍数的显微镜下观察时，具有不大一样的特征。在高倍（600×以上）下观察时，珠光体中平行相间的宽条铁素体和细条渗碳体都呈亮白色，而其边界呈黑色；在中倍（400×左右）下观察时，白亮色的渗碳体被黑色边界所“吞食”，而成为细黑条，这时看到珠光体是宽白条铁素体和细黑条渗碳体的相间混合物；在低倍（200×以下）下观察时，连宽白条的铁素体和细黑条的渗碳体也很难分辨，这时珠光体为黑色块状组织。由此可见，在其他条件相同情况下，当放大倍数不同时，同一组织所呈现的特征会不一样，所以在显微镜下鉴别金相组织首先要注意放大倍数。珠光体硬度为190～230HBS，且随层间距的变小硬度升高。强度较好，塑性和韧性一般。

莱氏体：在室温下是珠光体和渗碳体的机械混合物。渗碳体中包括共晶渗碳体和二次渗碳体，两种渗碳体相连在一起，没有边界线，无法分辨开来。经3%～5%酒精溶液浸蚀后，其组织特征是在白亮色渗碳体基体上分布着许多黑色点（块）状或条状珠光体。莱氏体硬度为700HV，性脆。它一般存在于含碳量大于2.11%的白口铸铁中，在某些高碳合金钢的铸造组织中也常出现。

3）试验步骤

（1）在显微镜下选择性观察辨认表3.8中所列试样组织。先观察热处理前的组织，再观察热处理后的组织，最后通过观察研究每个样品的组织特征，并结合铁碳相图分析其组织形成过程。

表3.8　铁碳合金的金相组织试样

序号	材料	处理方法	处理前的金相组织	处理后的金相组织	浸蚀剂
1	20钢	退火	铁素体＋珠光体	铁素体＋珠光体	3%～5%硝酸酒精溶液
2	45钢	正火	片状珠光体	奥氏体＋珠光体	3%～5%硝酸酒精溶液
3	T8钢	退火	珠光体	珠光体	3%～5%硝酸酒精溶液
4	T12钢	淬火	珠光体（P）＋二次渗碳体（Fe_3C_{II}）	马氏体＋渗碳体＋残余奥氏体	3%～5%硝酸酒精溶液
5	亚共晶白口铸铁	铸态	珠光体＋莱氏体＋二次渗碳体（Fe_3C_{II}）	无	3%～5%硝酸酒精溶液
6	共晶白口铸铁	铸态	莱氏体	无	3%～5%硝酸酒精溶液
7	过共晶白口铸铁	铸态	一次渗碳体（Fe_3C_{I}）＋莱氏体	无	3%～5%硝酸酒精溶液

（2）在直径为50mm的圆内绘出所观察样品（包括处理前和处理后）的显微组织示意图，用箭头和代表符号标明各组织组成物，并注明样品成分、腐蚀剂、放大倍数。注意要点是：绘图时要抓住各种组织组成物形态的特征，用示意的方法去画。绘制组织示意图一律用铅笔，绘制组织图必须在实验室内完成。

（3）实验结束后将显微镜照明灯关闭，交回试样，清整实验场地。

4）注意事项

（1）在观察显微组织时，可先用低倍全面地进行观察，找出典型组织，然后再用高倍放大，对部分区域进行详细观察。

（2）在移动金相试样时，不得用手指触摸试样表面或将试样表面在载物台上滑动，以免引起显微组织模糊不清，影响观察效果。

（3）画组织示意图时，应抓住组织形态的特点，画出典型区域的组织。注意不要将磨痕或杂质画在图上。

3.3 钢的表面热处理

在生产中，有许多零件（齿轮、活塞、曲轴等）是在冲击载荷及表面摩擦条件下工作的。这类零件表面须具有高硬度和耐磨性，而心部要有足够的塑性和韧性，这就要进行表面热处理。

常用的表面热处理有表面淬火及化学热处理两种。

3.3.1 钢的表面淬火

表面淬火是利用快速加热使钢件表面很快达到淬火温度，快速冷却的一种热处理工艺方法。通过表面淬火，可以在不改变钢件成分的前提下，提高其表层的强度、硬度和耐磨性。

表面淬火根据其加热方式不同可分为火焰加热表面淬火和感应加热表面淬火两种。

1）火焰加热表面淬火

火焰加热表面淬火是利用气体燃烧火焰（例如氧-乙炔火焰）直接对工件表面进行快速加热，随之快速冷却的工艺，如图 3.10 所示。其特点是：操作简便、成本低，但工件质量不易控制，一般用于单件或小批量生产。

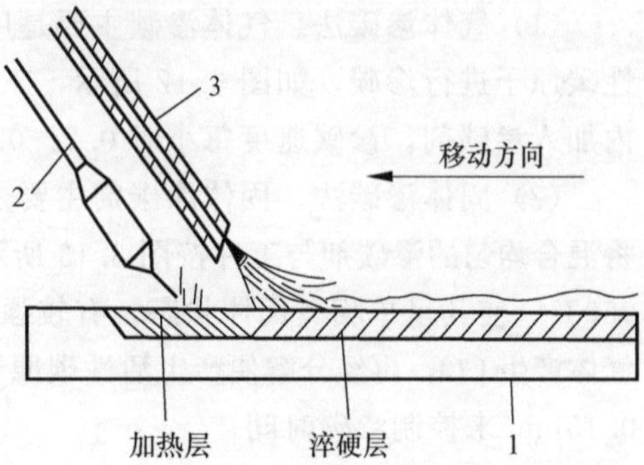

图 3.10 火焰淬火示意图

1-工件；2-烧嘴；3-喷水管

2）感应加热表面淬火

感应加热表面淬火的原理如图 3.11 所示，在一个空心铜管制成的感应线圈中，通入一定频率的交流电，在线圈周围将产生相同频率的交变磁场，然后将工件放入线圈中，就会在工件内产生感应电流，而且，感应电流在工件内分布是不均匀的，表面密度大，心部密度小。由于电流的热效应，实现对工件进行快速加热。加热后，迅速喷水冷却，进行表面淬火。通入电流的频率越大，感应电流的集中层越薄，工件表面淬硬层越薄。

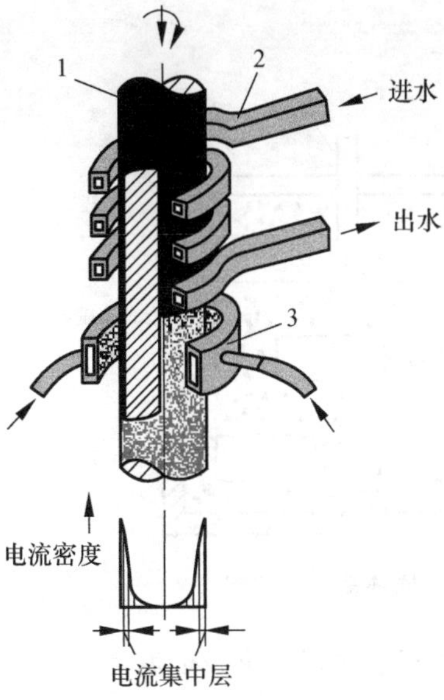

图 3.11 感应淬火示意图

1-工件；2-感应器；3-喷水套

在生产中，根据所用电流频率的不同，可将感应加热表面淬火法分成以下三种：

（1）高频感应加热。电流频率为 100～500kHz，主要用于淬硬层较浅的中、小型零件加热，如中小型轴、小模数齿轮等。

（2）中频感应加热。电流频率为 500～10000Hz，主要用于淬硬层较深的零件加热，如尺寸较大的曲轴等。

（3）工频感应加热。电流频率为 50Hz，主要用于要求淬硬层深的大直径零件加热，如轧辊、火车车轮等。

感应加热表面淬火的特点是：工件变形小，淬硬层深度易控制，生产效率高，易实现机械化和自动化，用于大批量生产。

生产中，表面淬火常用于中碳成分的碳钢和合金钢（如

45 钢、40Cr 等），经调质后进行表面淬火，使其表层具有高硬度、高耐磨性，心部具有良好的韧性的性能，即“表硬心韧”，如机床变速齿轮、曲轴等。

3.3.2 化学热处理

化学热处理是将钢件放入某种化学介质中加热，使介质中某些元素渗入工件表面，从而改变钢件表层的成分、组织和性能的一种热处理工艺方法。

根据渗入元素的不同，化学热处理可分为：渗碳、渗氮、碳氮共渗（也称氰化）、渗金属等多种。

1）钢的渗碳

渗碳是指向钢件表面渗入碳原子的过程。其目的是提高钢件表层的含碳量（$Wc=0.8\%\sim1.05\%$）。渗碳主要适用于低碳钢和低碳合金钢的工件。根据化学介质不同，渗碳可分为气体渗碳、固体渗碳和液体渗碳。

（1）气体渗碳法。气体渗碳主要是用甲烷、煤气、甲苯、煤油等渗碳剂在高温下分解出活性碳原子进行渗碳。如图 3.12 所示，工件在密封炉中加热至渗碳温度（900～930℃），并向炉内加入渗碳剂。渗碳速度每小时 0.2～0.25mm。

（2）固体渗碳法。固体渗碳剂主要是木炭，其次是少量碳酸盐（如 $BaCO_3$、Na_2CO_3 等）。将混合均匀的渗碳剂与工件按图 3.13 所示的要求装入渗碳箱中，密封后放入炉中加热到 900～950℃，使其呈单相奥氏体状态，有较强的溶碳能力。在渗碳温度下，木炭与渗碳箱中的少量气体产生 CO，再经分解便产生活性碳原子，从而被钢表面吸收。生产中一般按每小时渗 0.1～0.15mm 来控制渗碳时间。

（3）液体渗碳法。因为有毒性气体产生，所以应用较少。

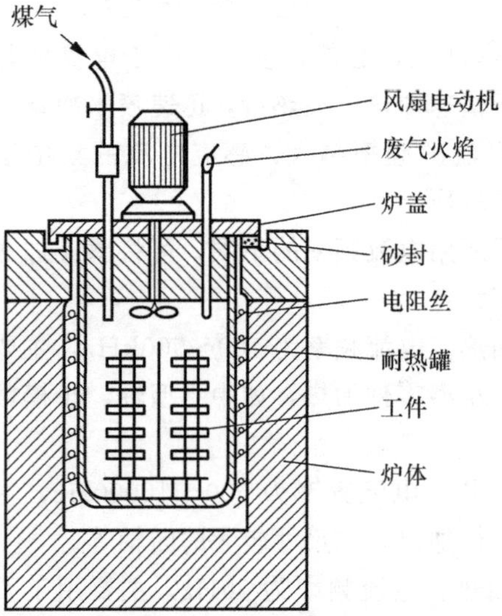

图 3.12 气体渗碳示意图

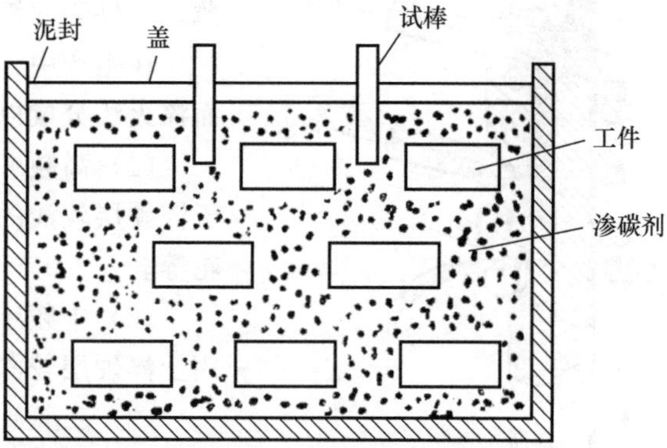

图 3.13 固体渗碳示意图

在生产中，钢的渗碳常用于低碳成分的碳钢和合金钢，经渗碳后进行淬火及低温回火，以获得表层具有高硬度、高耐磨性，心部具有良好韧性的性能，如汽车、拖拉机的变速齿轮、凸轮等。

2）钢的渗氮

渗氮是指向钢件表面渗入氮原子的过程。其目的是使钢件表层具有高的硬度、耐磨性及高的疲劳强度和耐蚀性。渗氮的常用方法有气体氮化、离子氮化等。

根据氮化的目的不同，氮化用钢也不同。为提高钢件表层硬度和耐磨性，应采用的专用氮化钢（如38CrMoAlA）；为提高钢件表面耐蚀性，可用碳钢、合金钢和铸铁。

在生产中，氮化处理常用于各种高速转动的精密齿轮、高精度机床主轴，交变负荷作用下要求疲劳强度较高的零件（如高速柴油机曲轴），以及要求变形很小和具有一定耐热和抗蚀能力的耐磨零件（如阀门和精密丝杠）。

3）钢的碳氮共渗

钢的碳氮共渗是将碳、氮原子同时渗入钢件表面的一种化学热处理工艺。碳氮共渗是渗碳和渗氮工艺的综合，兼有两者的长处。

4）渗硼及渗金属

钢的渗硼是将钢件置于富硼的介质中，加热到一定温度，使介质分解出活性硼原子，渗入钢件表面形成渗层的过程。渗硼目的是提高钢件表面的硬度、耐磨性、耐蚀性、红硬性和抗氧化性。

钢的渗金属就是利用介质通过高温，使金属元素在钢件的表面扩散渗入的过程。

3.4 典型零件的热处理工艺分析

机械零件和工具的使用种类繁多。要根据零件或工具的工作环境、应力状态和载荷性质等因素，选用合适的热处理工艺，以保证零件或工具的正常工作。生产中，根据热处理在机械制造过程中所起的作用不同，可分为预先热处理和最终热处理。

3.4.1 预先热处理

预先热处理是在零件制造过程中，为改善其加工工艺性或有目的的改善其组织状况而进行的热处理。

预先热处理包括退火、正火、调质等。经热加工的铸件、锻件等毛坯，一般都要进行退火或正火处理，以消除毛坯的内应力，细化组织，改善切削性能，或为最终热处理做好组织准备。退火和正火一般安排在毛坯成形之后、切削加工之前。对精度要求高的零件，为了消除切削加工生产的内应力，在切削加工工序间还应适当安排去应力退火。

调质处理主要是为了提高零件的综合机械性能，或为以后的表面淬火和易变形精密零件（要求精度高的零件）的整体淬火做好组织准备。调质处理一般安排在粗加工之后、半精加工或精加工之前进行。

在实际生产中，退火、正火或调质也常常作为铸铁件、铸钢件、轧钢件的最终热处理。

3.4.2 最终热处理

最终热处理是为保证零件使用性能而进行的热处理。

最终热处理包括淬火、回火、表面热处理等，一般安排在半精加工之后、精加工之前进行。

对于要求高硬度和高耐磨性的刀具、量具、夹具、冷冲模及滚动轴承等要进行淬火和低温回火；对要求弹性好的弹性元件及热作模具等要进行淬火和中温回火；对要求综合机械性能好的柄、齿轮、连杆、曲轴等应进行调质处理。

对需要进行表面淬火的工件，为保证工件心部组织和性能，以及获得细小马氏体的表层淬火组织，在表面淬火前应进行调质处理，表面淬火后进行低温回火。

渗碳分整体渗碳和局部渗碳两种情况，当工件表面只需局部渗碳时，在不需渗碳的部分可以镀铜保护或采用多留切削余量，待渗碳后切除该部分渗碳层。

对需要进行表面氮化的工件，为提高心部机械性能和表面质量，一般在氮化之前先进行调质处理。由于渗氮层很浅，氮化前应安排在精加工（磨削）或超精加工（精磨、抛光）之前进行。为消除氮化前切削加工产生的残余应力，氮化前还应进行去应力退火。当工件表面只需局部渗氮时，不需氮化的部位可进行镀锡保护，或留适当余量，待氮化后磨去。

对精密机床主轴、丝杠以及量具等高精度工件，为充分消除内应力，稳定工件尺寸，在精加工或超精加工前还应去应力退火或时效处理。

综上所述，将几种典型零件的热处理在加工工艺过程中的安排归纳如下。

（1）要求硬度高、耐磨性好的工件（刃具钢、量具钢、冷漠钢、轴承钢）：

下料→锻造→正火→球化退火→粗加工→淬火→低温回火→精加工

（2）要求弹性好和足够韧性的工件（弹簧钢、热模钢）：

下料→锻造→退火→粗加工→淬火→中温回火→精加工

（3）要求综合机械性能好的工件（调质钢）：

下料→锻造→正火（或退火）→粗加工→调质处理（淬火＋高温回火）→精加工

（4）要求表面硬度高、心部综合机械性能好的工件（调质钢）：

下料→锻造→正火（或退火）→粗加工→调质处理（淬火＋高温回火）→表面淬火→低温回火→精加工

（5）要求表面硬度高、心部韧性好的工件（渗碳钢）：

下料→锻造→正火→粗加工→渗碳→淬火→低温回火→精加工

合理选择、安排热处理工艺，是保证零件内在质量的决定性因素。在机械零件加工中，必须将铸、锻、焊接、切削加工过程与热处理合理地安排，才能保证零件的加工质量，保证使用性能。正确选择和合理安排热处理在整个加工过程中的位置是一个非常重要的问题，必须予以足够的重视。

3.5 钢的热处理新工艺简介

钢的热处理新工艺主要有以下几种。

1）真空热处理

在低于一个大气压的环境中进行的热处理称为真空热处理。真空热处理是在0.0133～1.33Pa真空度的真空介质中加热工件。包括真空淬火、真空回火和真空化学热处理。其特点是：工件在真空中加热不会产生氧化、脱碳现象；有利于工件表面净化（去除氧化物、脱脂、脱气），表面质量好；加热时无对流传热，升温速度快，工件截面温差小，热处理后变形小；减少了工件的清理和磨削工序，提高了生产率。

2）激光热处理

它是利用激光对工件表面扫描，在极短的时间内工件被加热到淬火温度，由于表面高温迅速向基体内部传导而冷却，使工件表面淬硬。其特点是：加热速度快；不需要淬火冷却介质；工件变形小；硬度均匀，且可高达 60HRC，硬化深度能精确控制；改善了劳动条件，减少了环境污染。

3）形变热处理

它是将热加工成形后的锻件（或轧制件、挤压件等），从锻造温度锻打到淬火温度时，即进行淬火冷却的热处理。其特点是：工件同时受形变和相变，使内部组织更为细化；有利于位错密度增高和碳化物弥散度增大，使工件具有较高的强韧性；简化生产流程，节省能源、设备，还能减少工件烧损等，具有很好的经济效益。

4）可控气氛热处理

可控气氛热处理是指在炉内通入一种或几种一定成分的气体，通过对这些气体成分的控制，使其保护钢件不发生氧化与脱碳的一种热处理工艺。其目的是防止钢件表面氧化脱碳，进行可控制的气体渗碳或碳氮共渗，对已脱碳的钢件作复碳处理，实现光亮热处理。

5）离子氮化

它是在真空室内高压直流电场作用下进行的热处理。工件为阴极，炉壁为阳极，当炉内抽真空后，即通入氨气，并在阴、阳极之间加以高压（500～800V）直流电。在高压电场的作用下，工件周围氨气被电离出氮和氢的正离子和电子，此时工件表面形成一层“紫色辉光”，高能量的氮离子高速轰击工件表面，使其表层温度升高至 500～700℃，同时，氮离子在阴极上夺取电子后还原成氮原子渗入工件表层，经扩散形成一定深度的氮化层。这种方法大大缩短了氮化时间，一般仅为普通气体渗氮方法的 1/4～1/2，还能降低工件表面渗氮层的脆性，明显地提高韧性和疲劳强度。

6）电解热处理

电解热处理是将钢件和加热容器分别接在电源的负极和正极上，容器中装有渗剂，利用化学反应使欲渗元素的原子渗入钢件表面。电解热处理可以进行渗碳、渗硼和渗氮等处理。

复习思考题

3-1 什么是钢的热处理？它在机械制造中有何作用？

3-2 列表说明珠光体、索氏体、上贝氏体、下贝氏体及马氏体的形成条件、组织特征及性能特点。

3-3 列表说明退火（完全退火、球化退火、去应力退火）、正火及淬火的工艺特点（加热温度、冷却方式）、目的及应用。

3-4 为什么淬火后，必须及时回火？常用的回火方式有哪几种？各有何目的及应用特点？

3-5 什么是表面淬火？它与普通整体淬火处理的工件在工艺方法和性能上有何区别？

3-6 渗碳的目的是什么？渗碳钢为什么要用低碳成分的钢？渗碳后为什么要进行淬火加低温回火处理？

3-7 某厂生产磨床，齿轮箱中的齿轮采用 45 钢制造，要求齿部表面硬度为 52～58HRC，心部硬度为 217～255HBS，其工艺路线为：下料→锻造→热处理→机加工→热处理→机加工→成品。试问：

（1）其中热处理各应选择何种工艺？目的是什么？

（2）如改用 20Cr 代替 45 钢，所选用的热处理工艺应作哪些改变？

3-8 现有 T12 钢制造丝锥，成品硬度要求 60HRC 以上，加工工艺路线为：下料→轧制→热处理→机加工→热处理→机加工→成品。试写出上述热处理工序的具体内容及其作用。

第 4 章 常用工程材料

材料是人类生产和社会发展的重要物质基础。工程材料是指用于机械、车辆、船舶、建筑、化工、能源、仪器仪表、航空航天等工程领域的材料，也指用来制造工程构件和机械零件，包括一些用于制造工具的材料和具有特殊性能的材料。常用工程材料主要包括钢铁材料、有色金属、非金属材料等。其中，金属材料在生产中得到了广泛的应用。据统计，目前的机械工业部门所用的材料中有 90%以上是金属材料。随着科技的发展，非金属材料和其他新材料也得到了广泛的发展和应用。本章将对常用的各种工程材料类型分别作介绍。

4.1 碳钢、铸铁

4.1.1 碳钢

碳钢又称碳素钢，它是指含碳量小于 2.11%，并含有少量冶炼过程中残存下来的硅、锰、磷、硫等杂质元素所组成的铁碳合金。其中硅、锰有一定强化作用，是有益的元素；而磷、硫的存在将会造成钢材的塑性、韧性急剧下降，性能变脆（硫造成“热脆”性，磷造成“冷脆”性），是有害元素，应对其含量严格限制。

1）碳钢的分类及牌号

（1）按碳含量的多少碳钢可分为：低碳钢（$W_C<0.25\%$）；中碳钢（$W_C=0.25\%\sim0.60\%$）；高碳钢（$W_C>0.60\%$）。

（2）按主要质量等级的高低（即按钢中硫、磷杂质含量的多少）碳钢可分为：普通碳钢（$W_S\leqslant0.050\%$、$W_P\leqslant0.045\%$）；优质碳钢（$W_S\leqslant0.025\%$、$W_P\leqslant0.025\%$）；特殊质量碳钢（$W_S\leqslant0.015\%$、$W_P\leqslant0.015\%$）。质量越高的钢，其硫、磷有害元素的含量越低，性能越好，但价格越高。

（3）按用途的不同碳钢可分为：碳素结构钢和碳素工具钢。前者多用于制造工程结构和机械零件，碳含量一般小于 0.7%；后者多用于制造各种工具（刃具、量具和模具），碳含量一般大于 0.7%。

此外，按脱氧程度不同碳钢可分为：沸腾钢（F）、镇静钢（Z）、半镇静钢（b）。

生产中，常用的碳钢类别、牌号表示方法如表 4.1 所示。

表 4.1 常用的碳钢类别、牌号表示方法

类 别	牌号表示法	牌号举例说明
碳素结构钢	用 Q（“屈”的汉语拼音字首）、屈服强度值、质量等级符号（A、B、C、D）及脱氧方法符号（F、Z、b）四个部分按顺序组成	如：“Q235A · F”表示最低屈服强度为 235MPa、质量等级为 A 级的沸腾钢
优质碳素结构钢	常用“两位数字”表示；含锰量较高的优质碳素结构钢（$W_{Mn}\%=0.7\%\sim1.2\%$），在后面加“Mn”元素符号	如：“45”表示其平均含碳量为 0.45%的优质碳素结构钢；“65Mn”表示平均含碳量为 0.65%

续表

类　别	牌号表示法	牌号举例说明
碳素工具钢	用“碳”的汉语拼音字首“T”加“数字”表示，“数字”表示其平均含碳量的千分数；对于高级优质钢，在牌号末尾加代号“A”来表示	如：“T8”表示平均含碳量为0.8%的优质碳素工具钢；“T12A”表示平均含碳量为1.2%的高级优质碳素工具钢
铸造碳钢	用“铸钢”两汉字的汉语拼音字母开头“ZG”后面加“两组数字”组成，第一组数字代表屈服点，第二组数字代表抗拉强度	如：“ZG200-400”表示屈服点不小于200MPa，抗拉强度不小于400MPa的铸钢

2）碳钢主要性能及用途

（1）碳素结构钢。碳素结构钢中硫、磷等杂质含量较多，质量较低，但价格便宜，并具有一定的机械性能，常用于制造性能要求不高、不需作热处理的机械零件和结构件，是碳钢中用量最大的一类。

常用碳素结构钢的化学成分、性能及用途如表4.2所示。

表4.2　碳素结构钢的化学成分、性能及用途

牌号	等级	化学成分	σ_s/MPa	δ/%	σ_b/MPa	用途举例
			钢材厚度或直径≤16mm			
		W_C/%	不小于			
Q195	—	0.06～0.12	195	33	315～390	用来制造薄钢板、钢丝、钢管、钢钉、胡钉、地脚螺栓等
Q215	A	0.09～0.15	215	31	335～410	
	B					
Q235	A	0.14～0.22	235	26	375～460	用来制造拉杆、螺栓、螺母、轴、销子、螺纹钢、角钢、槽钢、钢板等
	B	0.12～0.20				
	C	≤0.18				
	D	≤0.17				
Q255	A	0.18～0.28	255	24	410～510	用来制造各种型条钢和钢板
	B					
Q275	—	0.28～0.38	275	20	490～610	相当于35～40钢

由表4.2可见，碳素结构钢多属低碳成分的钢，具有良好的塑性、焊接性及可锻性。常用来制造要求具有良好塑性的焊接结构件、压力加工件。其中Q195、Q215、Q235塑性好，焊接性好，强度低，一般轧制成钢板或各种型材，主要用于工程结构和受力较小的机械零件。Q255、Q275强度较高，可用于制作受力中等的零件。

（2）优质碳素结构钢。这类钢中硫、磷含量较低，质量较好，含碳量波动小，性能较稳定，并可通过热处理进行强化，常用来制造比较重要的机械零件。

常用优质碳素结构钢的化学成分、性能及用途如表4.3所示。

表4.3　常用优质碳素结构钢的化学成分、性能及用途

牌号	化学成分	机械性能			用途举例
		σ_s/MPa	σ_b/MPa	δ/%	
	W_C/%	正火状态下不小于			
08	0.05～0.12	195	325	35	强度低、塑性好，常用于制造薄板、冲压件等
10	0.07～0.14	205	335	33	具有良好的冲压性和焊接性，常用于制造受力不大，而韧性要求较好的构件或零件，如焊接容器、螺钉、螺母、轴套等，经渗碳等热处理后，用于制造承受冲击负荷的零件，如齿轮、凸轮等
15	0.12～0.19	225	375	27	
20	017～0.24	245	410	25	
25	0.22～0.30	275	450	23	

续表

牌号	化学成分	机械性能			用途举例
		σ_s/MPa	σ_b/MPa	δ/%	
	W_C/%	正火状态下不小于			
30	0.27～0.35	295	490	21	经调质处理后，可获得良好的综合机械性能，主要用于制造齿轮、连杆、轴等机械零件，其中以 40 钢和 45 钢应用最广
35	0.32～0.40	315	530	20	
40	0.37～0.45	335	570	19	
45	0.42～0.50	355	600	16	
50	0.47～0.55	375	630	14	
55	0.52～0.60	380	645	13	
60	0.57～0.65	400	675	12	具有高的强度和良好的弹性，经一定热处理后主要用来制造截面尺寸较小弹性零件和易磨损的零件，如弹簧、弹性垫圈、轧辊等
60Mn	0.57～0.65	420	710	11	
65	0.62～0.70	410	695	10	
65Mn	0.62～0.70	440	750	9	

表 4.3 中的 08、10、15、20 钢属于低碳钢，塑性好，具有良好的冷冲压性能和焊接性能，宜于制作各种冷冲压件、焊接件以及尺寸不大、受力较小的渗碳件。

30～55 钢属于中碳钢，这类钢经调质处理后具有良好的综合力学性能，即既具有较高的强度、硬度，又具有较好的塑性、韧性，是优质碳素结构钢中应用最广的一类。

60～85 钢属于高碳钢，经淬火＋中温回火后，具有高的弹性和一定的韧性，主要用于制造各类弹簧。

(3) 碳素工具钢。这类钢的含碳量较高，一般为 0.65%～1.35%，经适当热处理后，具有高强度、高硬度及高的耐磨性，常用来制造各种工具（刃具、量具和模具）。

常用碳素工具钢的化学成分、性能及用途如表 4.4 所示。

表 4.4　常用碳素工具钢的化学成分、性能及用途

牌号	化学成分	硬度		用途举例
	W_C/%	退火后 HBS≥	淬火后 HBC≥	
T7 T7A	0.65～0.75	187	62	用于制造能承受冲击、硬度适当，并具有较好韧性的工具，如扁铲、手钳、錾子、木工工具、榔头
T8 T8A	0.75～0.84	187	62	用于制造能承受冲击，要求较高的硬度与耐磨性的工具，如剪刀、木工工具、冲头、压缩空气工具等
T9 T9A	0.85～0.94	192	62	用于制造硬度较高，韧性中等的工具，如冲头、木工工具、凿岩工具等
T10 T10A	0.95～1.04	197	62	用于制造不承受剧烈冲击、高硬度、高耐磨的工具，如冲头、手锯条、丝锥等
T11 T11A	1.14～1.15	207	62	用于制造不承受剧烈冲击、高硬度、高耐磨的工具，如冲模、车刀、刨刀、丝锥、钻头、手锯条等
T12 T12A	1.15～1.24	207	62	用于制造不受冲击、高硬度、高耐磨的工具，如锉刀、刮刀、丝锥等
T13 T13A	1.25～1.34	217	62	用于制造不受冲击、要求更高硬度和更高耐磨的工具，如锉刀、拉丝模、刮刀、剃刀等

由表 4.4 可见，碳素工具钢经一定的热处理后具有高硬度和高耐磨性，随含碳量的增加，其硬度增加，但变化不大，而塑性、韧性降低。常用来制造低速切削刀具及对淬火变形要求不

严的一般模具和某些要求高硬度高耐磨性的零件。

（4）铸钢。铸钢是冶炼后直接铸造成毛坯或零件的碳素钢，适用于形状复杂且韧性、强度要求较高的零件，也常用于制造韧性、强度要求较高的大型零件。

铸钢的含碳量一般为0.15%～0.60%，过高则塑性差，易产生裂纹。

不同牌号的铸钢用于制造不同使用要求的零件。ZG200-400有良好的塑性、韧性和焊接性能，用于制造受力不大、要求韧性好的各种机械零件，如机座、变速箱壳等；ZG230-450有一定强度和较好的塑性、韧性和焊接性能，用于制造受力不大，要求韧性较好的各种机械零件，如外壳、轴承盖、底板等；ZG270-500有较高的强度和较好的塑性，铸造性能良好，焊接性能尚好，切削性好，用于制造轴承座、箱体、曲轴和缸体等；ZG310-570强度和切削性良好，塑性、韧性较低，用于制造载荷较高的零件，如大齿轮、缸体和制动轮等。

4.1.2 铸铁

铸铁是指含碳量大于2.11%，含杂质比钢多的铁碳合金。从成分上看，铸铁与钢的主要区别在于铸铁比碳钢含有更高的碳和硅，同时硫、磷等杂质元素含量也较高，常用铸铁中含碳量2.5%～4.0%，含硅量1.0%～3.5%，含锰量0.5%～1.5%，含磷量<0.2%，含硫量<0.5%。由于铸铁中存在石墨（即游离碳），使铸铁的抗拉强度和伸长率都不如钢，而且性能较脆；但石墨的存在又使铸铁具有耐磨、耐压、减震、低的缺口敏感性及优良的铸造性能等；同时，铸铁的熔炼过程也简便，成本较低。所以，铸铁是目前用得最为广泛的铸造合金材料。据不完全统计，在各类机械中，铸铁件约占机器总重量的45%～90%。

根据铸铁中石墨存在的形态不同，铸铁可分为：灰铸铁、球墨铸铁、可锻铸铁和蠕墨铸铁，如图4.1所示；常用铸铁的主要特点、牌号、种类和用途如表4.5所示。

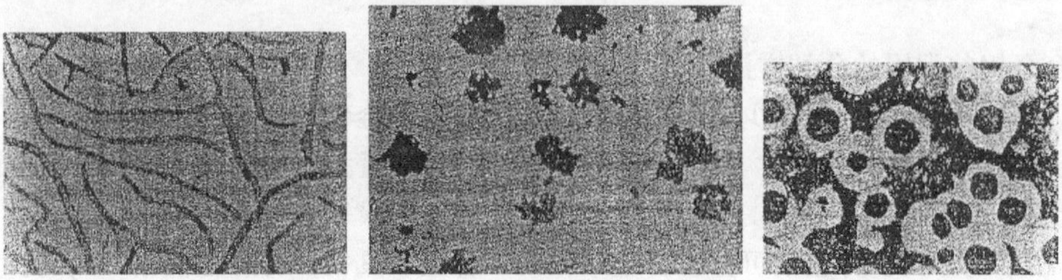

(a) 灰铸铁(200×)　(b) 球墨铸铁(200×)　(c) 可锻铸铁(100×)

图4.1 几种铸铁的组织示意图

表4.5 常用铸铁的主要特点、牌号、种类和用途

名称	类别				
	灰铸铁	球墨铸铁	可锻铸铁	蠕墨铸铁	合金铸铁
主要特点	石墨呈粗大片状形态出现；其断口呈暗灰色	石墨呈球状形态出现；其抗拉强度、冲击韧度可与中碳钢相媲美	石墨呈团絮状形态出现的铸铁（或称马铁）；其断口心部有呈黑色与白色	石墨呈蠕虫状；是一种介于球墨铸铁和灰铸铁之间的铸铁	具有耐热或耐磨或耐蚀等特殊性能的铸铁
常用种类	HT150 HT200 HT350	QT400-18 QT600-3 QT800-2	KTH350-10 KTH450-06 KTZ550-04	RuT300 RuT340 RuT380	RTCr16 RTSi5

续表

名 称	类 别				
	灰铸铁	球墨铸铁	可锻铸铁	蠕墨铸铁	合金铸铁
牌号意义	“HT”表示灰铸铁，数字表示最小抗拉强度值（MPa）	“QT”表示球墨铸铁，前面数字表示最小抗拉强度值（MPa），后面数字表示断后伸长率	“KTH”表示黑心可锻铸铁；“KTZ”表示珠光体可锻铸铁；数字意义同球墨铸铁	“RuT”表示蠕墨铸铁，数字表示最小抗拉强度值（MPa）	“RT”表示耐热铸铁，化学符号表示合金元素，数字表示合金元素质量分数的百分数
用途举例	底座、床身、泵体、气缸体、阀体、凸轮等	扳手、犁刀、曲轴、连杆、机床主轴等	管接头、低压阀门、纺织机械、缝纫机械、齿轮等	齿轮箱体、气缸盖、活塞环、排气管等	化工机械零件、炉底、换热器等

4.2 合 金 钢

合金钢是在碳钢基础上，为了提高钢的力学性能、工艺性能或某些特殊性能，在钢的冶炼过程中有目的地加入一些合金元素而形成的钢。常加入的合金元素有硅、锰、铬、镍、铝、硼、钨、钼、钒、钛和稀土元素等。但合金元素的加入使冶炼、铸造、焊接及热处理工艺变得复杂了，成本也提高了。

合金元素与铁和碳相互作用，使合金钢与碳钢比较具有：较高的力学性能，如强度、硬度、韧性等；良好的热处理工艺性能，如淬透性好、淬火变形小等；某些特殊的性能，如耐腐蚀、抗氧化、耐热等性能。因此，合金钢常用于制造一些重要的工程结构和机械零件。

4.2.1 合金钢的分类及牌号

1）合金钢的常用的分类方法

（1）按合金元素的含量多少分类：合金钢可分为低合金钢、中合金钢和高合金钢。低合金钢的合金元素总含量小于5%；中合金钢的合金元素总含量为5%～10%；高合金钢的合金元素总含量大于10%。

（2）按用途分类：合金钢可分为合金结构钢、合金工具钢、特殊性能钢三大类。其中，合金结构钢又分为低合金结构钢、合金渗碳钢、合金调质钢、合金弹簧钢和滚动轴承钢等；合金工具钢分为合金刃具钢、合金模具钢、合金量具钢等；特殊性能钢分为不锈钢、耐热钢、耐磨钢等。

（3）按所含合金元素种类分类：合金钢可分为锰钢、铬钢、硅锰钢、铬锰钢等。

（4）按正火后的组织分类：合金钢可分为奥氏体钢、铁素体钢、珠光体钢、马氏体钢等。

2）合金钢牌号表示方法

生产中，常见的合金钢类别、牌号表示方法如表4.6所示。

表4.6 常见的合金钢类别、牌号表示方法

类 别	牌号表示法	牌号举例说明
低合金结构钢	常用Q（“屈”的汉语拼音字首）、屈服强度值、质量等级符号（A、B、C、D、E）	如：“Q420C”表示最低屈服强度为420MPa、质量等级为C级的低合金结构钢

续表

类　别	牌号表示法	牌号举例说明
合金结构钢	前面“两位数字”表示钢中平均含碳量的万分数；中间为所加合金元素的化学符号及其所加元素平均含量的百分数，当合金元素含量小于1.5%时，一般不标明含量，含量为1.5%～2.5%时标2，含量为2.5%～3.5%时标3，依此类推；若为高级优质钢，则在钢号后面加A。滚动轴承钢前面加字母G（滚字汉语拼音字首），Cr后面的数字表示Cr平均质量分数的千分数	如：“40Cr”表示含碳量约为0.4%、含铬量小于1.5%的合金结构钢；“60Si2Mn”表示含碳量约为0.6%、含硅量为2%、含锰量小于1.5%的合金结构钢；“GCr15”表示含铬量为1.5%的滚动轴承钢
合金工具钢及高速工具钢	前面“一位数字”表示钢中平均含碳量的千分数，当$W_C \geqslant 1\%$不标出；高速钢例外，W_C小于1%时也不标出。合金元素表示法同合金结构钢	如：“9SiCr”表示含碳量约为0.9%、含硅和铬量均小于1.5%的合金工具钢；“CrWMn”钢，表示含碳量≥1%、含铬、钨、锰的量均小于1.5%的合金工具钢；“Cr12MoV”表示含碳量≥1%、含铬量为12%、含钼和钒量均小于1.5%的合金工具钢；“W6Mo5Cr4V2”表示钨、钼、铬、钒含量分别约为5%、4%、2%的高速钢钢
特殊性能钢	前面“一位数字”表钢中平均含碳量的千分之几；当$W_C \leqslant 0.08\%$时，钢号前以“0”表示；当$W_C \leqslant 0.03\%$时，钢号前以“00”表示。合金元素表示法同合金结构钢	如“1Cr13”表示平均$W_C\% = 0.1\%$、Cr约为13%的不锈钢；“0Cr18Ni9”表示$W_C\% \leqslant 0.08\%$、Cr和Ni含量分别约为18%和9%的不锈钢

4.2.2 低合金结构钢

低合金结构钢是在碳素结构钢的基础上，加入少量（不大于3%）的合金元素冶炼而成的。由于含碳量低，因而具有良好的塑性、韧性及良好的焊接性和压力加工性；加入合金元素，使其强度、硬度、耐蚀性比普通碳素结构钢高。

常用低合金结构钢的力学性能、用途及新旧牌号对照如表4.7所示。

表4.7　常用低合金结构钢的力学性能、用途及新旧牌号对照

牌号	质量等级	力学性能				用途举例	对应旧牌号（GB1591—1988）
		σ_b/MPa	δ/%	σ_s/MPa	A_k/J		
Q295	A	390～570	23	295	—	低、中压化工容器，低压锅炉汽包，车辆冲压件，建筑金属构件，输油管，储油罐，有低温要求的金属构件等	09MnV、09MnNb、09Mn2、12Mn
	B	390～570	23	295	34(20℃)		
Q345	A	470～630	21	345	—	各种大型船舶，铁路车辆，桥梁，管道，锅炉，压力容器，石油储罐，水轮机涡壳，起重及矿山机械，电站设备，厂房钢架等承受动载荷的各种焊接结构件，一般金属构件、零件等	12MnV、14MnNb、16Mn、16MnRE、18Nb
	B	470～630	21	345	34(20℃)		
	C	470～630	22	345	34(0℃)		
	D	470～630	22	345	34(−20℃)		
	E	470～630	22	345	27(−40℃)		
Q390	A	490～650	19	390	—	中、高压锅炉汽包，中、高压石油化工容器，大型船舶，桥梁，车辆及其他承受较高载荷的大型焊接结构件，承受动载荷的焊接结构件，如水轮机涡壳等	15MnV、15MnTi、16MnNb
	B	490～650	19	390	34(20℃)		
	C	490～650	20	390	34(0℃)		
	D	490～650	20	390	34(−20℃)		
	E	490～650	20	390	27(−40℃)		
Q420	A	520～680	18	420	—	大型焊接结构，大型桥梁，大型船舶，电站设备，车辆，高压容器，液氨罐车等	15MnV、14MnVTiRE
	B	520～680	18	420	34(20℃)		
	C	520～680	19	420	34(0℃)		
	D	520～680	19	420	34(−20℃)		
	E	520～680	19	420	27(−40℃)		

4.2.3 合金结构钢

合金结构钢常用来制造重要的机械零件和工程结构件。

1）合金渗碳钢

用来制造渗碳零件的合金钢称为合金渗碳钢，这类钢含碳量为低碳成分（$W_C \leqslant 0.25\%$），目的是保证心部有良好的塑性和韧性，常加入的合金元素有铬、锰、钛、镍、硼等，以提高钢的淬透性、强度及硬度。

合金渗碳钢经渗碳、淬火及低温回火后，表面具有高强度、高硬度和耐磨性，心部具有良好的韧性（即表硬心韧），主要用来制造承受冲击负荷及摩擦很大的重要零件，如汽车、拖拉机的变速齿轮等。合金渗碳钢常用的有 20CrMnTi、18CrMnTi 等。

实际中，常用合金渗碳钢的牌号、热处理、力学性能及用途如表 4.8 所示。

表 4.8 常用合金渗碳钢的牌号、热处理、力学性能及用途

牌　号	热处理工艺			力学性能（不小于）				用途举例
	第一次淬火/℃	第二次淬火/℃	回火/℃	σ_b/MPa	σ_s/MPa	δ/%	A_k/J	
20Cr	880 水，油	800 水，油	200 水，空	835	540	10	47	截面在 30mm 以下载荷不大的零件，如机床及小汽车齿轮、活塞销等
20CrMnTi	880 油	870 油	200 水，空	1080	835	10	55	汽车、拖拉机中截面在 30mm 以下，承受高速、中或重载荷以及受冲击、摩擦的重要渗碳件，如齿轮、轴、齿轮轴、爪形离合器、蜗杆等
20MnVB	860 油	—	200 水，空	1080	885	10	55	模数较大、载荷较重的中小渗碳件，如重型机床齿轮、轴及汽车后桥主动、被动齿轮等淬透性件
12Cr2Ni4	860 油	780 油	200 水，空	1080	835	10	71	大截面载荷较高缺口敏感性低的重要零件，如重型载重车、坦克的齿轮等
28Cr2Ni4WA	950 空	850 空	200 水，空	1175	835	10	78	截面更大、性能要求更高的零件，如大截面的齿轮、传动轴、精密机床上控制进刀的蜗轮等

2）合金调质钢

经调质处理后具有良好的综合机械性能的合金钢，称为合金调质钢。这类钢含碳量一般为中碳成分（$W_C = 0.30\% \sim 0.50\%$），目的是保证钢具有良好的综合机械性能，常加入的合金元素有锰、硅、铬、镍等，以提高钢的淬透性和机械性能。

合金调质钢经调质处理后，具有良好的机械性能，常用来制造中等截面承受冲击、交变负荷作用的重要零件，如机床主轴、汽车后桥半轴、连杆、齿轮等；经调质及表面淬火处理后，具有“表硬心韧”的性能，也可用来制造承受冲击、摩擦作用的重要零件，如机床变速齿轮。合金调质钢常用的有 40MnB、40Cr 等。

常用合金调质钢的牌号、热处理、力学性能及用途如表 4.9 所示。

表 4.9 常用合金调质钢的牌号、热处理、力学性能及用途

牌号	热处理		力学性能（不小于）					用途举例
	淬火/℃	回火/℃	σ_b/MPa	σ_s/MPa	δ/%	ψ/%	A_k/J	
40Cr	850 油	520 水，油	980	785	9	45	47	汽车后半轴、机床齿轮、轴、花键轴、顶尖套等
40MnB	850 油	500 水，油	980	785	10	45	47	代替 40Cr 钢制造中、小截面重要调质件等
35CrMo	850 油	550 水，油	980	835	12	45	63	受冲击、振动、弯曲、扭转载荷的机件，如主轴、锤杆、大电机轴、曲轴等
38CrMoAl	940 油	640 水，油	980	835	14	50	71	高级渗氮钢，用于制作磨床主轴、精密丝杆、精密齿轮、高压阀门、压缩机活塞杆等
40CrNiMoA	850 油	600 水，油	980	835	12	55	78	韧性好、强度高及大尺寸重要调质件，如重型机械中高载荷轴类、直径大于 250mm 的汽轮机轴、曲轴、叶片

3）合金弹簧钢

合金弹簧钢是一种用来制造各种弹簧或减振元件的专用合金结构钢。这类钢含碳量一般为中、高碳成分（W_C＝0.50%～0.70%），目的是保证钢具有高强度、高弹性及良好的韧性，常加入的合金元素有锰、硅、铬、钒、钼等，以提高钢的淬透性，有效地改善钢的机械性能。

合金弹簧钢经淬火及中温回火后，具有高强度、高弹性及足够的韧性，常用来制造截面尺寸较大、受力较大的重要弹簧或弹性零件，如汽车、拖拉机、机车的减振板弹簧和螺旋弹簧。合金弹簧钢常用的有 50CrVA、60Si2Mn 等。

常用合金弹簧钢的牌号、热处理、力学性能及用途如表 4.10 所示。

表 4.10 常用合金弹簧钢的牌号、热处理、力学性能及用途

牌号	热处理		力学性能（不小于）			用途举例
	淬火/℃	回火/℃	σ_b/MPa	σ_s/MPa	ψ/%	
55Si2Mn	870 油	480	1274	1176	30	用途广，用于制造汽车、拖拉机、机车上的减振板簧和螺旋弹簧以及汽缸安全阀弹簧等
60Si2CrA	870 油	420	1764	1568	20	用于制造承受高应力及 300～350℃以下的弹簧，如汽轮机汽封弹簧、破碎机用弹簧等
50CrVA	850 油	500	1274	1127	40	用于制造高载荷重要弹簧及工作温度＜300℃的阀门弹簧、活塞弹簧、安全阀弹簧等
30W4Cr2VA	1050～ 1100 油	600	1470	1323	40	用于制造工作温度≤500℃的耐热弹簧，如锅炉主安全阀弹簧、汽轮机汽封弹簧等

4）滚动轴承钢

滚动轴承钢是一种用来制造滚动轴承的专用合金结构钢。这类钢含碳量高（W_C＝0.95%～1.15%），目的是保证钢具有高强度、高硬度及高耐磨性，常加入的合金元素有铬、锰、硅等，以提高钢的淬透性、硬度、耐磨性及耐蚀性。

滚动轴承钢经淬火及低温回火后，具有高强度、高硬度及高耐磨性，常用来制造滚动轴承、喷油嘴、量具等。滚动轴承钢常用的有 GCr15、GCr9SiMn 等。

常用滚动轴承钢的牌号、热处理及用途如表 4.11 所示。

表 4.11　常用滚动轴承钢的牌号、热处理及用途

牌　号	热处理		回火后硬度 HRC	用途举例
	淬火/℃	回火/℃		
GCr6	800～820 水、油	150～170	62～64	直径<10mm 的滚珠、滚柱及滚针
GCr9	810～830 水、油	150～170	62～64	直径<20mm 的滚珠、滚柱及滚针
GCr9SiMn	810～830 水、油	150～160	62～64	壁厚<12mm、外径<250mm 的套圈；直径为 25～50mm 的钢球；直径<22mm 的滚子
GCr15	820～846 油	150～160	62～64	
GCr15SiMn	820～840 油	150～170	62～64	壁厚≥12mm、外径>250mm 的套圈；直径>50mm 的钢球；直径>22mm 的滚子

4.2.4　合金工具钢

合金工具钢按用途可分为合金刃具钢、合金量具钢和合金模具钢三类。

1）合金刃具钢

合金刃具钢按成分不同又可分为低合金刃具钢和高速钢两类。

（1）低合金刃具钢。它是在碳素工具钢的基础上，加入少量合金元素而得到的。由于合金元素的作用使其比碳素工具钢具有更高的硬度、耐磨性和韧性，特别是具有更好的淬透性和红硬性（指材料在高温下保持高强度、高硬度的能力，用其强度、硬度显著降低时的温度来表示）。这类钢经淬火及低温回火处理后具有高硬度、高耐磨性，可用来制造截面尺寸较大、形状复杂、要求变形小的刃具、量具和模具，如板牙、丝锥、钻头、冲模和量规等。常用的低合金刃具钢有 9SiCr、9Mn2V 等。

常用低合金刃具钢的牌号、热处理及用途如表 4.12 所示。

表 4.12　常用低合金刃具钢的牌号、热处理及用途

牌　号	热处理及硬度				用途举例
	淬火/℃	淬火后 HRC	回火/℃	回火后 HRC	
Cr06	800～810 水	63～65	160～180	62～64	锉刀、刮刀、刻刀、刀片
Cr2	830～860 油	≥62	150～170	61～63	锉刀、刮刀、刻刀、刀片
9SiCr	860～880 油	≥62	180～200	60～62	丝锥、板牙、钻头、铰刀
CrWMn	800～830 油	≥62	140～160	62～65	拉刀、长丝锥、长铰刀
9Mn2V	780～810 油	>62	150～200	60～62	丝锥、板牙、铰刀
CrW5	800～850 水	65～66	160～180	64～65	低速切削硬金属刃具，如铣刀、车刀

（2）高速钢。它是一种高碳高合金工具钢。高的含碳量（0.70%～1.65%），以保证钢具有高硬度和高耐磨性，加入大量的钨、钼、铬、钒等合金元素（>10%），使其经适当的热处理后具有高硬度、高耐磨性和高的红硬性，足够的强度和韧性。用高速钢制造的切削刀具，当切削温度高达 500～600℃时，仍能保持高硬度，比碳素工具钢、低合金刃具钢具有更高的切削速度，因而称为“高速钢”。常用来制造要求变形小、切削速度较高的各种切削刀具，如车刀、铣刀、刨刀、钻头等。常用的高速钢有 W18Cr4V、W6Mo5Cr4V2 等。

高速工具钢铸态下碳化物分布不均匀，故必须反复进行锻造。锻后应进行退火处理以改善其切削加工性能。由于淬火后有较多的残余奥氏体，为了减少残余奥氏体量，其最终热处理为淬火＋多次高温回火，组织为回火马氏体＋碳化物＋少量残余奥氏体，硬度可高达 62HRC 以上。

常用高速钢的牌号、热处理及用途如表 4.13 所示。

表 4.13　常用高速钢的牌号、热处理及用途

种类	牌　号	热处理温度/℃			硬度		用途举例
		退火	淬火	回火	退火后 HBS	回火后 HRC	
钨高速钢	W18Cr4V	860～880	1260～1300	550～570	207～255	63～66	车刀、刨刀、钻头、锰刀等，用于一般高速切削
	9W18Cr4V		1260～1280	570～580		67.5	
	W14Cr4VMnRE	860～880	1230～1250	550～570	241～269	63	
	W12Cr4V4Mo	840～860	1240～1270	550～570	≤262	≤65	只宜制造形状简单的刀具或仅需很少磨削的刀具
钼高速钢	W6Mo5Cr4V3	840～885	1200～1240	550～570	≤255	≤65	制造要求耐磨性和红硬性较高，并有一定韧性形状复杂的刀具，如拉刀、铣刀
	W6Mo5Cr4V2	840～860	1220～1240	550～570	≤241	63～66	制造要求耐磨和韧性很好的高速切削刀具，如丝锥、扭制钻头
高性能高速钢	W6Mo5Cr4V2Co8	870～900	1200～1260	540～590	≤269	64～66	用于难加工切削材料，如高温合金、难熔金属、超高温度钢、铁合金和奥氏体不锈钢的刀具，直径在 15mm 以上的钻头
	W6Mo5Cr4V2Al	850～870	1220～1250	550～570	255～267	67～69	
	W10Mo4Cr4V3Al	845～855	1230～1260	540～560	≤260	67～69	

2）量具钢

量具钢是用于制造各种测量工具的钢。量具在使用过程中主要受磨损，对量具钢性能要求是：高的硬度（不小于 56HRC）和耐磨性；高的尺寸稳定性。

量具钢的成分具有高碳成分（0.9%～1.5%），以保证钢具有高硬度、高耐磨性，常加入铬、钨、锰等合金元素，以提高淬透性，减小淬火变形，进一步提高硬度和耐磨性。

量具钢没有专用钢。尺寸小、形状简单、精度较低的量具，用高碳钢制造；复杂的较精密的量具一般用低合金刃具钢制造；CrWMn 的淬透性较高，淬火变形很小，可用于精度要求高且形状复杂的量规及块规；GCr15 耐磨性、尺寸稳定性较好，多用于制造高精度块规、螺旋塞头、千分尺。

3）合金模具钢

模具钢按使用条件不同可分为冷模具钢和热模具钢。

（1）冷模具钢。

冷模具的作用是使金属在常温下产生塑性变形，从而获得一定形状和尺寸的零件，如落料模、弯曲模、剪切模、冷镦模等。冷模具钢属于高碳成分的钢，常加入铬、锰、钼、钒等合金元素，经淬火及低温回火处理后具有高硬度、高耐磨性及一定韧性。目前常用的冷模具钢如下：

① 碳素工具钢。常用牌号有 T10A。这类钢的主要优点是加工性能好、成本低，突出的缺点是淬透性差、耐磨性欠佳、淬火变形大、使用寿命低，故一般只适合制造尺寸小、形状简单、精度低的轻负荷模具。

② 低合金工具钢。常用牌号有 9SiCr、CrWMn 和滚动轴承钢 GCr15。这类钢具有较高的淬透性、较好的耐磨性和较小的淬火变形，因其回火稳定性较好而在稍高的温度下回火，故综合力学性能较好。常用来制造尺寸较大、形状较复杂、精度较高的低负荷模具。

③ 高铬和中铬冷作模具钢。常用牌号有 Cr12、Cr12MoV。这类钢具有更高的淬透性、耐磨性和承载强度，且淬火变形小，广泛用于尺寸大、形状复杂、精度高的重载冷作模具。

④ 高速钢类冷作模具钢。也可用于制造大尺寸、复杂形状、高精度的重载冷作模具，其

耐磨性、承载能力更好，故特别适合于工作条件极为恶劣的黑色金属冷挤压模。

（2）热模具钢。

热模具的作用是使被加热的金属或液态金属获得所需的形状和尺寸，如热锻模、挤压模、压铸模等。热模具钢属于中碳成分（0.5%～0.6%）具有良好的综合机械性能，常加入锡、锰、镍、钼等合金元素以提高淬透性和进一步改善钢的性能。常用热模具钢有5CrNiMo、3Cr2W8V等。

常用热模具钢的应用如表4.14所示。

表4.14　常用热模具钢的应用

名称	类　型	应用的热作模具钢	硬度/HRC
锻模	高度＜250mm小型热锻模；高度在250～400mm中型热锻模	5CrMnMo，5Cr2MnMo	35～47
	高度＞400mm大型热锻模	5CrNiMo，5Cr2MnMo	35～39
	寿命要求高的热锻模	3Cr2W8V，4CrMoSiV，4Cr5W2SiV	40～54
	热镦模	4Cr3W4Mo2VTiNb，4CrMoSiV，4Cr5W2SiV，3Cr3Mo3V，基体钢	39～54
	精密锻造或高速锻模	3Cr2W8V，4Cr5MoSiV，4Cr5W2SiV，4Cr3W4Mo2VTiNb	45～54
压铸模	压铸锌、铝、镁合金	4Cr5MoSiV，4Cr5W2SiV，3Cr2W8V	43～50
	压铸铜和黄铜	4Cr5MoSiV，4Cr5W2SiV，3Cr2W8V，钨基粉末冶金材料，钼、钛、铬难熔金属	
	压铸钢、铁	钨基粉末冶金材料，钼、钛、锆难熔金属	
挤压模	温挤压和镦锻（300～800℃）	8Cr8Mo2SiV，基体钢	
	热挤压	＞1000℃，挤压钢或镍合金用4Cr5MoSiV，3Cr2W8V	43～47
		＜1000℃，挤压铜或铜合金用3Cr2W8V	36～45
		＜500℃，挤压铝、镁合金用4Cr5MoSiV，4Cr5W2SiV	46～50
		＜100℃，挤压铅用45钢	16～20
塑料模		3Cr2Mo，45钢，铸铁	

4.2.5　特殊性能钢

特殊性能钢是指具有某些特殊的物理、化学或力学性能的合金钢。其种类很多，在机械制造行业中应用较多的有不锈钢、耐热钢、耐磨钢等。

1）不锈钢

不锈钢是指在自然环境或一定工业介质中能抵抗腐蚀作用的钢。因此，其常用来制造各种长期与腐蚀介质接触的零件，如水阀、医疗器具、容器、管道等。

金属腐蚀的原因主要有化学腐蚀和电化学腐蚀。化学腐蚀是指金属与氧化性介质发生化学作用而被腐蚀；电化学腐蚀是指两种不同电极电位的金属在有电解质溶液存在时，将形成原电池作用而使电极电位较低的金属作为阳极被腐蚀。

普通钢铁材料由于易与氧化性介质作用形成松脆多孔的氧化物（如Fe_3O_4），所以容易受到腐蚀(生锈)。

通过在钢中加入大量的合金元素（如铬、镍、铝、硅等），使钢件表面形成一层致密的氧化膜（如Cr_2O_3等），提高钢基体的电极电位，获得单相组织，从而使钢抵抗腐蚀作用的能力提高，也就得到一种抗腐蚀能力强的钢，即为不锈钢。

不锈钢按成分可分为铬不锈钢和铬镍不锈钢。

（1）铬不锈钢。又称 Cr13 型钢，如 1Cr13、2Cr13、3Cr13 等，在弱腐蚀介质（如大气、蒸汽、食品等）中，具有较强的抗腐蚀能力，常用于制造医疗器具、食品加工机械等。

（2）铬镍不锈钢。如 0Cr18Ni9、1Cr18Ni9 等，在强腐蚀介质（如强酸、强碱等）中，具有较强的抗腐蚀能力，常用于制造在强腐蚀介质下工作的零件或构件，如盛装强酸、强碱的器具。

不锈钢按金相组织特征可分为：马氏体不锈钢（属于铬不锈钢）、铁素体不锈钢（也属于铬不锈钢）、奥氏体不锈钢（属于铬镍不锈钢）及奥氏体与铁素体不锈钢，其中奥氏体不锈钢应用最广泛。

常用不锈钢的牌号、热处理、力学性能及用途如表 4.15 所示，以作为选材时参考。

表 4.15　常用不锈钢的牌号、热处理、力学性能及用途

类别	牌号	热处理		力学性能				用途举例
		淬火温度/℃	回火温度/℃	$\sigma_{0.2}$/MPa	σ_b/MPa	δ/%	硬度 HBS	
马氏体型	1Cr13	950～1000 油	700～750 快冷	≥343	≥539	≥25	≥159	汽轮机叶片、水压机阀、螺栓、螺母等抗弱腐蚀介质并承受冲击的零件
	2Cr13	920～980 油	600～750 快冷	≥441	≥637	≥20	≥192	汽轮机叶片、水压机阀、螺栓、螺母等抗弱腐蚀介质并承受冲击的零件
	3Cr13	920～980 油	600～750 快冷	≥539	≥735	≥12	≥217	耐磨的零件，如热油泵轴、阀门、刃具等
	7Cr17	1010～1070 油	100～180 快冷	—	—	—	≥54HRC	轴承、刃具、阀门、量具等
铁素体型	OCr13Al	780～830 空冷或缓冷	—	≥177	≥412	≥20	≤183	汽轮机材料、复合钢材、淬火用部件
	1Cr17	780～850 空冷或缓冷	—	≥206	≥451	≥22	≤183	通用钢种、建筑内装饰用、家庭用具等
	00Cr30Mo2	900～1050 快冷	—	≥294	≥451	≥20	≤228	C、N 含量极低、耐蚀性很好，用于制造苛性碱设备及有机酸设备
奥氏体型	Y1Cr18Ni9	固溶处理 1010～1150 快冷	—	≥206	≥520	≥40	≤187	提高切削性，最适用于自动车床，制造螺栓、螺母等
	0Cr19Ni9	固溶处理 1010～1150 快冷	—	≥206	≥520	≥40	≤187	作为不锈耐热钢使用最广泛，用于食用品设备、化工设备、原子能工业
	0Cr19Ni9N	固溶处理 1010～1150 快冷	—	≥275	≥549	≥35	≤217	在 0Cr19Ni9 中加 N，强度提高，塑性不降低。用于制造结构用强度部件
	0Cr18Ni11Ti	固溶处理 920～1150 快冷	—	≥206	≥520	≥40	≤187	焊芯、抗磁仪表、医疗器械、耐酸容器、输送管道等
铁素体与奥氏体型	0Cr26Ni5Mo2	固溶处理 950～1100 快冷	—	≥392	≥588	≥18	≤277	耐海水腐蚀用件
	0Cr18Ni5Mo8Si2	固溶处理 950～1050 快冷	—	≥392	≥588	≥20	≤30HRC	石油、化工等工业热交换器或冷凝器等

2）耐热钢

耐热钢是指在高温下具有高的抗氧化性和高温热强性的钢。它是通过在钢中加入合金元素铬、硅、铝等使钢件表面形成一层致密的、高熔点的氧化膜，抑制内部金属继续氧化，以提高抗氧化性；加入铝、钨、钒等，可提高金属的高温强度。

按照性能的不同，耐热钢可分为抗氧化钢和热强钢。抗氧化钢在高温下具有较好的抗氧化及抗其他介质腐蚀的性能；热强钢在高温下具有较高的强度和良好的抗氧化、抗腐蚀性能。按照组织类型，耐热钢可分为珠光体耐热钢、铁素体耐热钢、奥氏体耐热钢及马氏体耐热钢等。

常用的耐热钢有 4Cr9Si2、1Cr23Ni13 等，可用来制造内燃机气阀、加热炉构件等。

3）耐磨钢

耐磨钢是指在强大冲击和挤压条件下才能硬化的高锰钢，其典型钢种是 ZGMn13 型。它是生产中应用最广泛的一种耐磨钢，其主要成分的特点是高碳（0.9%～1.45%）、高锰（11%～14%）。这种钢极易产生加工硬化，使切削加工困难。因此，大多数高锰钢零件是铸造成形的。

当高锰钢零件受到强烈冲击或强大挤压力作用时，表面因塑性变形会产生强烈的加工硬化，而使表面硬度显著提高到 500～550HBW，因而获得很高的耐磨性，心部仍保持原来的高韧性状态。当旧表面磨损后，新露出的表面又在冲击和摩擦作用下形成新的耐磨层。因此，这种钢具有很高的耐磨性和抗冲击能力。

但是，高锰钢在一般机器零件的工作条件下并不耐磨。因此，高锰钢主要用来制造铁路道岔、车辆履带、破碎机的颚板、保险柜、挖掘机铲斗、球磨机衬板、防弹钢板等。

4.3 粉末冶金材料

由几种金属粉末（或金属与非金属粉末混匀）作为原料，经过压制成形及烧结而获得的合金称为粉末冶金材料，这种生产过程称为粉末冶金法。这种材料存在一些微小孔隙，是属于多孔性的材料。

4.3.1 粉末冶金法

粉末冶金法和金属的熔炼法与铸造方法有根本的不同。它不用熔炼和浇注，而用金属粉末（包括纯金属、合金和金属化合物粉末）作为原料，经混匀压制成形和烧结制成合金材料或制品。这种生产过程称为粉末冶金。

粉末冶金法既是制取具有特殊性能金属材料的方法，也是一种精密的无切削或少切削的加工方法。它可使压制品达到或极接近于零件要求的形状、尺寸精度与表面粗糙度，使生产率和材料利用率大为提高，并可节省切削加工用的机床和生产占地面积。

4.3.2 常用粉末冶金材料

1. 硬质合金

硬质合金是将高熔点、高硬度的碳化物（碳化钨或碳化钨与碳化钛等）粉末和黏结剂（主要是钴）混合，加压成型后烧结而成的一种粉末冶金材料。

硬质合金不能进行锻造及切削加工，也不需要进行热处理，其硬度很高（可达 86～93HRA），且具有很高的耐热性（可达 900～1000℃），故用硬质合金制成的刀具比高速钢刀具具有更高的切削速度。但硬质合金的脆性大，除磨削外，不能进行切削加工，一般不能制成形状复杂的整体刀具，故将硬质合金制成一定规格的刀片，使用前将其坚固（用焊接、粘接或机械坚固）在刀体或模具上。

常用的硬质合金有以下四类。

1）钨钴类硬质合金

牌号用“硬”、“钴”两字汉语拼音字首“YG”加钴的百分含量表示。如 YG6 表示含钴量为 6%，余量为碳化钨的含量，含钴量多的硬质合金刀具用于冲击振动较大的粗加工，含钴量少的硬质合金刀具用于精加工。此外，该合金具有较好的强度和韧性，刃磨性也较好，故适宜于加工脆性材料，如铸铁和有色金属。

2）钨钴钛类硬质合金

牌号用“硬”、“钛”两字汉语拼音字首“YT”加钴的百分含量表示。如 YT15 表示含碳化钛量为 15%，余量为碳化钨和钴的含量。含碳化钛量多的硬质合金刀具用于工作条件比较稳定的精加工，含碳化钛量少的硬质合金刀具用于粗加工。此外，该合金具有较好的耐磨性和耐热性，故适宜于加工塑性材料，如钢材。

3）通用硬质合金

又称“万能硬质合金”，它是以碳化钽或碳化铌取代 YT 类硬质合金中的一部分碳化钛制成的。这类硬质合金既可加工塑性材料（钢材），又可加工脆性材料（铸铁和有色金属），称为通用硬质合金。其牌号用“硬”、“万”两汉字拼音首字“YW”加顺序号表示。常用牌号有 YW1 和 YW2，前者用于半精加工和精加工，后者用于粗加工和半精加工。

近年来，在硬质合金刀具上，常采用化学气相沉积法涂上 5～10μm 的 TiC 薄膜、TiC+TiN 双层薄膜或 TiC+Al_2O_3+TiN 三层薄膜，使刀具的使用寿命比不涂层的提高 2～10 倍。

4）钢结硬质合金

它是以一种或几种碳化物（如 TiC 和 WC）为硬化相，以碳钢或合金钢（如高速钢或铬钼钢）粉末为黏结剂，经配料、混合、压制和烧结而制成的粉末冶金材料。

钢结硬质合金坯料与钢一样，经退火后可进行切削加工，它经淬火、低温回火后，硬度可达 70HRC，具有高耐磨性、抗氧化、耐腐蚀性等特性。用作刃具时，钢结硬质合金的寿命与 YG 类硬质合金差不多，大大超过合金工具钢。由于它可以切削加工，故适宜制造各种形状复杂的刃具（如麻花钻头、铣刀等）、模具和耐磨零件。

2. 烧结减摩材料

常用的烧结减摩材料为多孔轴承材料，主要用于制造滑动轴承。这类零件压制成形后浸入润滑油中，其孔隙可吸附大量的润滑油，从而达到减摩及润滑作用。常用于制造纺织机械、家用电器等轴承，也可用于其他轴承。

除此以外，粉末冶金法常用于制造特殊性能金属材料，如结构材料、摩擦材料及电磁性能材料等。

由于压制设备吨位及模具制造的限制，粉末冶金法还只能生产尺寸有限与形状不很复杂的工件。

4.4 有色金属及其合金

通常称钢铁为黑色金属，而把其余的金属统称为有色金属。有色金属的种类很多，由于冶炼较为困难，成本较高，故其产量和使用量远不如黑色金属多。但是，与钢铁材料相比，有色金属具有比密度小、比强度高等特殊性能特点，因此在许多工业部门，尤其是在空间技术、原子能、计算机等新兴工业部门中有色金属应用均很广泛。常用的有色金属有铜及铜合金、铝及铝合金、滑动轴承合金等。

4.4.1 铜及铜合金

1. 纯铜

纯铜呈玫瑰红色，表面形成氧化膜后呈紫红色，故俗称紫铜。由于纯铜是由电解方法提炼出来的，故又称电解铜。它具有良好的导电性、导热性、耐蚀性和塑性，但强度、硬度低，价格昂贵，一般只用于制造导电材料（如电线、电缆等）和配制合金。

工业用纯铜的牌号由“铜”的汉语拼音字首“T”加上顺序号表示，有 T1、T2、T3 和 T4 四种。序号越大，则杂质含量越高。

2. 铜合金

在纯铜中加入合金元素（如锌、锡、铅、铝等）得到铜合金。铜合金能保持纯铜的优良性能，而且能显著提高其强度、硬度，降低成本。

铜合金可分为：黄铜、白铜和青铜。其中在工业上应用较多的是黄铜和青铜。

1）黄铜

它是以锌为主加元素的铜合金，按其化学成分可分为普通黄铜和特殊黄铜。

(1) 普通黄铜。它是由铜和锌组成的铜合金。普通黄铜具有良好的耐蚀性、压力加工性。其力学性能主要与含锌量有关，含锌量小于 39%时，随含锌量增加，强度、硬度增加；含锌量大于 39%时，强度、塑性急剧降低，在生产中没有实用价值。

普通黄铜的牌号由“黄”的汉语拼音字首“H”加上一组数字表示，该数字表示其平均含铜量的百分数，如 H62 表示平均含铜量为 62%的普通黄铜。

(2) 特殊黄铜。它是在普通黄铜中加入其他合金元素（锡、铅、铝等）的铜合金。由于合金元素的加入，进一步提高黄铜的耐蚀性、强度、硬度，改善切削加工性。

2）青铜

除黄铜和白铜（即以镍为主加元素的铜合金）以外的铜合金，统称为青铜。按化学成分不同，可分为普通青铜和特殊青铜两类；按加工方法分为压力加工青铜和铸造青铜。

压力加工青铜牌号：由“青”的汉语拼音字首“Q”加上主加元素的符号及其含量，再加上辅加元素的含量来表示，如 QSn4.3 表示平均含锡量为 4%、平均含锌量为 3%、余量为铜的锡青铜。

铸造青铜牌号：由“铸”的汉语拼音字首加上铜的元素符号、主加元素符号及含量、辅加元素符号及含量表示，如 ZCuSn10P1 表示平均含锡量为 10%、含磷量为 1%的铸造锡青铜。

(1) 普通青铜。它是以锡为主加元素的铜合金，又称锡青铜。

锡青铜具有较高的耐蚀性、耐磨性，其耐蚀性优于纯铜和黄铜，其机械性能与含锡量有关，当含锡量小于 5%～6% 时，具有良好的塑性；含锡量大于 5%～6%时，强度硬度增加而塑性急剧降低；含锡量超过 20%时，塑性很差，没有实用价值。

(2) 特殊青铜。它是除锡青铜以外的其他青铜，又称无锡青铜，包括有铝青铜、硅青铜、铅青铜、铍青铜等。

由于加入的合金元素不同，各种特殊青铜，都有其性能特点。例如，铝青铜具有高强度、高弹性、高耐蚀性，且价格低；铍青铜是铜合金中性能最好的一类，但由于铍是一种较稀缺的元素，价格较高。

常用铜合金的牌号、成分、机械性能及用途如表 4.16 所示。

表 4.16 常用铜合金的牌号、成分、机械性能及用途

类别	牌号	主要成分/%		机械性能			用途举例
		主加元素	辅加元素	σ_b/MPa	δ/%	HBS	
普通黄铜	H90	9～12Zn	—	260	45	53	双金属片、供排水管等
	H68	30～33Zn	—	320	55		散热器外壳、弹壳、导管、轴套
	H62	36.5～39.5Zn	—	330	49	56	销钉、铆钉、弹簧、垫片、散热片
特殊黄铜	HSn62.1	35.9～39.3Zn	0.7～1.1Sn	400	40	—	汽车、拖拉机弹性套管、船舶零件
	HSi80.3	15.5～17.5Zn	2.5～4.5Si	300	58	—	船舶零件、海水、蒸汽中工作零件
	HPb59.1	39.1～40.2Zn	0.8～1.9Pb	400	45	90	一般结构零件，如销子、螺钉、螺帽
普通青铜	QSn4.3	3.5～4.5Sn	2.7～3.3Zn	350	40	60	弹性元件、耐磨零件和抗磁零件
	ZCuSn10P1	9.0～11.5Sn	0.5～1.0P	220	3	78.5	重要用途的轴承、齿轮、轴套等
	ZCuSn10Zn2	9.0～11Sn	1.0～3.0Zn	240	12	68	重要管配件、阀、泵、齿轮、轴套等
特殊青铜	QAl7	6.0～8.0Al	—	470	70	70	重要的弹簧和弹性零件
	QSi3.1	2.75～3.5Si	1.0～1.5Mn	350	50	80	弹簧、在腐蚀介质中工作的耐磨零件
	QBe2	1.9～2.2Be	0.2～0.5Ni	500	35	100	重要用途的弹簧、齿轮、轴承等

4.4.2 铝及铝合金

1. 纯铝

纯铝是一种银白色的金属，熔点低（660℃），比重小（2.72g/cm^3），具有良好的导电性、导热性、耐蚀性和塑性，其导电性和导热性仅次于银、铜，但强度、硬度低，一般只用于制作导电材料（如电线、电缆等）和配制合金。

工业用纯铝的旧牌号由“铝”的汉语拼音字首“L”加上顺序号表示，有 L1、L2、L3…；对应的新牌号为 1070、1060、1050…。牌号中数字越大，则纯度越低。

2. 铝合金

在纯铝中加入合金元素（如硅、锰、铜、镁、锌等）得到铝合金。铝合金能保持纯铝的优良性能，而且能显著提高其强度、硬度，降低成本。

1）铝合金的分类

铝合金按其成分和工艺特点不同可分为变形铝合金和铸造铝合金两大类。图 4.2 为铝合金分类示意图。

由图 4.2 可见，成分在 D′点以左的合金，当加热到固溶线 DF 以上时，可得到单一的固溶体 α，具有良好的塑性，适宜于压力加工，故称为变形铝合金。变形铝合金又分为两类：成分在 F 点以左的合金其成分和组织不随温度变化，是热处理不可强化的铝合金，称为不能热处理强化的铝合金；成分在 D′～F 点之间的铝合金，其成分和组织会随温度变化，是热处理可强化的铝合金，称为能热处理强化的铝合金。成分在 D′点右边的铝合金，具有共晶组织，适于铸造，故称为铸造铝合金。

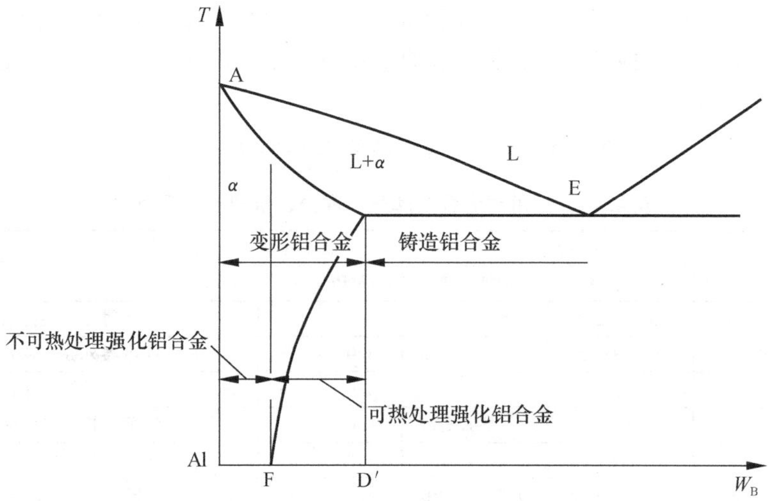

图 4.2　铝合金分类示意图

2）铝合金的热处理特点

铝合金的热处理与钢不同，它是通过控制第二相的析出过程来改变性能。铝合金在淬火状态（加热到单一 α 固溶体后，快速冷却至室温）下，得到的是强度低、塑性好的过饱和 α 固溶体，然后再进行时效处理（在一定温度长时间等温），其强度、硬度才显著提高。这种现象称为时效硬化。

在室温下进行的时效处理称为自然时效，加热条件下进行的时效称为人工时效。时效温度越高，所需时间越短，但时效强化的效果越差。

3）变形铝合金

变形铝合金具有良好的塑性，适宜于压力加工。按其性能和用途不同可分为防锈铝、硬铝、超硬铝和锻铝四类。变形铝合金的牌号分别用 LF（铝防）、LY（铝硬）、LC（铝超和 LD（铝锻），再加上顺序号表示，如 LF11 表示顺序号为 11 号的防锈铝。

(1) 防锈铝。属于 Al-Mn、Al-Mg 合金，具有良好的耐蚀性、塑性、焊接性，但切削加工性较差。

(2) 硬铝。属于 Al-Cu-Mn 合金，经淬火及时效处理后，具有较高的强度、硬度，但耐蚀性较差。

(3) 超硬铝。属于 Al-Cu-Mg-Zn 合金，经淬火及时效处理后，具有比硬铝更高强度、硬度，但耐蚀性也较差。

(4) 锻铝。属于 Al-Cu-Mg-Si 合金，经淬火及时效处理后，具有较高的强度、硬度（与硬铝相当），而且具有良好的热塑性。

常用形变铝合金牌号、机械性能及用途如表 4.17 所示。

表 4.17　常用形变铝合金的牌号、成分、机械性能及用途

类别	新牌号	旧牌号	材料状态	机械性能			用途举例
				σ_b/MPa	δ/%	HBS	
防锈铝	5A02	LF2	退火	280	20	70	焊接油箱、油管、焊条、铆钉，以及中载零件及制品
	3A21	LF21	退火	130	20	30	焊接油箱、油管、焊条、铆钉，以及轻载零件及制品
硬铝	2A11	LY11	淬火及自然时效	230	12	70	工作温度≤100℃的结构用中等强度铆钉
	2A12	LY12		350	12	100	中等强度的结构零件，如螺旋桨叶片、螺栓和铆钉

续表

类别	新牌号	旧牌号	材料状态	机械性能			用途举例
				σ_b/MPa	δ/%	HBS	
超硬铝	7A04	LC4	淬火及人工时效	500	7	150	结构中的主要受力件，如飞机大梁、桁架、起落架
锻铝	2A50	LD5		420	13	105	形状复杂的中等强度的锻件及模锻件
	2A60	LD6		390	10	100	形状复杂的锻件和模锻件，如压气机轮和风扇叶轮
	2A70	LD7		440	12	120	内燃机活塞，在高温下工作的复杂锻件、板材、结构件

4）铸造铝合金

铸造铝合金具有良好的铸造性能，根据其化学成分不同可分为Al-Si、Al-Cu、Al-Mg及Al-Zn四类。

铸造铝合金的代号：由“铸铝”的汉语拼音字首“ZL”和三位数字组成。第一位数字表示合金的类别（即1为Al-Si合金，2为Al-Cu合金，3为Al-Mg合金，4为Al-Zn合金），第二、三位数字表示合金的顺序号，如ZL102表示顺序号为2号的铸造铝硅合金。

铝硅合金具有优良的铸造性能，而且比重小，耐蚀性好，具有较高的机械性能，因此其应用最广。

常用铸造铝合金的牌号、机械性能及用途如表4.18所示。

表4.18　常用铸造铝合金的牌号、机械性能及用途

代　号	铸造方法	材料状态	机械性能			用途举例
			σ_b/MPa	δ/%	HBS	
ZL101	金属型	固溶处理及不完全人工时效	202	2	60	形状复杂、承受中等负荷或要求气密性、耐蚀性、焊接性好的零件，如水泵、仪表外壳等
ZL104	金属型	人工时效	192	1.5	70	形状复杂、薄壁、耐蚀、承受较高负荷和冲击的大型铸件，如汽缸体、汽缸盖等
ZL108	金属型	人工时效	192		85	高温下工作的零件，如内燃机活塞等
ZL201	砂型 金属型	固溶处理及不完全人工时效	330	4	90	温度在300℃以下、负荷大、形状简单的零件，如支架、挂架、内燃机汽缸、活塞等
ZL203	金属型	固溶处理及不完全人工时效	222	3	70	中等负荷、形状较简单的零件，如托架和工作温度在200℃以下并要求切削加工性好的小零件
ZL303	砂型 金属型	—	143	1	55	承受中等负荷、在腐蚀介质下、严寒大气中以及工作温度在200℃以下的零件，如海轮配件等
ZL401	金属型	人工时效	241	1.5	90	耐蚀性要求不高、形状复杂的大型薄壁零件

4.4.3　轴承合金

轴承合金是用来制造滑动轴承中的轴瓦及内衬的合金。

1. 轴承合金性能要求

当轴承支撑轴进行工作时，轴瓦表面要承受一定的交变载荷，并与轴之间发生强烈的摩擦。为了确保机器正常、平稳、无噪声运行，减少轴瓦对轴颈的磨损，轴承合金应具备一系列性能要求：

（1）一定的强度和疲劳抗力，以承受较高的交变载荷。

（2）足够的塑性和韧性，以抵抗冲击和振动并保证与轴的良好配合。

（3）较小的摩擦系数和良好的磨合能力，并能储油。

（4）良好的导热性、抗蚀性和低的膨胀系数，以防温升和轴的咬合。

为了满足以上性能要求，轴承合金的组织特点应该是软硬兼有：或者是在软基体上均匀分布着硬质点（图 4.3）；或者是在硬基体上均匀分布着软质点。当轴承工作时，软组织很快被磨凹，凸出的硬组织便起支撑轴的作用。这样，既减小了轴与轴瓦的接触面，凹下的空间又可储存润滑油，保证轴承有良好的润滑条件和低的摩擦系数，减轻轴的磨损。此外，偶然进入的外来硬物也能被压入软组织内，不致擦伤轴颈。

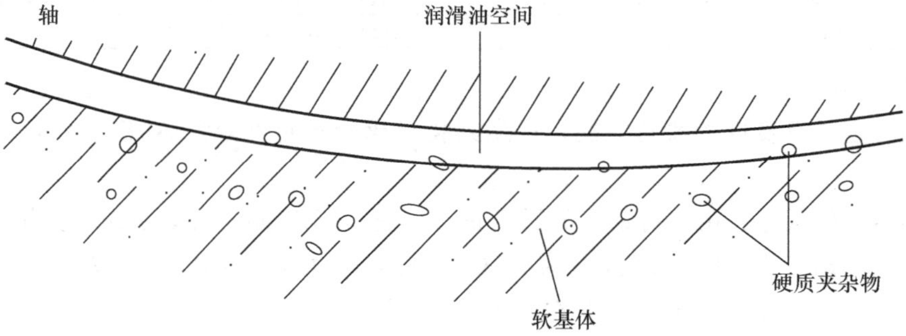

图 4.3　轴承合金结构示意图

2. 常用轴承合金

最常用的轴承合金是锡基或铅基“巴氏合金”，其牌号是“ZCh＋基体元素（锡或铅）符号＋主加元素（锑）符号＋主加元素含量＋辅加元素含量”，其中 Z、Ch 分别为“铸”、“承”的汉语拼音字首，表示铸造轴承合金。例如，ZCh-SnSb11-6 表示平均锑含量是 11%，铜含量是 6%，其余是锡的铸造锡基轴承合金。

1）锡基轴承合金

锡基轴承合金是工业上广泛应用的轴承材料。它是以锡为基加入锑、铜等元素组成的合金。锡基轴承合金具有较好的耐磨性能，塑性好，有良好的磨合性和抗咬合性，耐热性和耐蚀性均好，适用于制造承受高速度、大压力和受冲击载荷的轴承。典型锡基轴承合金的牌号是 ZChSnSb11-6，主要用于制造汽车、拖拉机、汽轮机等高速轴瓦。但锡基轴承合金疲劳强度差，工作温度低（＜150℃）。

2）铅基轴承合金

铅基轴承合金是以铅－锑为基础，加入锡、铜等元素组成的合金。其组织是在铅的软基体上均匀分布着硬相颗粒。与锡基轴承合金相比，铅基轴承合金较脆，易形成疲劳裂纹，其热导率、热膨胀系数、浇铸性能、耐蚀性能都低于锡基合金，但强度却接近或高于锡基合金，而且价格低，故这类合金广泛应用于制造中等载荷或高速低载荷、工作中冲击力不大、温度较低的轴承。典型铅基轴承合金的牌号是 ZChPbSb16-16-3，主要用于制造如汽车、拖拉机的曲轴轴承及电动机、破碎机轴承等。

3）其他轴承合金

除了巴氏合金以外，还有铜基、铝基轴承合金，它们的特点是承载能力高、密度较小，导热性和疲劳强度好，工作温度高，价格便宜。所以，也广泛应用于制造高速、重负荷下工作的轴承，如航空发动机、大功率汽轮机、柴油机及其他高速机器的主轴承和连杆轴承。

4.5　非金属材料

非金属材料是金属材料以外一切材料的总称。长期以来，机械工程材料一直以金属材料为主，其中又以黑色金属为主。近年来，非金属材料因原料来源广泛，成形工艺较简单，且具有金属材料所不具有的特殊的性能而成为工程材料中不可缺少的部分。

机械工业中使用的非金属材料可分为三大类：高分子合成材料（如塑料、胶黏剂、合成橡胶、合成纤维等）、陶瓷（如日用陶瓷、金属陶瓷等）、复合材料等。下面简单介绍生产中常用的工程塑料、橡胶、陶瓷材料、复合材料。

4.5.1 工程塑料

工程塑料的成分相当复杂。它是以各种各样的树脂为基础，加入用来改善性能的各种添加剂，在一定温度与压力下塑压成形或固化交联而形成的。其成形工艺简单、生产率高、原料来源广泛，是一种应用非常广泛的一类非金属材料，如塑料凉鞋、开关及灯头等。

1）塑料的特性

（1）质轻、比强度高。一般塑料的密度只有钢铁的1/8～1/4，但它们的比强度（强度与密度之比）却比一般的金属高，这对于要求减轻自重的车辆、船舶、飞机等具有重要意义。

（2）耐蚀性好。一般塑料能耐酸、碱、油、水及大气等物质的侵蚀。

（3）电绝缘性能优异。几乎所有塑料具有良好的电绝缘性，可与陶瓷、橡胶或其他绝缘材料媲美。

（4）具有良好的减摩性、耐磨性、吸振性和消声性。

（5）成形工艺性好。塑料制品可以一次成形，生产周期短，容易实现自动化或半自动化生产，生产效率高、成本低。

塑料也存在一些缺点，如强度、硬度、耐热性一般比金属材料低，导热性差（约为金属的1/500），胀缩变形大，易老化等。

2）塑料的分类

（1）按树脂热性能分为热塑性塑料和热固性塑料两类。

① 热塑性塑料。在加热后软化，具有可塑性，可制成各种形状的制品，冷却后又结硬，可反复多次，而化学结构基本不变，如有机玻璃（聚甲基丙烯酸甲酯）、尼龙（聚酰胺）、聚乙烯等。这类塑料的优点是成形加工简便，具有较高的机械性能，缺点是耐热性和刚性较差。

② 热固性塑料。这类塑料受热后软化，冷却后，发生化学反应固化成形变硬，变硬后再加热也不会再软化（即变化是不可逆的），如俗称“电木”的酚醛塑料、环氧塑料、有机硅塑料等。这类塑料的优点是耐热性高、受压不易变形等，缺点是机械性能较差。

（2）按用途分为通用塑料、工程塑料和特种塑料三类。

① 通用塑料。其产量大、价格低、应用范围广，主要有聚乙烯、聚氯乙烯、酚醛塑料、氨基塑料等，主要用于制作日常生活用品、包装材料和一般小型零件。

② 工程塑料。具有较高的机械性能、耐热耐寒性、耐蚀性和绝缘性，常用来代替金属材料制造机械零件和结构件，主要有尼龙、有机玻璃、聚四氯乙烯、ABS、环氧树脂等。

③ 特种塑料。具有特殊性能和特殊用途的塑料，如医用塑料。

（3）常用工程塑料的性能特点和用途。

塑料广泛地用于包装、日用消费品、农业、交通、运输、航空、电子、化工、通信、机械、建筑材料等领域。可用来制造一般结构零件（如罩壳、支架、手轮、油管等）；减摩、耐磨及传动件（如轴承、蜗杆、蜗轮、齿轮）；耐蚀件（如化工容器、泵、阀等）；绝缘件（如插头、插座、电讯元件等）；密封件（如各种动、静密封圈）；透明件（仪表壳、灯罩等）。表4.19和表4.20分别列出了工业上常用热塑性塑料和热固性塑料的性能特点与用途，可供选材时参考。

表4.19 常用热塑性塑料的性能特点与用途

名称（代号）	主要性能特点	用途举例
聚氯乙烯（PVC）	硬质聚氯乙烯电绝缘性优良，强度较高，化学稳定性好，对酸、碱的抵抗力强，可在−15～60℃使用，良好的热成形性能，密度小	耐蚀的结构材料，如输油管、容器、离心泵、阀门管件，用途很广
	软质聚氯乙烯强度不如硬质，但伸长率较大，有良好的电绝缘性，可在−15～60℃使用	农用薄膜，电线、电缆的绝缘包皮，工业包装。但因有毒，故不适于包装食品
	泡沫聚氯乙烯质轻、隔音、隔热、防震	包装材料、泡沫聚氯乙烯衬垫
聚乙烯（PE）	低压聚乙烯质地坚硬，有良好的耐磨性、耐蚀性和电绝缘性能，而耐热性差，在沸水中变软；高压聚乙烯是聚乙烯中最轻的一种，其化学稳定性高，有良好的高频绝缘性、柔软性，耐冲击性和透明性；超高分子聚乙烯冲击强度高，耐疲劳，耐磨，需冷压浇铸成形	低压聚乙烯用于制造塑料板，塑料绳，承受小载荷的齿轮、轴承等；高压聚乙烯最适宜吹塑成薄膜、软管、塑料瓶等用于食品和药品包装的制品，超高分子量聚乙烯减摩、耐磨及传动件还可制作电线及电缆包皮等
聚丙烯（PP）	密度小，是常用塑料中最轻的一种。强度，硬度，刚性和耐热性均优低压聚乙烯，可在100～120℃长期使用；几乎不吸水，并有较好的化学稳定性，优良的高频绝缘性，且不受温度影响。但低温脆性大，不耐磨，易老化	制作一般机械零件，如齿轮、管道、接头等耐蚀件，如泵叶轮、化工管道、容器、绝缘件；制作电视机、收音机、电扇、电机罩等
聚酰胺（通称尼龙）（PA）	有较高强度和良好韧性；无味，无毒；有一定耐热性，可在100℃下使用。优良的耐磨性和自润滑性，摩擦系数小，良好的消声性和耐性，能耐水，油，一般溶剂；耐蚀性较好；抗菌霉；成型性好。但蠕变值较大，导热性较差（约为金属的1/100），吸水性高，成形收缩率较大	常用的有尼龙6、尼龙66、尼龙610、尼龙1010等。用于制造要求耐磨，耐蚀的某些载和传动零件，如轴承、齿轮、滑轮、螺钉、螺母及一些小型零件；还可用于制作高压耐油密封圈、喷涂金属表面的防腐耐磨涂层
聚甲基丙烯酸甲酯（俗称有机玻璃）（PMMA）	透光性好，可透过99%以上太阳光；着色性好，有一定强度，耐紫外线及大气老化，耐腐蚀，优良的电绝缘性能，可在−60～100℃使用。但质较脆，易溶于有机溶剂中，表面硬度不高，易擦伤	制作航空、仪器、仪表、汽车和无线电工业中的透明件与装饰件，如飞机座窗、灯罩、电视、雷达的屏幕，油标、油杯、设备标牌、仪表零件等
苯乙烯·丁二烯·丙烯腈共聚体（ABS）	性能可通过改变三种单体的含量来调整。有高的冲击韧性和较高的强度，优良的耐油，耐水性和化学稳定性，好的电绝缘性和耐寒性，高的尺寸稳定性和一定的耐磨性。表面可以镀饰金属，易于加工成形，但长期使用易起层	制作电话机、扩音机、电视机、电机、仪表的壳体、齿轮、泵叶轮、轴承、把手、管道、储槽内衬、仪表盘、轿车车身和汽车扶手等
聚甲醛（POM）	优良的综合力学性能，耐磨性好，吸水性小，尺寸稳定性高，着色性好，良好的减摩性抗老化性，优良的电绝缘性和化学稳定性，可在−40～100℃范围内长期使用。但加热易分解，成形收缩率大	制作减摩、耐磨及传动件、如轴承、滚轮、齿轮、电气绝缘件、耐蚀件及化工容器等
聚四氟乙烯（也称塑料王）（F.4）	几乎能为所有化学药品的腐蚀；良好的耐老化性及电绝缘性，不吸水；优异的耐高，低温性，在−195～250℃可长期使用；摩擦系数很小，有自润滑性。但其高温下不流动，不能热塑成形，只能用类似粉末冶金的冷压，烧结成形工艺，高温时会分解出对人体有害气体，价格较高	制作耐蚀件，减摩耐磨件，密封件，绝缘件，如高频电缆、电容线圈架以及化工用的反应器、管道等

续表

名称（代号）	主要性能特点	用途举例
聚砜 (PSF)	双酚A型：优良的耐热，耐寒，耐候性，抗蠕变及尺寸稳定性，强度高，优良的电绝缘性，化学稳定性高，可在－100～150℃长期使用。可耐紫外线较差，成形温度高	制作高强度，耐热件，绝缘件，减摩耐磨件，传动件，如精密齿轮、凸轮、真空泵叶片、仪表壳体和罩、耐热或绝缘的仪表零件、汽车护板、仪表盘、衬垫和垫圈、计算机零件、电镀金属制成集成电子印刷电路板
	非双酚A型：耐热，耐寒，在－240～260℃长期工作，硬度高，能自熄，耐老化，耐辐射，力学性能及电绝缘性都好，化学稳定性高。但不耐极性溶剂	
氯化聚醚 （或称聚氯醚）	极高的耐化学腐蚀性，易于加工，可在120℃下长期使用，良好的力学性能和电绝缘性，吸水性很低，尺寸稳定性好，但耐低温性较差	制作在腐蚀介质中的减摩，耐磨及传动件，精密机械零件，化工设备的衬里和涂层等
聚碳酸酯 (PC)	透明度高达86%～92%，使用温度－100～130℃，韧性好，耐冲击，硬度高，抗蠕变，耐热，耐寒，耐疲劳，吸水性好，电性能好；有应力开裂倾向	飞机座舱、防护面盔、防弹玻璃及机械电子，仪表的零部件

表4.20　常用热固性塑料的性能特点与用途

名称（代号）	主要性能特点	用途举例
酚醛塑料 （俗称电木） (PT)	高的强度、硬度及耐热性，工作温度一般在100℃以上，在水润滑条件下具有极小的摩擦系数，优异的电绝缘性，耐蚀性好（除强碱外），耐霉菌，尺寸稳定性好。但质较脆、耐光性差、色泽深暗；加工性差，只能模压	制作一般机械零件、水润滑轴承、电绝缘件、耐化学腐蚀的结构材料和衬里材料等，如仪表壳体、电器绝缘板、绝缘齿轮、整流罩、耐酸泵、刹车片等
聚氨酯塑料 (PUR)	耐磨性优越，韧性好，承载能力高，低温时硬而不脆裂，耐氧、臭氧，耐许多化学药品和油，抗辐射，易燃；软质泡沫塑料吸音和减震优良，吸水性大；硬质泡沫塑料吸音和减震优良，吸水性大；硬质泡沫高低温隔热性能优良	密封件，传动带，隔热、隔音及震材料，齿轮，电气绝缘件，实心轮胎，电线电缆护套，汽车零件
环氧塑料 (EP)	强度较高，韧性较好，电绝缘性优良，防水、防潮、防霉、耐热、耐寒，可在－80～200℃范围内长期使用，化学稳定性较好，固化成型后收缩率小，对许多材料的黏结力强，成形工艺简便，成本较低	塑料模具、精密量具、机械仪表和电气结构零件，电气、电子元件及线圈的灌注、涂覆和包封以及修复机件等
聚对-羟基苯甲酸酯塑料	是一种新型的耐热性热固性工程塑料。具有突出的耐性，可在315℃下长期使用，短期使用温度范围为371～427℃，导热系数极高，比一般塑料高出3～5倍，很好的耐磨性和自润滑性，优良的电绝缘性、耐溶剂性和自熄性	耐磨、耐蚀及尺寸稳定的自润滑轴承，高压密封，汽车发动机零件，电子和电气元件以及特殊用途的纤维和薄膜等
有机硅塑料	耐热性高，可在180～200℃下长期使用电绝缘性优良，高压电弧，高频绝缘性好，防潮性好，有一定的耐化学腐蚀性，耐辐射、耐火焰，耐臭氧，也耐低温。但价格较贵	高频绝缘件，湿热带地区电机、电器绝缘件，电气、电子元件及线圈的灌注与固定，耐热件等

4.5.2　橡胶

橡胶也是一种有机高分子材料。它广泛用于日常生活及各行各业中，如胶鞋、胶管、运输带，各种轮胎、密封材料、减振零件等都是橡胶制品。

1）橡胶的特性

(1) 具有高的弹性，在较小的外力作用下，能产生较大的变形（如伸长、压缩、弯曲等），例如它的伸长率最高达800%～1000%，去掉外力又很快恢复到近似原来的形态。

(2) 具有良好的吸收振动的能力，可吸收30%～40%的机械能。

(3) 有一定的耐蚀性，如耐油、耐酸、耐碱等。

(4) 能很好地与金属、纺织物、石棉等材料相连接。

此外，橡胶还具有耐磨、良好的绝缘性以及足够的强度和积储能量的能力。

橡胶制品的主要特点是易老化，即橡胶制品长期存放或使用时，逐渐被氧化而产生硬化和脆性。紫外线照射、重复的屈挠、温度升高都会导致和促使橡胶老化而丧失弹性。

2) 橡胶的种类和用途

根据来源不同，橡胶分天然橡胶和合成橡胶。

(1) 天然橡胶。它是碳和氢的高分子化合物。它是由橡胶树或橡胶草的浆液经去杂质和分离水分等加工程序提炼而成的。其特点是：有很好综合性能，较好的弹性，其伸长率约为700%，它易溶于醚、汽油、苯和其他有机溶剂中，也能溶于矿物油中。但不适于在100℃以上的环境中使用。天然橡胶是一种通用性橡胶，适用于制造无特殊要求的工业橡胶制品，如轮胎、电线电缆的绝缘护套、胶管等。

(2) 合成橡胶。它是用石油、天然气、煤和农副产品为原料，经过合成反应而制成的类似天然橡胶的高分子材料，具有比天然橡胶更优异的性能。

合成橡胶种类很多，常用的有：丁苯橡胶、顺丁橡胶、氯丁橡胶等。主要用于制造机械中的密封圈、减振器、电线包皮、胶带等。

4.5.3 陶瓷材料

陶瓷是各种无机非金属材料的总称，它是人类制造和使用最早的材料之一，也是现代工业中很有发展前途的一类材料。

1) 陶瓷的特性

(1) 力学性能。硬度高（如氧化铝陶瓷硬度达85～86HRA），热硬性可达1000℃，抗压强度大，有较好的耐高温、耐磨损、抗氧化和耐蚀性能。但脆性大，冲击韧性值低，不能敲打、碰撞。

(2) 物理性能。导电、导热能力等由于品种不同而有很大差异，有的是良导体（导电陶瓷），有的是绝缘、绝热材料（电瓷）。

(3) 化学性能。化学稳定性高，有良好的抗氧化能力和耐蚀能力。

2) 陶瓷的分类和用途

陶瓷的种类较多，按原料和用途分为普通陶瓷和特种陶瓷两大类。

(1) 普通陶瓷。它是用黏土、长石和石英等天然原料经粉碎、成形和熔烧制成的陶瓷。其特点是质地坚硬，绝缘性、耐蚀性、工艺性好，可耐1200℃高温，且成本低廉。主要用于日常生活中（日用陶瓷、卫生陶瓷、建筑陶瓷）和工业上（如电瓷、过滤陶瓷等）。

(2) 特种陶瓷。它是以人工化合物（如氧化物、氮化物、碳化物等）为原料制成的。因其有独特的性能，可满足工程上的特殊需要。常用有氧化铝陶瓷（Al_2O_3）、氮化硅陶瓷（Si_3N_4）、氮化硼陶瓷（BN）等，主要用于工业生产中制造高温器皿、电绝缘及电真空器件、高速切削刀具、耐磨零件、电容器陶瓷、磁性陶瓷等。

4.5.4 复合材料

复合材料是由两种或两种以上的不同性质的材料组合而成的。在不同的非金属材料之间、不同的金属材料之间、金属与非金属材料之间都可以相互复合，从而得到单一材料无法比拟的、优越的综合性能。

1）复合材料的特性

（1）比强度、比模量大。比强度越大，零件自重越轻；比模量越大，零件刚性就越好。

（2）成形工艺简单。零件或结构件用复合材料制造，工艺简单，适宜整体成形，生产效率高。

（3）具有多种特殊性能。选用适当的材料制成复合材料，能获得比金属材料高的抗疲劳性、耐热性、隔热性、耐蚀性、减振性、耐磨性等特殊性能。

2）复合材料的分类和用途

复合材料的分类方法很多，按其结构特点可分为以下三类：

（1）纤维复合材料。它主要是由纤维与树脂复合而成的。例如，玻璃纤维与热固性树脂复合而成的玻璃纤维复合材料（又称玻璃钢），是应用最多的复合材料，其强度、冲击韧性显著提高，收缩减小，主要用于制造航空、汽车、化工等方面的零部件；又如，碳纤维与塑料复合而成的碳纤维增强塑料，具有密度小、强度高、比强度大、摩擦系数小等性能，主要用于制造叶片、齿轮、人造卫星和火箭的机架等。

（2）层叠复合材料。它是将两种以上不同材料层叠在一起形成的。例如，玻璃覆层是在两层玻璃间夹一层聚乙烯醇丁醛而制成的，用于制造安全玻璃；又如，塑料覆层是在普通钢板上覆一层塑料而制成的，可提高钢板的耐蚀性，主要用于化工及食品工业；再如，日常用的三合板、五合板等。

（3）细粒复合材料。它是由一种或多种颗粒均匀分布在基体材料内所组成的。例如，铅粉与塑料制成的复合材料，可用于制造γ射线的罩屏及隔音材料；又如，陶瓷粒与金属复合，可用于制造高速切削刀具及高温耐磨材料等。

4.6 新材料简介

新材料是指新近发展的或正在研发的、性能超群的一些材料，具有比传统材料更为优异的性能。新材料技术是按照人的意志，通过物理研究、材料设计、材料加工、试验评价等一系列研究过程，创造出能满足各种需要的新型材料的技术。

新材料作为高新技术的基础和先导，应用范围极其广泛，它同信息技术、生物技术一起成为21世纪最重要和最具发展潜力的领域。同传统材料一样，新材料可以从结构组成、功能和应用领域等多种不同角度对其进行分类，不同的分类之间相互交叉和嵌套。新材料按组分，有金属材料、无机非金属材料（如陶瓷、砷化镓半导体等）、有机高分子材料、先进复合材料四大类。按材料性能分，有结构材料和功能材料。结构材料主要是利用材料的力学和理化性能，以满足高强度、高刚度、高硬度、耐高温、耐磨、耐蚀、抗辐照等性能要求；功能材料主要是利用材料具有的电、磁、声、光热等效应，以实现某种功能，如半导体材料、磁性材料、光敏材料、热敏材料、隐身材料和制造原子弹、氢弹的核材料等。新材料在国防建设上作用重大。例如，超纯硅、砷化镓研制成功，导致大规模和超大规模集成电路的诞生，使计算机运算速度从每秒几十万次提高到现在的每秒百亿次以上；航空发动机材料的工作温度每提高100℃，推力可增大24%；隐身材料能吸收电磁波或降低武器装备的红外辐射，使敌方探测系统难以发现等。

目前，一般按应用领域和当今的研究热点把新材料分为以下的主要领域：电子信息材料、新能源材料、纳米材料、先进复合材料、先进陶瓷材料、生态环境材料、新型功能材料（含高温超导材料、磁性材料、金刚石薄膜、功能高分子材料等)、生物医用材料、高性能结构材料、智能材料、新型建筑及化工新材料等。

1）光电子信息材料

光电子信息材料多种多样，从无机物到有机物，从单晶到非晶态，从半导体到绝缘体，可达几十种之多。其中，稀土永磁钕铁硼材料是支撑现代电子信息产业的重要基础材料之一，钕铁硼在国际市场的需求量由1984年的几十吨跃升到目前的上万吨，年平均增长率达26%，发展前景良好。随着全球经济的复杂以及钕硼材料应用范围的不断扩大，未来5年内，全球钕硼材料将突破10万吨。我国是世界上的稀土大国，也是稀土永磁钕铁硼的生产大国，具有显著的资源优势、成本优势，“十二五”期间我国稀土永磁钕铁硼行业可望保持高速增长；半导体陶瓷在电子技术的发展中，同样起着重要作用。它们品种繁多，如以ZnO为主的变阻器，PTC、NTC材料等，在各种电子线路系统中，发挥着不可缺少的作用，这一大类材料，在国际市场上销售额很大，按过去十年统计，产值与品种以16%的高速率递增。

2）功能陶瓷材料

精细陶瓷的开发和广泛应用使人类正在踏入第二个“石器时代”，尤其是精细陶瓷材料在航天高技术中的重要应用将人类征服太空的梦想变为现实。日本精细陶瓷的市场销售额，1990年约为65亿美元，1995年达90亿美元，2000年超过300亿美元，占国际市场精细陶瓷销售额的一半以上。精细陶瓷可分为结构陶瓷和功能陶瓷两大类，其研究开发的重点是功能陶瓷。功能陶瓷品种多，用途广，发展迅速，在精细陶瓷市场销售份额中占70%以上。功能陶瓷的发展方向是高可靠性、多功能、微型化、集成化和智能化。目前我国在功能陶瓷材料的研究与开发上与日本有一定的差距，但随着风险投资规模的不断扩大以及创业板的推出，我国功能陶瓷材料行业将面临发展的重大机遇。

3）生物医用材料

作为生物体部分功能或形态修复的材料称为生物医用材料。随着生物科学技术的发展，人类物质文明的提高以及进入老龄化的社会，对生物医用材料及其制品的需求必将逐年增加。作为高技术重要组成部分的生物医用材料已进入了一个快速发展的新阶段。与之相应，一个新兴的生物材料产业正在兴起，其市场销售额正以每年16%的速率递增，1996年全球仅生物陶瓷材料市场销售额就达94亿美元。根据有关资料，我国骨缺损患者和需植齿者分别约2000万及5000万，市场前景较为看好，预计20年内，生物医用材料所占的份额将赶上药物市场，成为国民经济的一个支柱产业。

4）能源材料

按使用目的可分为新能源材料、节能材料和储能材料。太阳能电池材料是新能源材料研究开发的热点，目前最有希望大量应用的是硅太阳能电池，单晶硅光电池光电转化效率高，但材料价格较贵。固体氧化物燃料电池（SOFC）与现代化电站相比，除效率较高外，对环境污染甚微，被称为对环境友善的能源。其另一优点是很少受经济规模的影响，便于以小规模系统根据需要分散使用，同时很安静，减少了噪声和振动等对环境的干扰。不少国家已经把这项工作列为长期、重点研究开发的对象。在储氢材料中，人们对储氢合金进行了系统研究，目前具有实用价值的储氢合金材料主要有稀土系列、镁镍系列、钛锰系列等。我国稀土资源丰富，开发混合稀土系列储氢合金材料及其应用工程技术，具有广阔的前景。

5）生态环境材料

生态环境材料是20世纪90年代在国际高技术新材料研究中形成的一个新领域，这类材料消耗的资源和能源少，对生态和环境污染小，再生利用率高。从材料的制造、使用、废弃直至再循环利用的整个寿命过程，都与生态环境相协调。近 10 年来，日本、美国、德国等发达国家对生态环境材料的研究和开发十分活跃，做了大量的工作，取得了不少有意义的成果。我国是一个资源大国、能源大国，但同时又是一个环境污染问题十分严重的大国，加强生态环境材料的研究，开发和应用那些具有极好的使用性能，又有最低的环境负担的新材料，对于促进我国社会和经济的可持续发展，具有重要的战略意义。

6）智能材料

智能材料是能够感知环境变化并通过自我判断得出结论、执行相应指令的材料。它是继天然材料、合成高分子材料、人工设计材料之后的第四代材料，是现代高技术新材料的重要方向之一，将支撑着未来高新技术的发展，使传统意义下的功能材料和结构材料之间的界线逐渐消失，实现结构功能化，功能多样化。目前研究开发的智能材料系统和结构的主要材料有形状记忆材料、压电材料（含压电陶瓷、压电聚合物）、电（磁）致伸缩材料等。但是目前在智能材料研究中所取得的进展，与人们所期望的真正意义上的“智能”还有较大的差距。

总之，21 世纪科技发展的主要方向之一是新材料的研制和应用。新材料的研究，是人类对物质性质认识和应用向更深层次的进军。

4.7　金属材料火花鉴别

金属材料火花鉴别法是利用金属材料在磨削过程中产生的物理化学现象判断其化学成分的方法。火花鉴别是金属材料化学成分现场控制手段中最为简易的方法之一，其特点是设备简单，操作方便，对金属牌号及其化学成分的鉴定分析速度快，准确性强，在临场分析中不必破坏试件，基本能满足金属材料生产和热处理工艺要求。尤其对大批量金属材料的鉴别和分析更发挥了它的优点，这是化学分析法和其他物理分析法所不能比拟的。

1）火花鉴别的应用范围

（1）在浇铸和冶炼的企业，火花鉴别可用于钢铁废金属原料的外购、炉前搭配废钢铁原料的检查，以及金属成品化学成分的检查。对于炼钢炉前现场快速分析鉴定，火花鉴别也是极为有效的方法，能在几秒钟的时间里分析出炉内钢水是否已符合熔炼制造所要求牌号的化学成分。

（2）在金属材料热处理或锻压加工前，应用火花分析法核对其材料牌号，就能正确掌握其加热温度和加热时间，防止产生废品。

（3）火花分析法能检验钢材是否经过渗碳、渗氮处理。能判断渗碳层及氮化层的深度、均匀性，对于渗碳钢还能分析渗碳层的含碳量。

（4）火花分析法能有效地检验钢材表面的脱碳情况，观察其脱碳层深度，尤其是利用钢材表面脱碳层来观察火花图，能有效地分析合金成分的含量，这是每一个火花分析工作者准确分析合金成分的诀窍。

（5）对于金属材料仓库，在装卸搬运过程中容易发生混料事故，而火花分析法是杜绝混钢事故的最简单最有效的方法。

（6）化学分析人员在化验工作前对被分析的金属材料作一次火花分析，可以省略试样中未含元素的化学分析工作，同时可以验证化学分析的结果正确与否。物理分析的人员进行火花分析，可对金属材料的牌号做到心中有数，有利于对金属材料的抗拉强度、延伸率、断面收缩率及金相组织等作进一步分析。

2）火花形成原理

金属材料在一定的压力下与旋转砂轮接触时，砂轮对工件产生切削作用，从工件产生的钢铁微粒被磨削加热成熔融状态脱离工件，沿砂轮切线方向做高速运动，产生光亮的流线形成火花束，这些高温熔融状态的金属颗粒与空气中的氧气接触会形成氧化膜，钢中的碳元素，在高温下极易与氧结合形成一氧化碳，发生还原反应，这时被还原的铁再度被空气氧化，然后再还原。这种反应多次重复，当一氧化碳气体压力超过熔融金属的表面张力时便爆裂成火花，同时高温钢粒在空间运行形成切向的轨迹，就是我们所见的一条光亮线和光亮火花。当颗粒表面的氧化膜不能约束反应生成的CO时，就有爆裂现象发生。粉碎的颗粒外逸时的火花称为“爆花”。磨削颗粒经一次爆裂后，在碎粒中若仍残留有未参加反应的Fe、C，将继续发生反应，则可能出现二次、三次或多次爆花。这时，随着爆花次数的增加（反应物减少），火花亮度也随之降低。钢铁材料中的碳元素是产生火花的基本元素，而当钢中含有锰、硅、钨、钼、铬等元素时，它们的氧化物将影响火花的统一线条、颜色和形态，由此可以判别钢的化学成分。根据产生火花束的形状特征及颜色来初步判别工件的化学成分的方法称为火花鉴别法。

钢铁中的碳元素含量主要是根据火花的爆裂程度来判别的，钢铁中的碳含量越高，火花越多、爆裂越烈、火束越多。在合金钢中，由于合金元素对火花的形状、颜色产生不同的影响，可形成特有的颜色和花形特征。因此，据此可大致鉴别出合金元素的种类和含量，但不如碳素钢鉴别那样容易和精确。

此外，钢中的碳化物（Fe_3C）在高温下分解（大于900℃），析出碳原子，反应式为

$$Fe_3C \longrightarrow 3Fe + C$$

碳原子和表面层氧化亚铁产生还原作用，形成一氧化碳，反应式为

$$FeO + C \longrightarrow Fe + CO$$

3）火花的构成

钢铁材料在砂轮上磨削时产生的火花有根部火花、中部火花和尾部火花，它们一起构成火花束，如图4.4所示。高温磨削颗粒形成的线条状轨迹称为流线，流线上明亮而又较粗的点称为节点。火花在爆裂时产生的若干短线条称为芒线，芒线所组成的火花称为节花，随着碳含量的增加，在芒线上继续爆裂产生二次花、三次花不等，在芒线附近所呈现的明亮的小点称为花粉。火花束的构成如图4.4所示。由于钢铁材料化学成分不同，火花流线尾部呈现不同形状，称为尾花，尾花有苞状尾花、狐尾状尾花、菊状尾花和羽状尾花，如图4.5所示。

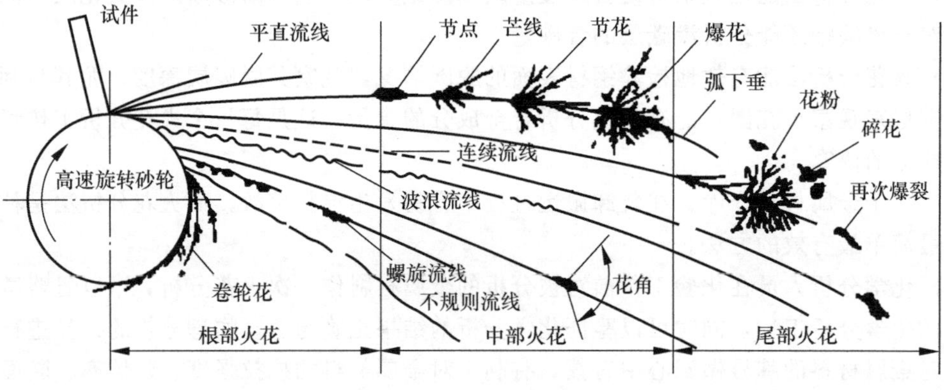

图4.4 火花束的构成

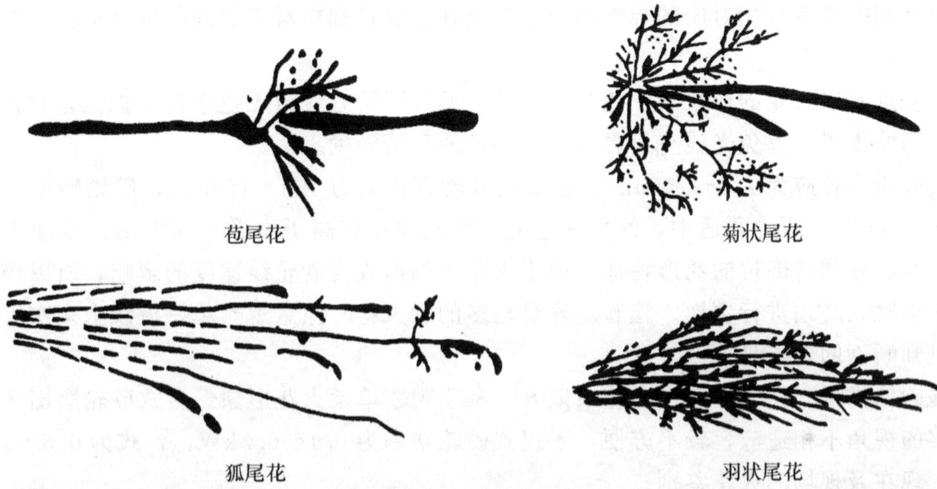

图 4.5　各种尾花形状

4）色泽及火花鉴别

火花颜色的明暗表明了颗粒运行的温度，火花为亮的黄白色、亮白色表明温度高，暗红色则是温度低，与颗粒的氧化性能及氧化程度有关，如表 4.21 和表 4.22 所示。

表 4.21　钢铁的温度色

温度/℃	颜　色	温度/℃	颜　色
525	白天可见红色	1100	橘红
581	日光下可见红色	1200	橘黄
700	暗红色	1300	白色
800	过渡樱桃红色	1400	亮白色
900	正樱桃红色	1500	高亮度白色
1000	高亮樱桃红	1600	淡蓝的白色

表 4.22　火花的鉴别

火花组成单位	参　数	特征判别
流线	颜色	白亮：碳钢
		橙色和红色：合金钢或铸铁
	形状	直线状流线：碳钢
		断续状或波纹状：镍铬钢或高速钢
	长短	碳钢含碳量越多，流线就越短
		铸铁和高速钢的流线比碳素钢短
节花	有无	有节花：碳钢
		无节花：高速钢
	形状	节花呈星形而夹绒球：含锰碳钢
		节花呈苞状：镍钢

5）火花鉴别的设备及操作方法

（1）以往比较正规的火花鉴别。

火花鉴别使用的设备通常有手提式和台式两种砂轮机，通常选用中等硬度 36 号～60 号普通氧化铝砂轮，不宜使用碳化硅或白色氧化铝砂轮。

火花鉴别时要备有相对应的标准钢样，以便在试验过程中对有疑问的样品进行比较，以防操作错觉和误判。

火花鉴别是以火花的形状及颜色为依据的，所以试验者应戴无色平光防护镜，宜在暗处进行，光线不能太强，以免光线直射影响火花的色泽和清晰度。

台式砂轮直径应为200～250mm，手提式砂轮直径应为100～150mm，砂轮转速宜控制为2800～4000r/min，压力要适中，注意手感力，要使火花略高于水平方向发射，以便于仔细观测火花束的长度和各部位的花形特征。由于火花束的形成受砂轮线速度的影响，所以当砂轮磨损直径变小时，必须进行更换。检验碳含量较多的钢火花时注意观察单一流线上多次火花爆裂特征，以判断钢的含碳量。

手提砂轮携带方便，且可使火花束散开，利于观察单条火花形象。台式砂轮磨出来的火花与人观察的视角不相适应，较不方便，手提式砂轮功率为0.1～0.3kW，台式为0.5～1.0kW。

(2) 现在及现场的火花鉴别。

以往研究火花鉴别是采用专用电动砂轮机，其参数：功率为0.20～0.75kW，转速高于3000r/min，所用砂轮粒度为40～60目，中等硬度，直径为150～200mm。磨削时施加压力以20～60N为宜，轻压看合金元素，重压看含碳量。这种方法需将钢件制成小试样便于手持磨削，现场应用受到一定限制。

对于生产现场的工件可采用风砂轮或电动砂轮进行对比火花鉴别，即将工件与已知成分的钢件试样对比磨削，观察火花的一致程度，来确定钢铁的化学成分。这种方法须制作一定数量已知化学成分的小试样。

6) 火花鉴别记忆法则

(1) 一叉碳少两叉中，三叉出现超60（60钢）；

(2) 50（50钢）流线长而亮，稍有花粉伴其中；

(3) T8、T10碳量高，一短（火束短）三多（爆花多、花粉多、芒线多）看不清；

(4) 合金加入有变化，铬（菊尾花）锰（星花）钒助长火花明（仿佛增加了碳量）；

(5) 钨镍硅钼抑制碳（亮度降低），狐尾苞花喇叭枪形（尾部特征）。

7) 常用材料火花鉴别特征（表4.23）

表4.23　常用钢火花特征

材　料	具体火花特征	火花示意图
20钢	火束呈橙黄带红色泽，发光适中。流线稍多而细长，自根部起逐渐膨胀壮大，至尾部又渐收缩，尾部带下垂，微有再生明亮的微型尖形节点，隐匿不显，但不是钼元素特征。爆花形式为多根分叉一次星形爆花，掺杂着四根分叉一次星形爆花和三根、四根分叉的二次星形爆花，花角狭小，附有单芒线，芒线较短，少量的附生花粉隐约可见。全体呈橘红色泽，花数约占总体的1/5强，火花图光度较强	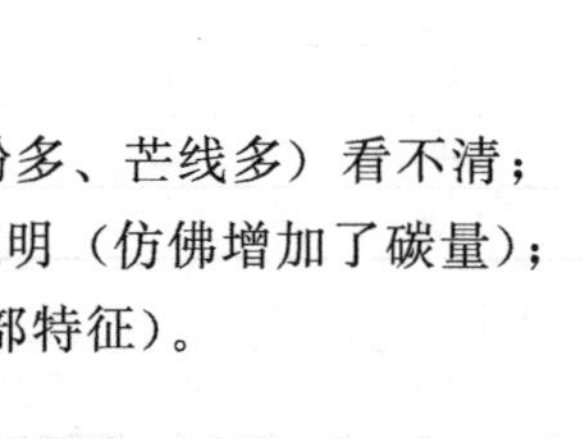
45钢	火束呈较明亮的橙黄色泽，发光大。流线多而细长，火束短。自根部起逐渐膨胀粗大，尾部略带下垂，微隐再生明亮的长形节点，已不显明。爆花形式为四根分叉三次星形爆花，掺杂着三根分叉和五根分叉三次星形爆花，花角较大。附有单芒线，芒线较多稍细长，附生的花粉较多且清晰，有少盘的小型碎花，布于星形爆花附近。全体呈橙红色泽，火花盛开花数约占总体的3/5弱，爆花花势增大，趋于盛开姿态，使星形爆花开始扩展呈大星形，爆裂强度较高	

续表

材　料	具体火花特征	火花示意图
T12	整个火束呈暗橙色，光度较 T10 暗淡，发光不大，越近根部色泽和光度越暗淡，流线多而极细密，火束更为粗短，爆裂为多根分岔，三次花的花量极多，三层、四层重叠开花，大量碎花和花粉。花数约占总体的 6/7 以上，爆花花势更旺盛。爆裂强度很弱，火花灿烂，火花图光度较 TIO 钢弱。摩擦中感觉材料较硬	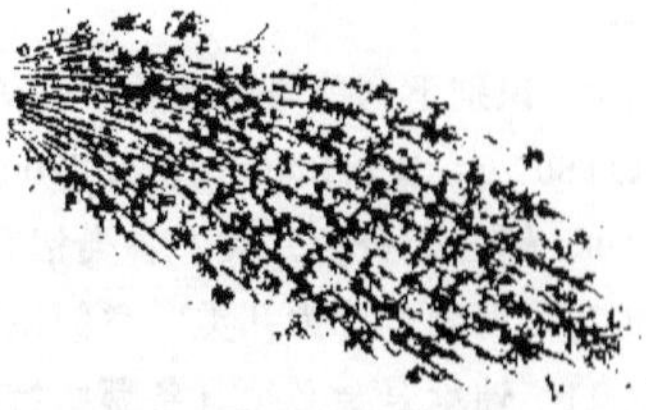
40Cr 钢	火束呈橙黄色泽；根部稍暗，中部明亮，尾部次之。流线多而细长，形状稍挺直，微下垂成弧状。爆花形式为多根分叉二次菊星爆花，掺杂着三次菊星爆花。爆花爆裂非常活泼而正规，花角很大。爆花核心呈稍明的圆形节点。爆花爆裂后能附生较多的中、小型碎花、花粉及芒线、芒线常呈分叉状态。全体呈白亮的橙黄色泽，花数约占总体的 1/2，爆花花势增大，呈盛开的姿态。爆裂强度甚高	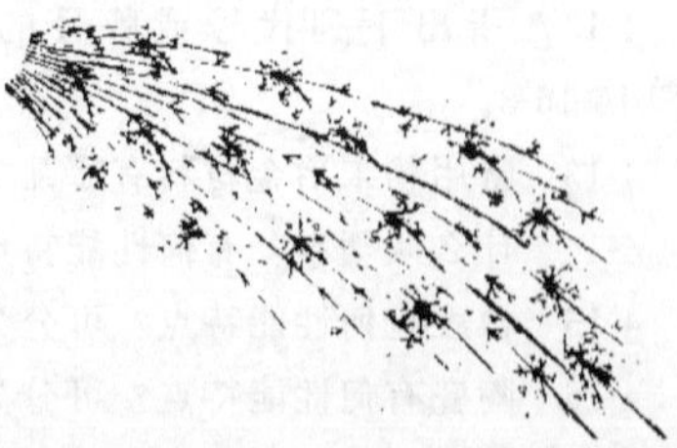
W18Cr4V	火束呈赤橙色泽；根部暗红，光度极暗弱。流线较少，稍细长，自根部起逐渐膨胀，呈平直状态. 其根部和中部为断续流线，有时呈波浪流线。受高钨的影响，所含铬，钒及较高碳量等元素的特征均被压抑或中和变态，所以几无火花爆裂，仅在尾部略有二、三枝狐尾芒线分叉的点状狐尾爆裂，花量几无。它的流线比 W12Cr4V4Mo 长而量少，色亦较暗，膨胀性小，芒线及尾部呈点状膨胀下垂，形成点状狐尾爆花，由于火花被抑制，显示出很高的含钨量。全体呈暗褐红色泽，以细长线条为主体，没有爆花花势，爆裂强度极弱小，手感觉试件很硬，火花图光度亦很低弱	
灰铸铁	火花束细而短，尾花呈羽状，色泽为暗红色	

复习思考题

4-1　指出下列各种钢的类别、大致碳的含量、质量及用途举例：Q235-A、45、T7、T12A。

4-2　合金钢中经常加入的元素有哪些？它们在钢中的作用如何？

4-3　指出下列每个牌号的类别、典型热处理工艺和主要用途：

Q345、20Cr、20CrMnTi、2Cr13、GCr15、60Si2Mn、9SiCr、Cr12、CrW Mn、OCr18Ni9Ti、4Cr9Si2、W18Cr4V、ZGMn13-1。

4-4　为什么汽车变速箱齿轮常采用 20CrMnTi 钢制造，而机床上同样是变速箱齿轮却用 45 钢或 40Cr 钢制造？

4-5　为下列机械零件或用品选择适用的钢种及牌号：

地脚螺栓、仪表箱壳、小柴油机曲轴、木工锯条、油气储罐、机床主轴、汽车发动机连杆、汽车板簧、拖拉机轴承、板牙、高精度塞规、麻花钻头、大型冷冲模、硝酸槽、手术刀、大型粉碎机颚板。

4-6　有一 ϕ10mm 的杆类零件受中等交变拉压载荷作用，要求零件沿截面性能均匀一致，供选材料有 Q345、45、40Cr、T12。要求：

(1) 选择合适的材料。

(2) 编制简明工艺路线。

(3) 说明各热处理工序的主要作用。

4-7 灰口铸铁、球墨铸铁、蠕墨铸铁、可锻铸铁在组织上的根本区别是什么？试述石墨对铸铁性能特点的影响。

4-8 识别下列牌号的名称，并说出字母和数字所表示的含义。

QT800-2、KTH350-10、HT200、RuT300。

4-9 铝合金分为几类？各类铝合金各有何强化方法？铝合金淬火与钢的淬火有何异同？

4-10 铜合金分为几类？举例说明各类铜合金的牌号、性能特点和用途。

4-11 轴承合金必须具备哪些特性？其组织有何特点？常用滑动轴承合金有哪些？

4-12 指出下列代号或牌号的类别：ZL203、H68、HPb59-1、ZChSnSb11-6、QSn4-3、QBe4、ZChPbSb16-16-3。

4-13 常用粉末冶金材料有哪几类？指出其主要应用范围。

4-14 什么叫塑料？有何性能特点？热塑性和热固性塑料各有何特点？试举例说明工程塑料的应用。

4-15 橡胶有何性能特点？可分为几类？各有何特点？举例说明橡胶的用途。

4-16 陶瓷有何性能特点？可分为几类？各有何特点？举例说明陶瓷的应用情况。

4-17 什么叫复合材料？有何性能特点？按其结构特点可分哪几类？试列举出不少于三个复合材料的应用实例。

4-18 试说明常用材料火花鉴别特征。

第二篇　毛坯成形方法

第5章　铸　　造

5.1　铸造概述

铸造是将熔炼成液体的金属注入预先造好的铸型空腔内，待液态金属冷却、凝固后，把铸型打开、取出所形成的铸件毛坯，清理掉由于工艺需要而添加的部分（如浇口、冒口等）后，获得工程上所需形状和性能的一种工艺方法。铸造成本低、工艺灵活，可以获得形状复杂和大型的铸件。铸造成形适用范围广，具有极高的综合经济性能，是机械零件毛坯的主要提供者，是制造机械零件毛坯的常用方法。铸件在机械产品中占有较大的比重，例如，内燃机的关键零件（如曲轴、缸体、缸盖、进气管、连杆等）都是铸件，占内燃机重量的80%～90%，汽车工业中铸件占20%～30%，机床、拖拉机、液压泵、阀体和通用机械中铸件占65%～80%。此外，矿山冶炼（钢、铁、有色金属）、能源（水、火、核电等）、海洋、航空航天等工业的重大装备中铸件均占有较大的比重，起着重大的作用。

铸造是一种古老的零件制造方法，在我国可以追溯到6000年前。随着工业技术和科学技术的发展，铸造技术发展也很迅速，特别是在19世纪末到20世纪上半叶，出现了许多新的铸造方法，如低压铸造、陶瓷铸造、连续铸造等。铸造在20世纪下半叶得到了较好的完善和发展。现如今，工业生产对铸造质量、精度、成本和自动化等要求越来越高，铸造技术逐渐向着精密化、大型化、高质量、清洁化、机械化和自动化方向发展，从“经验”走向“定量”，从“技艺”走向“科学”。

铸造的主要特点。

1）工艺灵活性大

铸造能够在很大的范围内生产各种尺寸、重量、形状的毛坯，特别是带有复杂内腔、其他方法不易成形的毛坯。

2）适用材料范围广

大多数的金属材料都适用于铸造生产，如铸铁、铸钢和铸造非铁合金，特别是脆性材料，如铸铁，只适用于铸造成形。

3）生产成本低

铸造原材料来源广泛，价格低廉，废品、废料可重新熔炼使用，材料利用率高。

4）铸造生产工艺多，劳动强度大，生产环境恶劣，铸件质量较难控制。

铸造主要工艺过程包括：金属熔炼、模型制造、浇注、金属凝固和脱模清理。铸造的主要材料是铸钢、铸铁、铸造有色金属等。铸造方法包括砂型铸造和特种铸造两大类，其中砂型铸造最常用。其种类如图5.1所示。

- 砂型
  - 黏土砂型
    - 黏土湿型
    - 黏土半干性
    - 黏土干型
  - 化学黏结剂砂型
    - 加热硬化砂型
      - 植物油砂型
      - 呋喃树脂砂型
      - 酚醛树脂砂型（壳型、壳芯）
      - 聚乙烯醇砂型
    - 自硬砂型
      - 无机黏结剂砂型
        - 水玻璃砂型
          - 矿渣水玻璃砂型
          - 有机酯硬化砂型
        - 水泥砂型
      - 有机黏结剂砂型
        - 碱性酚醛树脂自硬砂型
        - 脲烷树脂自硬砂
        - 脲呋喃树脂自硬砂型
    - 吹气硬化砂型
      - 水玻璃砂型
        - 吹二氧化碳硬化砂型
        - VRH法
      - 有机黏结剂砂型
        - 三乙胺冷芯盒法
        - 二氧化硫冷芯盒法
        - 酚醛树脂硬化法
  - 无黏结剂砂型
    - 冰冻铸造
    - 减压铸造
    - 真空吸铸
    - 消失模铸造

图 5.1　砂型铸造的主要分类

5.2　砂 型 铸 造

砂型铸造是将熔炼的液体金属浇注到砂制铸腔内，经冷却、凝固获得所需形状和性能的铸件的生产方法。砂型铸造适用性强，使用的工具、模具简单，成本低。因此，尽管砂型铸造生产过程复杂、铸件的质量不高，但仍是目前应用最为广泛的铸造方法。砂型铸造的生产工序较多，其主要的工序有预备工序（包括模样、芯盒制作和配沙）、造型工序（包括造型、制芯和合箱）、熔化金属与浇注、落砂、铸件清理与检验等。图 5.2 所示为套筒铸件的生产过程。

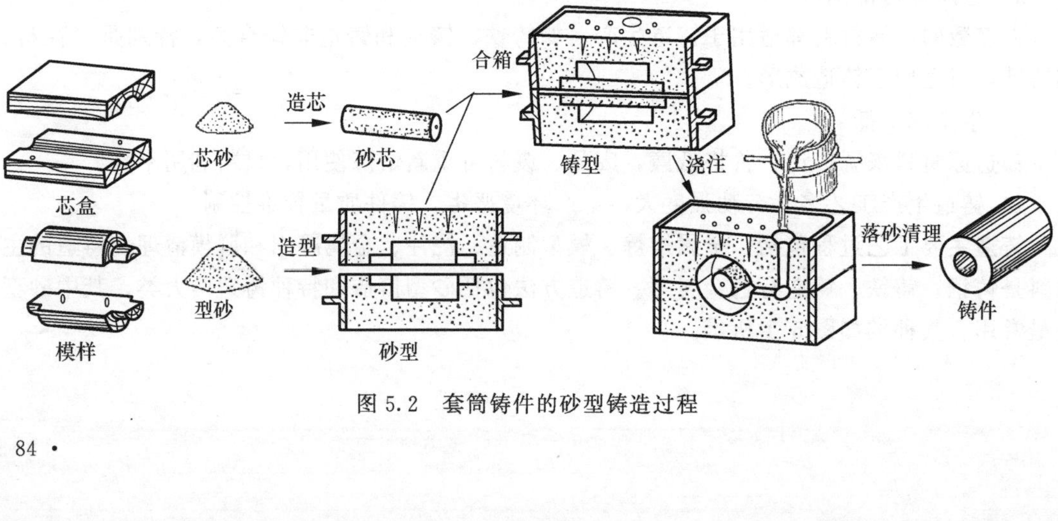

图 5.2　套筒铸件的砂型铸造过程

5.2.1 造型材料和制芯材料

造型材料有型砂和芯砂之分。型砂和芯砂由原砂、黏结剂、水及其他附加物（如煤油、重油和木屑等）经混合而成，型砂和芯砂的质量对铸件质量影响较大。因此，必须合理地选用、配制型砂和芯砂。

1）型砂的组成

型砂主要由原砂、黏结剂、水和附加物配制而成。

（1）原砂：主要以硅砂为主。

硅砂颗粒坚硬，耐火度高，SiO_2含量越高越好。砂的粒度大，较均匀，形状圆形，透气性好，铸造用砂要求原砂中的 SiO_2 含量在 85%以上。

（2）黏结剂：主要起黏结作用。

黏结剂使砂型具有一定的强度和可塑性，生产中常采用水玻璃、水泥、植物油、淀粉、合成树脂等作为黏结剂。

（3）水：主要起稀释作用。

水能影响砂型的强度、透气性、可塑性及发气量，应严格控制其加入的比例。

（4）附加物：型砂需要具有某种特殊性能而加入的少量其他物质。

为了降低铸件表面的粗糙度，在型砂中加入煤粉。为了提高铸型的透气性和退让性，在干型中加入锯末和焦炭。

2）芯砂

在铸造过程中型芯处于金属熔液的包围之中，工作条件比型砂恶劣，因此芯砂应具有更高的强度、耐火性、透气性和退让性。

5.2.2 造型方法

用造型混合料，按照模样形状制造铸型的过程称为造型。造型是砂型铸造中最主要的工序，按照紧实型砂的方法，造型可以分为手工造型和机器造型，手工造型主要用于单件、小批生产，机器造型用于大批生产。

1）手工造型

全部用手工或手动工具完成的造型工序。其分类较多，主要的种类如下。

（1）整模造型。整模造型的模样是整体构造，铸型型腔全部在一个砂箱内，分型面是平面，与分模面多为同一平面。整模造型简单，铸件不会产生错型缺陷，适用于最大截面在一端，并且为平面的铸件。整模造型方法如图 5.3 所示。

（2）分模（两箱）造型。分模造型的模样分成两半，型腔被分置在两个砂箱内，分模面是模样的最大截面。铸型由上型和下型构成，操作方便，但易产生合型误差而形成错型。分模造型适用于形状复杂有良好对称面的铸件，如套筒、管道和阀体的大批生产。分模（两箱）造型方法如图 5.4 所示。

（3）三箱造型。用三箱造型制造铸型，铸型由上、中、下三型构成，中箱的高度与铸件的两个分型面间距相同。三箱造型操作费时、费工，主要用于具有两个分型面铸件的单件、小批生产。三箱造型方法如图 5.5 所示。

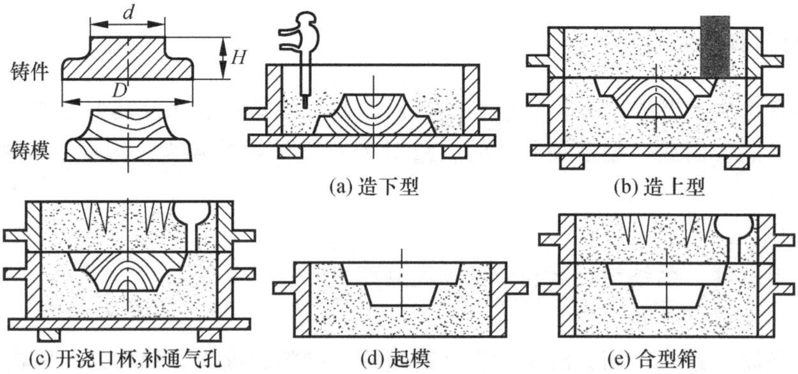

图 5.3　整模造型方法

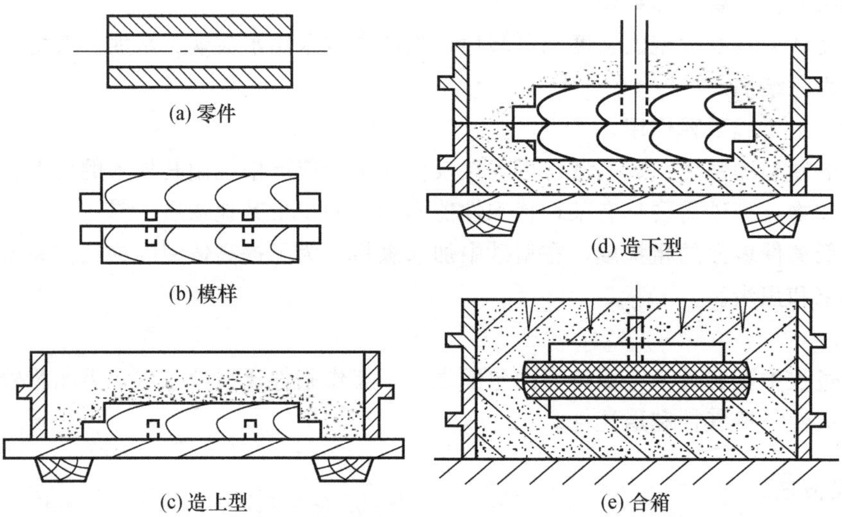

图 5.4　分模（两箱）造型方法

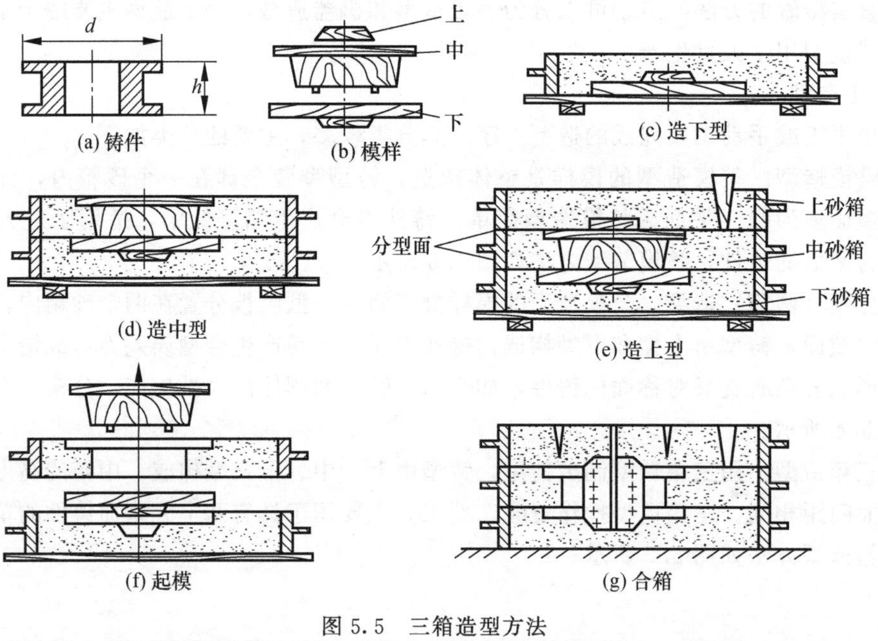

图 5.5　三箱造型方法

(4) 挖砂造型。工程生产中有些铸件（如手轮），其最大的截面不在一端，模型又不允许分成两半（模型太薄或制造分模很费事、费力），则采用挖砂造型。挖砂造型操作技术要求较高，生产效率较低，只适用于单件生产。挖砂造型方法如图 5.6 所示。

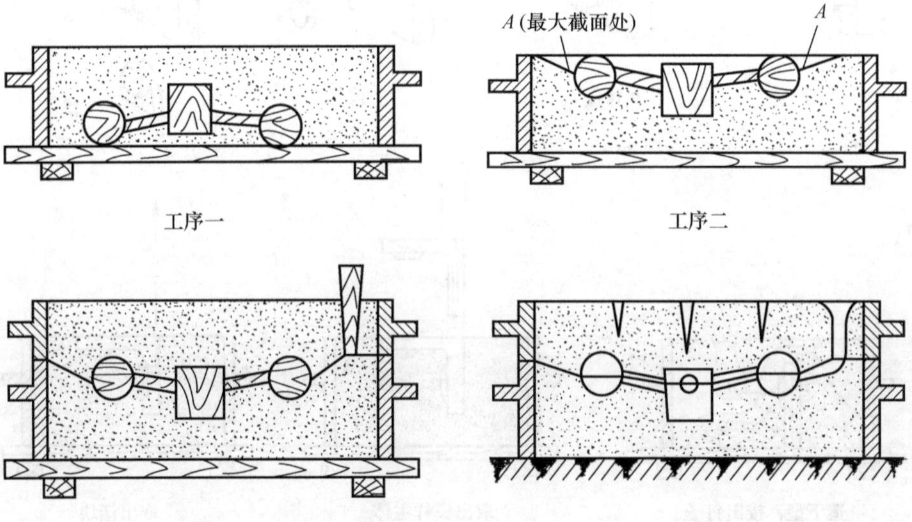

图 5.6　挖砂造型方法

(5) 假箱造型。为克服挖砂造型的挖砂缺点，在造型前预先制作一个与分模型面相吻合的底胎，然后在底胎上造型，因底胎不参加浇注，故称为假箱。假箱造型比挖砂造型简便，并且分型面整齐，适用于成批生产中需要挖砂的铸件。

(6) 活块造型。当铸件中出现有妨碍起模的小凸台、筋条时，在制模过程中需要将这些小凸台、筋条制成活动的（即活块）。在起模时，先起出主体模样，再从侧面将制模时的活块取出。活块造型费工、费时，技术要求较高。适用于铸件上带有突出部位的单件、小批生产。活块造型方法如图 5.7 所示。

(7) 刮板造型。刮板造型是一种不用模板而用刮板操作技术的造型和制芯方法。刮板造型可以降低模样的成本、材料，缩短生产周期。同时，生产效率较低，技术要求高。适用于等截面或回转体大、中型铸件（如带轮、铸管、弯头等）的单件、小批生产。刮板造型方法如图 5.8 所示。

2) 机器造型

随着科学技术与现代化大生产的发展，机器造型已逐渐替代大部分的手工造型。机器造型生产效率高、劳动强度较小、铸件质量稳定，对工人技术要求不高，易于掌握，是成批生产铸件的主要方法，如汽车、机床等铸件的生产主要采用的是机器造型。机器造型主要是造型过程中的紧砂和起模操作实现机械化，造型机的种类较多，主要有振压式、抛砂式和射压式。随着铸造工艺技术、生产设备的不断发展，还出现了高压造型、射压造型、空气冲击造型等先进的造型设备，并出现了造型生产线，即将造型机和其他的辅助设备按照一定的工艺流程，用运输设备（铸型运输机、辊道等）联系起来，组成一套机械化、自动化铸造生产线，自动化造型生产线如图 5.9 所示。

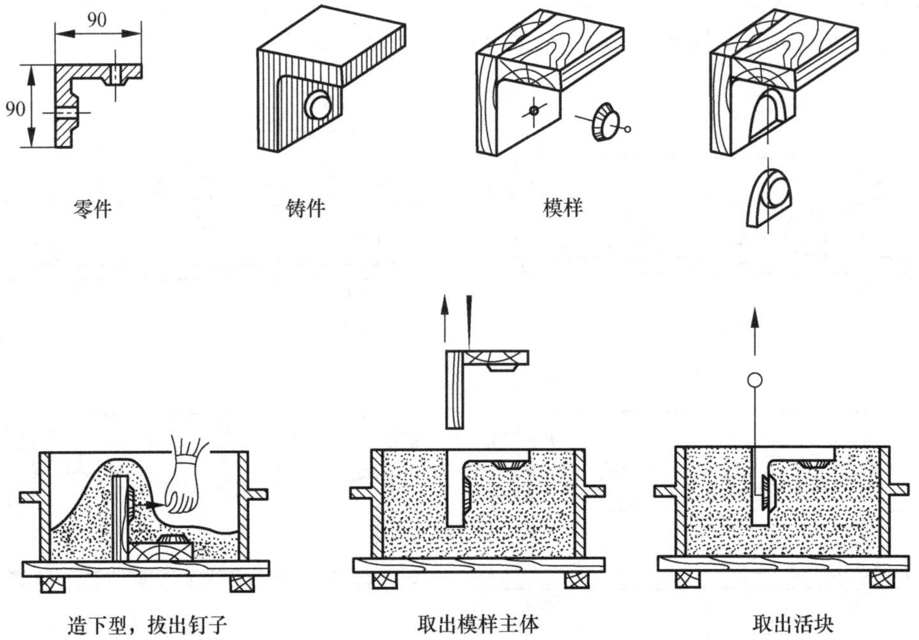

图 5.7　活块造型方法

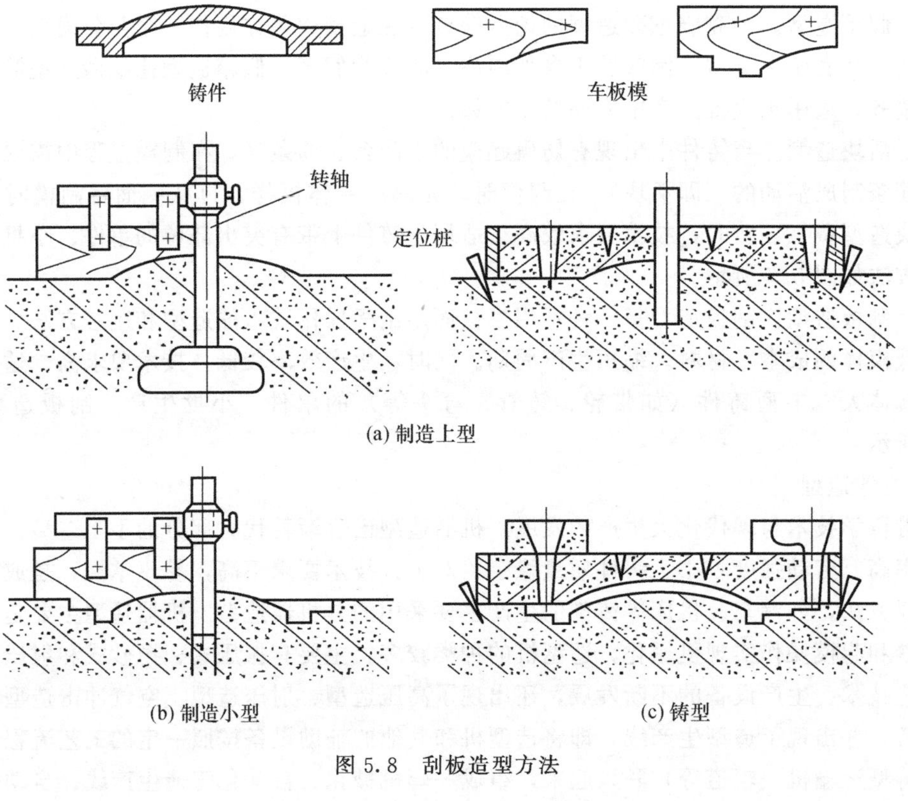

图 5.8　刮板造型方法

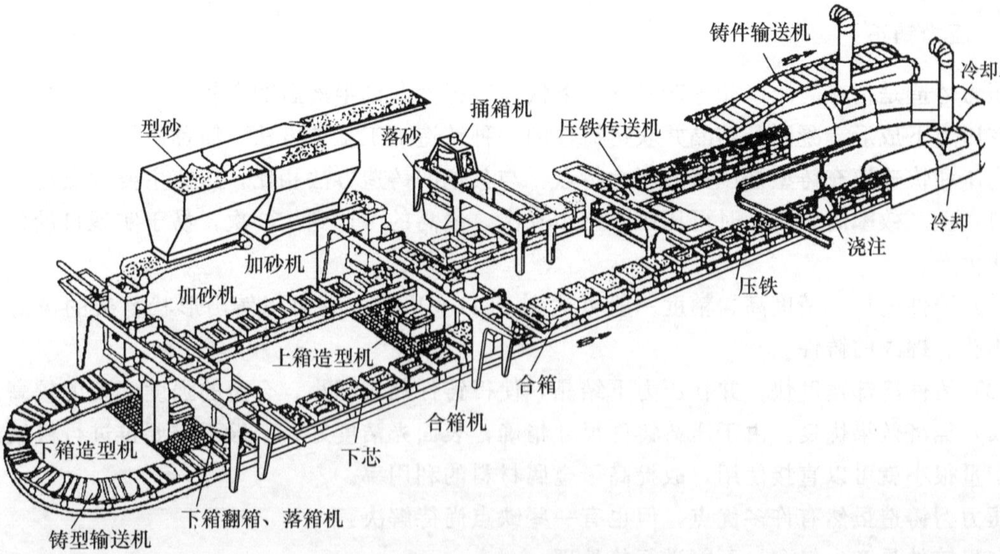

图 5.9　自动化造型生产线

5.3　特种铸造

砂型铸造以外的铸造方法统称为特种铸造。与砂型铸造相比，特种铸造铸件尺寸精度高，表面粗糙度较低，减少或不需要切削加工即可获得能装配使用的零件。特种铸造具有机械性能较好，生产效率高，成本低等特点。特种铸造的种类较多，常用的有金属型铸造、压力铸造、低压铸造、熔模铸造和离心铸造。

5.3.1　金属型铸造

金属型铸造是将液态金属浇入到金属铸型内以获得铸件的一种铸造加工工艺方法。由于金属铸型可以反复使用多次，故金属型铸造又称为永久型铸造或硬模铸造。金属铸型一般用铸铁制成，也可以采用铸钢。铸件的内腔可用金属型芯或砂芯来形成，为了便于金属型芯从铸件中取出，除在金属型芯上设有抽芯机构外，对于一些特殊形状（如有侧凹）的内腔，金属型芯必须采用分块组合的形式。

金属型铸造的主要特点：

(1) 实现了一型多铸，简化了配砂、选型、落砂等许多砂型铸造必不可少的工序，使生产效率大大提高，便于实现机械化、自动化生产。

(2) 铸件尺寸精度高，可达到 IT12～IT16，表面光洁，由于铸件的冷却速度较快，晶粒致密，铸件的力学性能比砂型铸件要高。

(3) 节约生产场地，改善劳动条件，节约造型材料。

同时，金属型铸造在应用中也受到一些限制，金属型的制造成本高、周期长，导致不适合于单件、小批生产。铸件的外形和内腔不能过于复杂，铸件不易过薄，否则会产生浇不足等缺陷。目前，金属型铸造主要用于铝、铜、镁等有色金属铸件的大批生产和一些铸铁的小批生产。

5.3.2 压力铸造

压力铸造是指在高压（30～70MPa）下快速地将液态或半液态的金属填充到铸型行腔，使金属在压力下成形、凝固、结晶并获得铸件的一种铸造加工工艺方法，简称压铸。

高压和快速填充铸型是压铸的两大特点，与其他的铸造方法相比，压铸主要优点有：

（1）生产效率高。每小时可压铸50～150次，最高的可达到150次，易于实现自动化、半自动化生产。

（2）铸件的尺寸精度高。精度一般可达到IT11～IT13，并可以铸出形状复杂的极薄件或带有小孔、螺纹的铸件。

（3）铸件冷却速度快，并在压力下结晶，使得铸件晶粒细小，合金的强度、硬度较高。

（4）经济效果优良。由于压铸铸件尺寸精确，表面光洁度好，一般不需要再进行机械加工或加工量很小就可以直接使用，故提高了金属材料的利用率。

压力型铸造虽然有许多优点，但也有一些缺点尚待解决：

（1）铸件易产生气孔，不能进行热处理。

（2）对内凹比较复杂的铸件，压铸较为困难。

（3）对高熔点的合金（如铜、黑色金属），压铸型寿命较低。

（4）压铸型铸造成本比较高，压铸机生产效率高，小批生产不经济。

5.3.3 低压铸造

低压铸造是将液体金属在低压力（20～70kPa）作用下填充型腔以获得铸件，介于金属型铸造和压力铸造之间的一种铸造加工工艺方法。由于所用的压力较低，所以称为低压铸造。

与其他铸造方法相比，低压铸造主要优点：

（1）浇注时压力和速度便于调节，充型平稳，对铸型的冲刷力小，气体较易排除，较适用于各种不同的铸型（如金属型、砂型、熔模型等）。

（2）低压铸造便于实现顺序凝固，以防止缩孔的产生，有效地克服了铝合金的针孔缺陷。

（3）铸件的表面质量高于金属型，精度为IT12～IT14，组织致密，力学性能高。

（4）由于浇注系统不用冒口，金属利用率较高，一般为90%以上。

低压铸造劳动条件好，设备简单，易实现自动化和机械化生产。目前广泛应用于很多企业生产部门的铝合金铸件（如汽缸体、缸盖、活塞、曲轴箱、壳体等）大批生产。也用于球墨铸铁、铜合金等较大铸件的生产。

5.3.4 熔模铸造

熔模铸造通常是在蜡模表面上涂上数层耐火材料，经干燥、硬化后，将其中的蜡模熔化、排出模型外而制成型壳，再经过焙烧、浇注，从而获得铸件的一种铸造加工工艺方法。由于熔模广泛采用蜡质材料来制造，故又把熔模铸造称为“失蜡铸造”。

与其他铸造方法相比，熔模铸造的主要优点：

（1）熔模铸件形状复杂，精度和表面质量较高，精度为IT11～IT14。可生产形状复杂薄壁铸件，铸件最小壁厚达0.3mm，铸件上可铸出最小孔径达0.5mm。

（2）由于型壳用高级耐火材料制成，故能适用于各种合金的铸造生产，如碳素钢、合金钢、不锈钢、精密合金、轴承合金、铜合金、铝合金、钛合金和球墨铸铁等。对一些高熔点，切削加工难的合金（如高锰钢、磁钢、耐热合金钢）的铸造适用性能更加显著。

（3）熔模铸造生产批量不受限制，既适用于大量、成批生产，也适用于单件生产。

熔模铸造材料昂贵、工艺过程繁杂、生产周期长，铸件成本比砂型铸造高数倍，难于实现全盘的机械化和自动化。熔模铸件不易过大、过长，一般在几十克到几十千克之间，最多不超过 25kg。目前熔模铸造主要用于机床、汽车、汽轮机、兵器、仪表、刀具等制造行业中形状复杂的零件铸造生产。

5.3.5 离心铸造

离心铸造是将液态金属浇入高速旋转（250～1500r/min）的铸型内，使液态金属在离心力的作用下充填铸型和凝固成型的一种铸造加工工艺方法。

离心铸造的主要特点：

（1）液体金属能在铸型中形成中空的圆柱形自由表面，利用自由表面生产圆形铸件时，可省去型芯和浇注系统，做到省工、省料，降低生产成本。

（2）由于液体金属在离心力的作用下充填型腔，其充填能力强，便于流动性差的合金及薄件的生产。

（3）由于离心力的作用，铸件由外向内顺序凝固，极少存在缩孔、气孔、夹渣等缺陷，铸件组织致密。

离心铸造的铸件易产生偏析，内表面较粗糙，若需要进行切削加工，必须增加加工余量。离心铸造不适于铸造比重偏析大的合金和轻合金，如铝合金、镁合金等。离心铸造需要较多的设备投资，其生产设备成本较高，不适于单件、小批生产。离心铸造是铁管、汽缸套、铜套、双金属轴承的主要生产方法。铸件的质量可达几十吨，在耐热钢辊道、特殊钢的无缝管坯等铸造生产中，离心铸造现已被采用。

5.3.6 几种铸造方法比较

以上介绍了几种基本的铸造生产方法，总的说来，铸造是一种不受尺寸、形状、合金种类和重量限制的凝固成形方法。没有那一种方法可以满足或适合所有的铸造情况，每一种方法都有优点和缺点，都有各自最适合的情况，其选择的原则有时可能只取决于某一因数，而有时又会是几个因数共同起作用来决定铸造方法。表 5.1 列出了几种主要铸造类型的比较。

表 5.1　几种主要铸造类型的比较

比较项目＼铸造类型	砂型铸造	熔模铸造	金属铸造	压力铸造	低压铸造
适用金属	任意	不限制，以铸钢为主	不限制，以有色金属为主	铝、锌、镁等低熔点金属	以有色合金为主，也可用于黑色金属
适用铸件大小	任意	小于 25kg，以小铸件为主	以中、小、铸件为主	一般为 10kg 以下铸件	以中、小铸件为主
批量	不限制	一般用于成批、大量生产，也可用于小批生产	成批、大量	成批、大量	成批、大量
铸件尺寸公差/mm	100±1.0mm	100±0.3mm	100±0.4mm	100±0.3mm	100±0.4mm
铸件表面粗糙度 $Ra/\mu m$	粗糙	25～3.2mm	25～12.5mm	6.3～1.6mm	25～6.3mm

续表

铸造类型 比较项目	砂型铸造	熔模铸造	金属铸造	压力铸造	低压铸造
铸件内部质量	结晶粗	结晶粗	结晶细	表面细结晶，内部多有气孔	细结晶
铸件加工余量	大	小或不加工	小	小或不加工	较小
生产率（一边机械化程度）	低、中	低、中	中、高	最高	中
铸件最小壁厚/mm	3.0mm	通常0.7mm	铝合金2.0～3.0mm，铸铁4.0mm	0.5～1.0mm	一般2.0mm

5.4　常用合金铸件的生产特点

铸铁（含碳量大于2.11%）是极其重要、应用最为广泛的铸造合金，大量用于制造机械设备。根据石墨形态的不同，铸铁分为灰铸铁、可锻铸铁、球墨铸铁和蠕墨铸铁四大类。相比较而言，灰铸铁的铸造性能优良，强度、塑性较差，常用于机床防护罩、小手柄、机座、支架、箱体、带轮、轴承座、泵体、阀体、飞轮和电动机座等铸件的生产。球墨铸铁综合力学性能较好，但其铸造的性能不如灰铸铁，常用于汽车、拖拉机底盘零件，阀体和阀盖，机油泵齿轮，柴油机和汽油机中的曲轴、缸体和缸套等铸件的生产。蠕墨铸铁的铸造性能介于灰铸铁与球墨铸铁之间，常用于汽缸盖、汽缸套、钢锭模、轧辊模、玻璃瓶模和液压阀等铸件生产。

铸钢也是一种重要的铸造合金。铸钢件的年产量仅次于灰铸铁件，约为可锻铸铁和球墨铸铁的总和。铸钢不仅强度高，还有优良的塑性和韧性，比较适用于制造形状比较复杂、强度和韧性要求高的零件生产。此外，铸钢的焊接性能好，便于采用（铸—焊）联合制造巨大铸件。但铸钢的浇注温度高、密度大、流动性差，钢水易吸气和氧化，其体积收缩率约为铸铁的三倍。因此，铸钢的铸造性能较差，容易产生浇不足、气孔、缩孔、缩松、热裂、黏砂等铸造缺陷。为克服这些缺陷，在现代工业中，常常在生产工艺上采取一些相应的措施来进行弥补。铸钢常用于铁路车辆上的摇枕、侧架、车轮及车钩，重型水压机横梁，大型轧钢机机架、齿轮等大型铸件的生产。

铜合金和铝合金是用来制造铸件的非铁碳合金。铸造黄铜用于一般用途的轴瓦、衬瓦、齿轮等耐热件和阀门等耐蚀件的铸造。铝合金分为铝硅合金、铝铜合金、铝镁合金和铝锌合金。铸造铝合金由于密度小、熔点低、导电性、导热性和耐蚀性优良，广泛采用金属型及压力铸造等铸造方法。提高铸件的内部质量、尺寸精度、表面光洁度以及生成率，特别适用于铸造薄壁和结构复杂的铸件。

5.5　铸造新技术简介

欧、美、日等发达国家总体上铸造技术先进、产品质量好、生产效率高、环境污染少、原辅材料已形成商品化、系列化供应，如在欧洲已建立跨国服务系统。生产普遍实现机械化、自动化、智能化（计算机控制、机器人操作等）。目前，铸造行业主要的新技术体现在以下几个方面。

（1）铸铁熔炼使用大型、高效、除尘、微机测控、外热送风无炉衬水冷连续作业冲天炉，普遍使用铸造焦，采用冲天炉或电炉与冲天炉双联熔炼，利用氮气连续脱硫或摇包脱硫使铁液中硫含量达 0.01%以下。熔炼合金钢精炼多用 AOD、VOD 等设备，使钢液中 H、O、N 的含量达到极低的程度。

(2) 在重要铸件生产中，对材质要求高，如球墨铸铁要求 W_P 小于 0.04%、W_S 小于 0.02%，铸钢要求 W_P、W_S 均小于 0.025%，采用热分析技术及时准确控制 C、S 含量，用直读光谱仪 2～3min 分析出十几个元素含量且精度高，C、S 分析与调控可使超低碳不锈钢的 C、S 含量得以准确控制，采用先进的无损检测技术有效控制铸件质量。

(3) 普遍采用液态金属过滤技术，过滤器可适应高温诸如钴基、镍基合金及不锈钢液的过滤。过滤后的钢铸件射线探伤 A 级合格率提高 13%，铝镁合金经过滤，铸件抗拉强度提高 50%、伸长率提高 100%以上。

(4) 广泛应用合金包芯线处理技术，使球铁、蠕铁和孕育铸铁工艺稳定、合金元素收缩率高、处理过程无污染，实现了微机自动化控制。

(5) 铝基复合材料以其优越性能被广泛重视并日益转向工业规模应用，如汽车驱动杆、缸体、缸套、活塞、连杆等各种重要部件都可用铝基复合材料制作，并已在高级赛车上应用。在汽车向轻量化发展的进程中，用镁合金材料制作各种重要汽车部件的铸件量已仅次于铝合金。

(6) 采用热风冲天炉、两排大间距冲天炉和富氧送风，电炉采用炉料预热、降低熔化温度、提高炉子运转率、减少炉盖开启时间，加强保温和实行微机控制优化熔炼工艺。在球墨铸铁件生产中广泛采用小冒口和无冒口铸造。铸钢件采用保温冒口、保温补贴，工艺出品率由 60%提高到 80%。考虑人工成本高和生产条件差等因素而大量使用机器人。

(7) 在大批中、小铸件的生产中，大多采用微机控制的高密度静压、射压或气冲造型机械化、自动化高效流水线湿型砂造型工艺，砂处理采用高效连续混砂机、人工智能型砂控制系统，制芯工艺普遍采用树脂砂热、温芯盒法和冷芯盒法。熔模铸造普遍用硅溶胶和硅酸乙酯做黏结剂的制壳工艺。

(8) 用自动化压铸机生产铸铝缸体、缸盖，已经建成多条铁基合金低压铸造生产线。所生产的各种口径的离心球墨铸铁管占铸铁管总量 95%以上，球铁管占球铁年产量的 30%～50%。

(9) 成功地采用 EPC 技术大批生产汽车汽缸体、缸盖等复杂铸件，生产率达 180 型/h。在工艺设计、模具加工中，采用 CAD/CAM/RPM 技术。在铸造机械的专业化、成套化制备中，开始采用 CIMS 技术。

(10) 铸造生产全过程主动、从严执行技术标准，铸件废品率仅 2%～5%；标准更新快(标龄 4～5 年)，普遍进行 ISO 9000、ISO 14000 等认证。

(11) 重视开发使用互联网技术，纷纷建立自己的主页、站点。铸造业的电子商务、远程设计与制造、虚拟铸造工厂等飞速发展。

复习思考题

5-1 现代工业生产中，铸造生产成形特点和存在的问题是什么？

5-2 什么是砂型铸造？简述其生产工艺过程。

5-3 什么是熔模铸造？简述其生产工艺过程。

5-4 金属型铸造与砂型铸造相比较有何优越性？

5-5 简述压力铸造和低压铸造的生产特点。

5-6 简述现代先进铸造新技术的发展方向和应用范围。

第6章 锻　　压

6.1 锻压概述

锻压是指金属在外力作用下，利用材料所具有的塑性，使坯料产生局部或全部塑性变形，从而获得一定几何尺寸、形状和内部组织，以及力学性能的零件和毛坯的锻件加工方法。锻压属于压力加工或塑性变形成形的范畴。

锻压生产过程中，金属在外力作用下经塑性变形和再结晶，压合铸件组织的内部缺陷（如气孔、缩孔、微裂纹等），使铸件组织致密，晶粒细化，内部杂质呈锻造流线形状分布，改善和显著提高铸件的力学性能。因此，一些承受重大载荷的机器零件，如机床的主轴、重要齿轮、连杆和枪管等，通常采用锻件做毛坯，再经切削加工而制成。

由于锻压件是在固态下成形，金属的流动性较差，所以锻件形状（特别是内腔形状）所能达到的复杂程度远不如铸件，一般锻件的尺寸精度不高。锻压加工需要重型的机器设备和较复杂的模具，对厂房地基要求较高，劳动强度大，工作环境和劳动条件差。近年来，随着科学技术的发展，锻压工艺和设备日益完善，特别是电子技术和计算机技术在生产中的普遍应用，使锻件在品种、重量和尺寸方面不断扩大，锻压件精度和表面质量大大提高。一些锻件可以达到车削、铣削的水平，有的甚至能达到磨削的水平。金属利用率和生产率也不断地提高，塑性成形加工在机械制造、军工、航空、轻工、家用电器等行业得到了广泛的应用。飞机上的塑性成形零件约占85%，机床、汽车、拖拉机上的锻件占60%～80%。

锻造按其成形的方式不同，可分为自由锻造（自由锻）和模具锻造两大类。

6.2 自　由　锻

自由锻是利用冲击力或压力使金属在通用工具（如大锤、手锤、夹钳、冲子和型锤）与下砧之间产生塑性变形，或者在锻造设备的上、下砧之间直接发生塑性变形，从而获得所需工件形状及内部质量的锻造加工方法。自由锻按照设备和操作形式可以分为手工自由锻和机器自由锻。手工自由锻生产效率低，劳动强度大，冲击力小，只能生产小型锻件。随着科学技术和生产技术的不断提高以及工艺装备现代化，手工自由锻基本上被机器自由锻取代。

自由锻工艺灵活、工具简单、通用性大、成本低，生产的锻件质量可达几十克至数百吨，应用极为广泛。自由锻是锻造大型铸件的唯一方法，如水轮发电机机轴、涡轮盘、船用柴油机曲轴、多拐曲轴、重要大型连杆、齿轮等。但自由锻件尺寸精度差，加工余量大，材料消耗多，劳动条件差，劳动强度大，生产率低，对工人技术水平要求高，一般只适用于单件、小批生产。

6.2.1 自由锻主要设备

自由锻造的设备根据其对坯料作用力的性质不同可分为锻锤和液压机两大类。

1）锻锤

锻锤是一种冲击作用式动力锻造设备，锻锤产生冲击力使金属坯料发生塑性变形。锻锤的规格（打击能量）大小，用其落下部分的质量表示。砧座的质量越大，打击效率越高。生产中使用的锻锤主要有空气锤和蒸汽-空气锤两种，空气锤的吨位较小，一般为65～750kg，可以锻造100kg以下的锻件。蒸汽-空气锤的吨位较大，一般为1～5t，可以锻造质量小于1500kg的锻件。

2）液压机

液压机是通过产生静压力使金属坯料发生变形，生产中使用的液压机主要是水压机，其吨位以加工时所产生的最大静压力表示。吨位规格为500～15000t，可以锻造质量达1～1500kg的锻件。水压机工作时振动较小，噪音小，工作条件好，作用在坯料上的静压力时间比自由锻锤作用在坯料上的冲击力时间长，易使坯料锻透，能够很容易达到较大的锻造深度，改变锻件内部质量。目前，水压机是锻造大型锻件的主要设备，所锻钢锭的质量为1～300t。

6.2.2 自由锻基本工序

自由锻生产中能进行的工序很多，一般可以分为基本工序、辅助工序、精整工序三类。

1）基本工序

自由锻基本工序有拔长、镦粗、弯曲、冲孔、切割、扭转、错移和锻接等几种。

(1) 拔长。拔长又称为延伸，是使坯料截面面积减少、长度增加的一种锻造工序。拔长是自由锻造中应用最多的一种工序。根据成形方式的不同可分为整体拔长、局部拔长、心轴拔长等。适用于轴、杆件类锻件的生产。

(2) 镦粗。镦粗是使坯料截面积增大、高度减小的一种锻造工序。根据成形方式的不同可分为局部镦粗和完全镦粗。主要用于从截面积较小的坯料镦粗到截面积较大的坯料。适用于块状、盘套类、圆盘类等锻件的生产。有时也用于作为环、套、筒类等空心锻件冲孔前的预备工序。

(3) 弯曲。弯曲是使坯料轴线偏移一定角度的一种锻造工序。主要用来锻造各种弯曲的锻件，如角尺、吊钩和U形弯板。

(4) 冲孔。冲孔是用冲头在坯料上冲出通孔或盲孔的一种锻造工序。也可用于心轴上拔长或扩孔前的预备工序，主要适用于齿轮、圆环、套筒等空心锻件的生产。

(5) 切割。切割是分割坯料或切除锻件余量的一种锻造工序。如切除锻件的料头、钢锭的冒口等。

(6) 扭转。扭转是使坯料一部分相对另一部分绕共同的轴心线旋转一定角度的一种锻造工序。主要用于曲轴、麻花钻等锻件的生产。

(7) 错移。错移是使坯料的一部分相对另一部分平移错开，但仍保持坯料轴心平行的一种锻造工序。错移之前需先在错开部分压肩，然后再进行错移。主要用于曲拐、曲轴类锻件的生产。

(8) 锻接。锻接是使两分离工件加热到高温，在压力作用下，两者在固态下结合成一牢固整体的一种锻造工序。

2）辅助工序

自由锻造的辅助工序是为锻造基本工序操作方便而进行的预先变形工序，如压钳口、压棱边、压肩等。

3）精整工序

精整工序是为提高锻件表面质量而进行的工序，如清除锻件表面凸、凹不平及整形等，一般是在终锻温度以下进行。

一般锻件的大致分类及所用工序如表 6.1 所示。

表 6.1　自由锻锻件分类及锻造工序

锻件类型	图　例	锻造工序	实　例
盘类、圆环类锻件	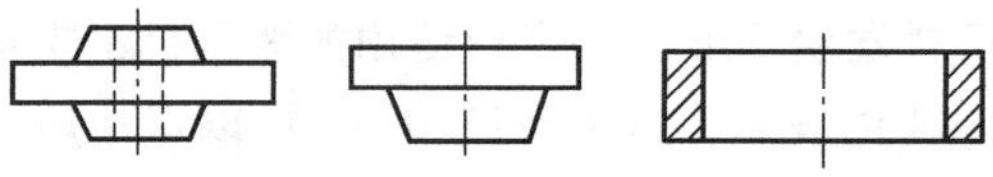	镦粗、冲孔、扩孔定径	齿轮、法兰套筒、圆环等
筒类零件		镦粗、冲孔、芯棒拔长、滚圆	圆筒、套筒等
轴类零件	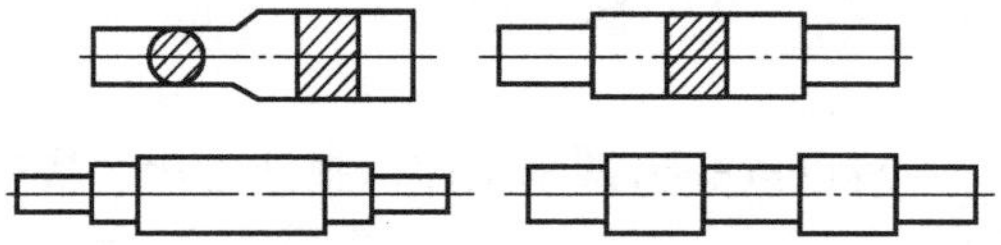	拔长、压肩、滚圆	主轴、转动轴等
杆类零件	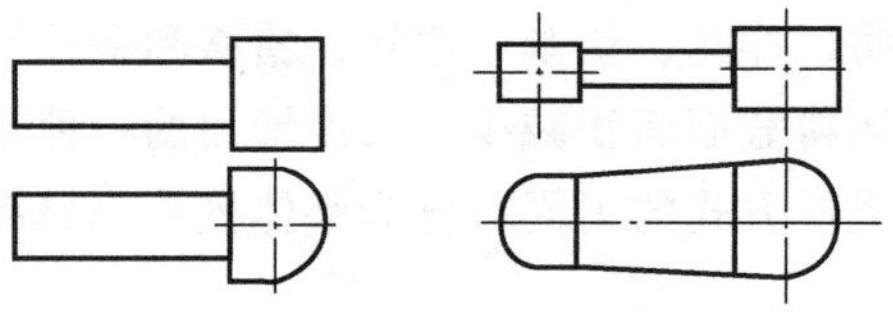	拔长、压肩、修整冲孔	连杆等
曲轴类零件	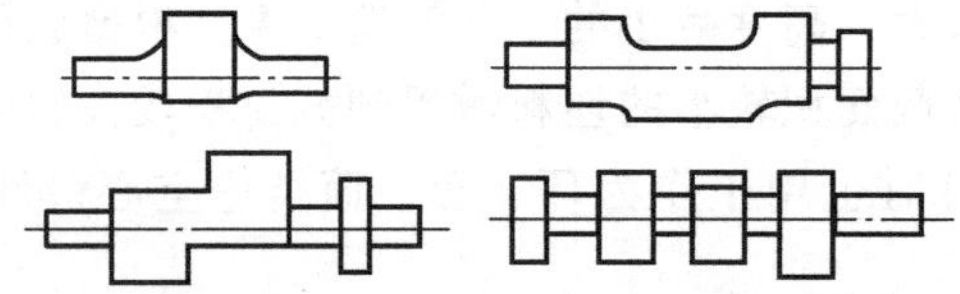	拔长、错移、压肩扭转、滚圆	曲轴、偏心轴等
弯曲类零件	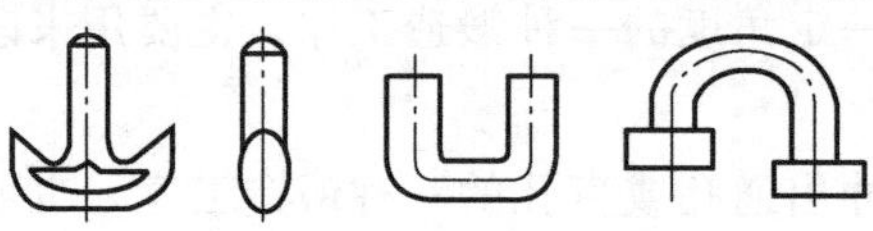	拔长、弯曲	吊钩、弯杆等

6.3　模具锻造

模具锻造是利用模具使坯料在模膛内受压变形而获得所需锻件的锻造方法。在变形过程中，模膛对金属坯料流动进行限制，使金属坯料充满模膛，获得与模膛形状相同的锻件。与自由锻造相比，模具锻造具有以下特点。

（1）生产效率高。模具锻造时，金属变形是在模膛内进行，所以生产效率一般比自由锻造高 3～4 倍，甚至十几倍。

（2）由于模锻锻件成形是在模膛进行，所以锻件的表面光洁度、尺寸精度高，加工余量小，可锻出形状复杂，接近于成品的锻件。

（3）材料利用率高，节约机加工工时，操作简单，质量容易控制，生产过程易实现机械化、自动化。

但是，锻造模具材料比较昂贵，制造周期长，成本高，每种锻模只可以加工一种锻件，需要吨位较大的专用设备，模锻件质量一般小于 150kg。

目前，模具锻造生产已广泛地应用于汽车、航空航天、机床、动力机械和国防工业等行业中，而且随着现代化工业生产的发展和科学技术的不断进步，锻件中模锻件的质量正逐渐提高，向着高精度、柔性化、自动化方向发展。

模具锻造按照使用的设备不同可分为锤上模锻、压力机上模锻和胎模锻三类。

6.3.1 锤上模锻

锤上模锻所用设备为模锻锤。主要有蒸汽-空气模锻锤、无砧座锤、高速锤三种。其中蒸汽-空气模锻锤最常用，是目前我国普遍采用的主要模锻设备，其结构如图 6.1 所示。蒸汽-空气模锻锤的动力和锤击能力与自由锻造的蒸汽-空气锤相同，主要区别在于模锻锤的锤头与导轨之间的间隙比自由锻锤小；机架直接安装在砧座上，形成封闭结构；砧座较重，为落下部分重量的 20～25 倍。模锻锤的吨位以其落下部分的质量来表示。常用模锻锤的吨位为 1～16t，能锻造质量 0.5～150kg 的模锻件。但由于蒸汽-空气模锻锤需要的锅炉设备庞大，技术落后，现已逐渐被液压模锻锤替代。

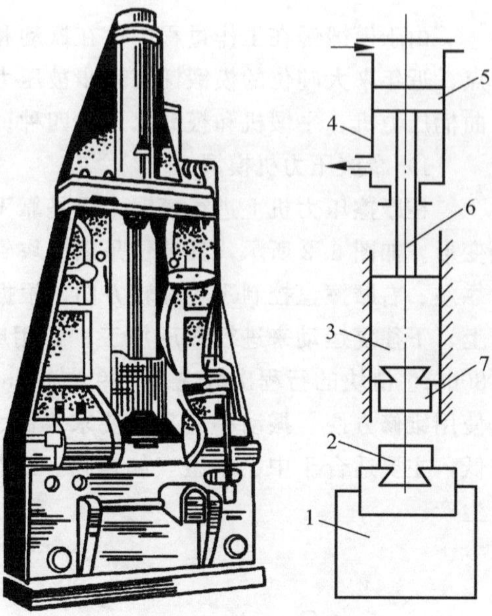

图 6.1 蒸汽-空气模锻锤
1-砧座；2-下模；3-锤头；4-气缸；5-活塞；6-锤杆；7-上模

模膛是锤上模锻最重要的组成部分，根据其功用的不同，模膛可分为模锻模膛和制坯模膛两类。

1）模锻模膛

模锻模膛可分为预锻模膛和终锻模膛两类。

(1) 预锻模膛。预锻模膛的作用是使坯料变形到接近锻件的形状和尺寸，这样进行终锻时，金属容易充满终锻模膛，经过预锻后再进行终锻，可以减少终锻模膛的磨损，延长锻模的使用寿命。

(2) 终锻模膛。终锻模膛的作用是使坯料最后变形到锻件所要求的形状和尺寸。因此，模膛的形状应和锻件的形状相同。为使金属很好地充满模膛，终锻模膛的尺寸应比锻件尺寸放大一个收缩量，钢件的收缩率一般取 1.5%。同时为了容纳多余的金属，保证锻件的形状和尺寸，终锻模膛的分模面上应设计一圈飞边槽。对于具有通孔的锻件，由于不可能靠上、下模突出部分将金属完全挤出，故在锻件的孔中间留下一定厚度的金属，称为冲孔连皮，不能锻透。最后把冲孔连皮和飞边冲掉后，才能得到具有通孔的模锻件。

2）制坯模膛

对形状复杂的模锻件，为使坯料形状基本接近模锻件形状，使金属能合理分布和很好地充满模锻模膛，应预先在制坯模膛内进行制坯。制坯模膛主要有以下几类。

(1) 拔长模膛。拔长模膛用来减少坯料某部分的横截面积，以增加该部分的长度。拔长模膛可分为开式和闭式两类，一般设在锻模的边缘。生产中进行拔长操作时，坯料除向前送进还需不断翻转。

（2）滚压模膛。滚挤模膛用来减少坯料某一部分的横截面积，以增加另一部分的横截面积，从而使金属按锻件形状来分布。滚压模膛可分为开式和闭式两类。滚压操作时需要不断的翻转，但不需作送进运动。

（3）弯曲模膛。对弯曲的杆类模锻件，需要弯曲模膛来制造弯曲坯料，坯料可以直接或先经其他制坯工艺后放入弯曲模膛内进行弯曲变形，弯曲后的坯料需翻转 90°，再放入模锻模膛中成形。

（4）切断模膛。切断模膛是在上模与下模角部组成的一对刃口冲压切断模。主要用来切去飞边槽和冲孔连皮等锻件以外的金属。

6.3.2　压力机上模锻

由于模锻锤在工作过程中存在振动和噪音大，劳动条件和安全性差，效率低和耗能多等缺点，近年来大吨位的模锻锤正逐步被压力机取代。用于模锻生产的压力机主要有摩擦压力机、曲柄压力机、平锻机和模锻水压机四种。

1）摩擦压力机模锻

在摩擦压力机上进行模锻主要是靠飞轮、螺杆及滑块向下运动时所积蓄的能量来实现锻件变形。如图 6.2 所示，其吨位是以滑块到达行程最下位置时所产生的最大压力来表示。飞轮依靠左、右摩擦盘控制飞轮旋转方向，根据飞轮上的螺杆与机体上的螺母传动，使螺杆上的滑块上、下往复运动来进行锻压加工。常用摩擦压力机的吨位一般都在 1000t 以下，最大的可达 8000t。滑块的行程次数在 35～9 次/min 之间。摩擦压力机具有结构简单、造价低、投资少、使用维修方便、振动小、基建要求不高、操作安全、工艺用途广泛等特点。但由于生产效率低，主要适合于中、小型（如螺栓、螺帽、配气阀、齿轮、三通阀体等）锻压件的中、小批生产。

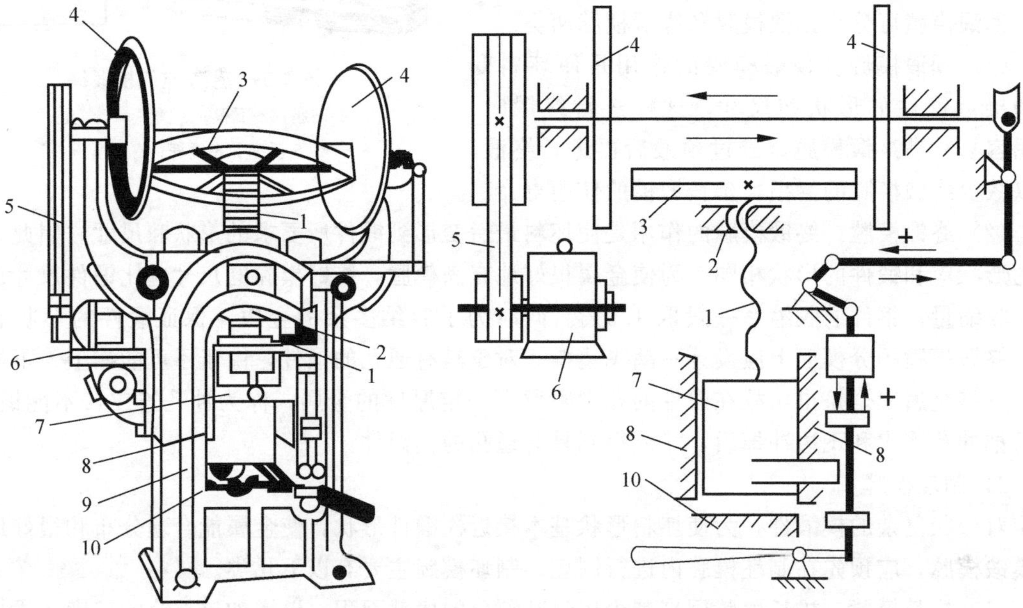

图 6.2　摩擦压力机外形和传动系统

1-螺杆；2-螺母；3-飞轮；4-摩擦轮；5-传送带；6-电动机；7-滑块；8-导轨；9-机架；10-机座

2）曲柄压力机模锻

曲柄压力机利用曲轴（或偏心轴）和连杆控制滑块上、下往复运动时来实现锻件变形，如图 6.3 所示。锻模的上模装在滑块上，下模装有楔形工作台。调节楔形工作台的高度来改变压力机的闭合高度，滑块行程长度是曲轴偏心距离的 2 倍，其吨位是以滑块到达行程长度最下位置（下止点）时所产生的压力表示。曲柄压力机的吨位一般为 2000～12000t，滑块的行程次数为 85～39 次/min。曲柄压力机锻件精度和生产率高，振动和噪音小，劳动条件好。但设备复杂，造价相对较高。曲柄压力机模锻是一种先进的现代化模锻方法，容易实现机械化、自动化的大批生产。

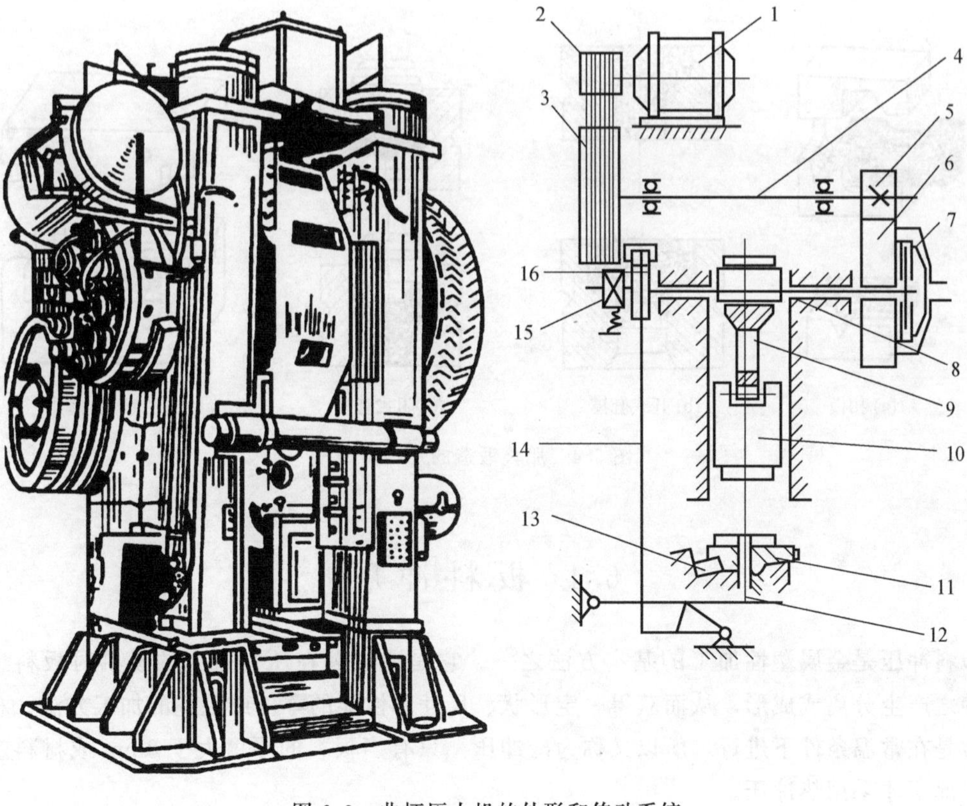

图 6.3　曲柄压力机的外形和传动系统

1-电动机；2-小带轮；3-飞轮；4-传动轴；5、6-变速齿轮；7-摩擦离合器；8-偏心轮；9-连杆；10-滑块；11-工作台；12-下顶杆；13-楔铁；14-顶出机构；15-制动器；16-凸轮

6.3.3　胎模锻

胎模锻造是在自由锻设备上使用胎模生产模锻件的一种锻造工艺方法。一般采用自由锻方法制坯，然后再到胎模中终锻成形。胎模结构较简单，不需要昂贵的模锻设备，并且也不固定在设备上。广泛应用于没有模锻设备的中、小型企业中的几十件到几百件小批生产。胎模锻与自由锻相比，胎模锻能提高生产率和产品质量，节约金属材料和降低锻件成本。胎模锻与模锻相比，不需要模锻设备，但锻件质量稍差，模具寿命和生产率较低，劳动强度大。

胎模锻的种类较多，主要有扣模、套模和合模三类。

1）扣模

扣模用来对坯料进行全部或局部扣形，生产回转体或非回转体简单形状的锻件，如图 6.4(a) 所示。

2）套模

套模为圆筒状，可分为开式和闭式两种。用于锻造法兰盘、齿轮坯之类的盘类锻件，如图 6.4（b)、(c）所示。

3）合模

合模通常由上、下模组成，设有导向机构来保证锻件精度，有的合模还设计有飞边槽。可生产连杆、叉形件等形状复杂、精度较高的非回转体锻件，如图 6.4（d）所示。

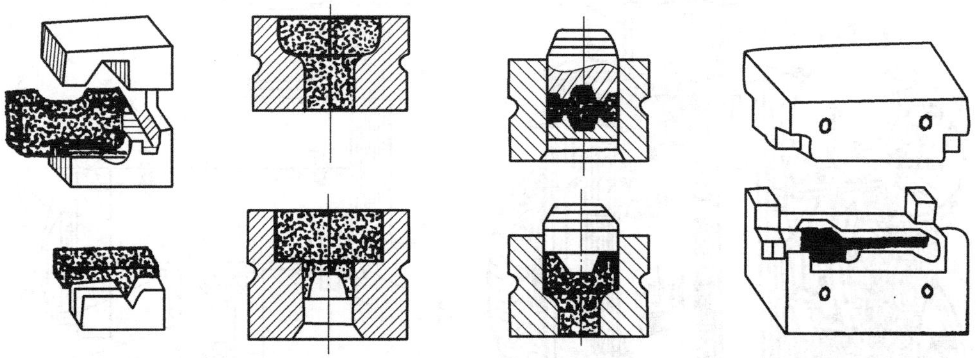

(a) 扣模　(b) 开式套模　(c) 闭式套模　(d) 合模

图 6.4　胎模锻造的几种类型

6.4　板料冲压

板料冲压是金属塑性加工的基本方法之一。它是通过装在压力机上的模具对板料进行施压，使之产生分离或成形，从而获得一定形状、尺寸和性能的零件或毛坯的加工方法。板料冲压通常是在常温条件下进行，所以又称为冷冲压。只有当板料的厚度大于 8mm 或材料塑性较差的情况下才采用热冲压。

板料冲压与其他加工方法相比具有以下特点：

(1) 可制造其他加工方法难以加工或无法加工的形状复杂的薄板零件，废料较少。

(2) 可获得尺寸精度高、表面光洁、质量稳定、互换性好的冲压件，一般不需进行机械加工即可装配使用。

(3) 生产率高、操作简便、成本低，工艺过程易实现机械化和自动化。

(4) 可利用冷变形强化并提高零件的力学性能，在材料消耗少的情况下获得强度高、刚度大、质量小的零件。

(5) 冲压模具结构较复杂，加工精度要求高，制造费用大，一般适用于大批生产。

板料冲压加工应用范围十分广泛，几乎在所有制造金属成品的工业部门中都被采用，尤其在汽车、拖拉机、家用电器、仪器仪表、飞机、导弹等国防工业和日常用品中使用更加明显。板料冲压常用材料有低碳钢、高塑性合金钢、不锈钢，铜、铝、镁及其合金等。非金属材料中的石棉板、硬橡胶、皮革、绝缘纸和纤维板等也广泛采用板料冲压。

板料冲压的基本工序很多，概括起来大致分为分离工序和变形工序两类。

1. 分离工序

分离工序是坯料一部分与另一部分相互分开的工序，主要包括冲裁（即落料和冲孔）、切断和修整。

1）冲裁

冲裁是使坯料按封闭轮廓分离的工序。落料和冲孔这两个工序中的坯料变形过程和模具结构都是一样的，只是选用不同。落料时，冲落部分是成品，而余料是废料；冲孔时，冲落部分是废料，余料部分是成品。冲裁件分离面的质量主要与凸、凹模间隙、刃口锋利程度有关，同时也受模具结构、材料性能及板料厚度等因素影响。凸、凹模间隙不仅严重影响冲裁件的断面质量，也影响着模具寿命、卸料力、推件力、冲裁力和冲裁件的尺寸精度等。因此，正确选择合理的间隙值对冲裁生产至关重要。冲裁件的排样是指落料件在条料、带料或板料上的合理布置。排样合理可使废料最少，材料利用率提高，有利于提高冲模的寿命。

2）修整

修整是利用修整模沿冲裁件外缘或内孔刮削薄层金属，以切掉冲裁件上的剪裂带和毛刺，从而提高尺寸精度，降低表面粗糙度值的工序。修整零件的外形称外缘修整，修整零件的内孔称内孔修整。修整工序类型如图 6.5 所示。

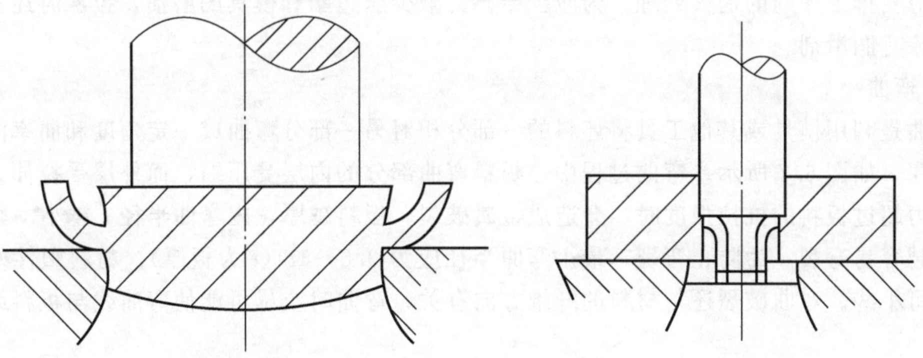
(a) 外缘修整　　(b) 内孔修整

图 6.5　修整工序简图

3）切断

切断是指用剪切刃或冲模将板料沿不封闭轮廓进行分离的工序。

2. 变形工序

变形工序是使坯料的一部分相对于另一部分产生位移而不被破裂的工序，主要有拉深、弯曲、翻遍和成形四类。

1）拉深

拉深是利用模具使落料后的平板坯料或浅的空心坯料变形成开口空心零件的工序，如图 6.6 所示。

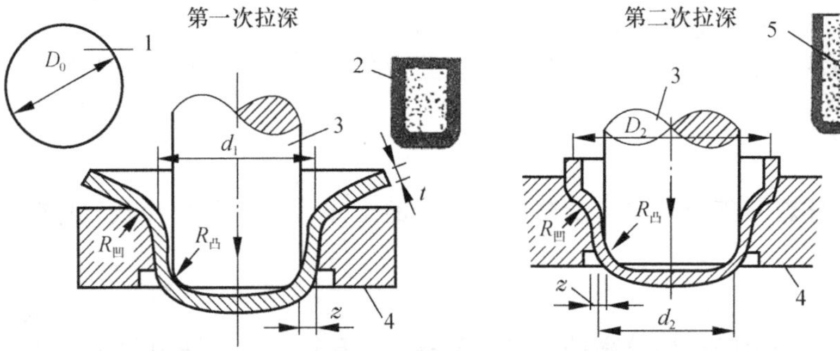

图 6.6　拉深工序

1-坯料；2-第一次拉深成品（即第二次拉深的坯料）；3-凸摸；4-凹模；5-成品

拉深工序中直壁与底部之间的过渡圆角部分被拉薄得最为严重，是最危险部位。板料冲压拉深件出现拉穿现象与下列因素有关。

（1）凸、凹模的圆角半径。拉深模的凸、凹模锋利的刃口或圆角半径过小时，会使拉深过程中摩擦阻力与弯曲阻力增加，危险断面的变薄加剧，容易将板料拉穿。一般凹模圆角半径$R=(5\sim10)t$（t为板厚），凸模圆角半径$r=(0.6\sim1)R$。

（2）凸、凹模间隙大小。凸、凹模间隙过小，模具与拉深件间的摩擦力增大，易拉穿工件和擦伤工件表面，且降低模具寿命。凸、凹模间隙过大，易使拉深件起皱，影响拉深件的尺寸精度。在多次拉深过程中，冷变形强化现象严重。为保证坯料具有足够的塑性，在一、两次拉深后，应安排工序间的退火处理。为减少摩擦，减少压边圈和模具的磨损，拉深时还需要在坯料两面涂有润滑剂。

2）弯曲

弯曲是利用模具或其他工具将坯料的一部分相对另一部分弯曲成一定角度和曲率的变形的一种工序，如图 6.7 所示。弯曲过程中，板料弯曲部分的内层受压缩，而外层受拉伸。当外层的拉应力超过板料的抗拉强度时，会造成金属破裂。板料越厚，内弯曲半径r越小，则拉应力越大，越容易弯裂。为防止弯裂，最小弯曲半径应为$0.5\sim1t$（t为板厚）。材料塑性好，则弯曲半径可小些。弯曲破裂还与材料的纤维方向有关，弯曲时应尽可能使弯曲线与板料纤维流线

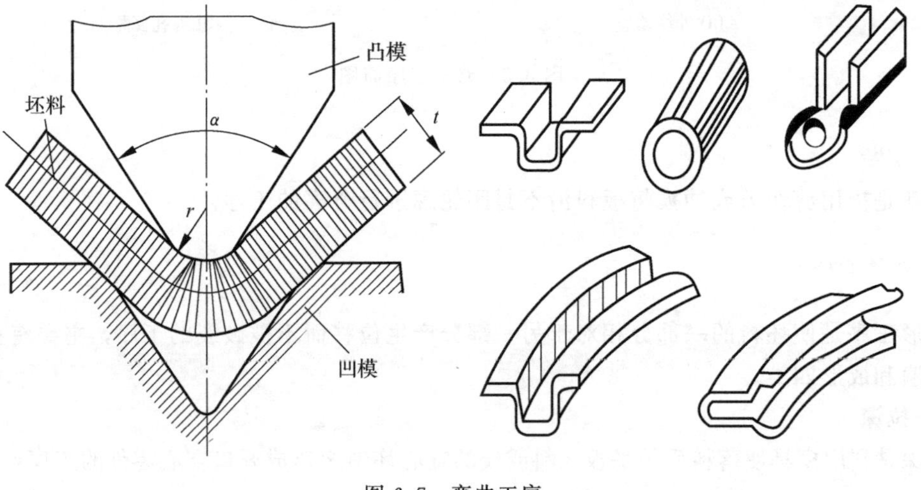

图 6.7　弯曲工序

方向垂直。若弯曲线与板料纤维方向一致，则容易产生破裂。在弯曲结束后，由于弹性变形的恢复，板料略微弹回一点，使被弯曲的角度增大，该现象称为回弹。一般回弹角为0°～10°。

3）翻边

翻边是指在坯料的平面或曲面部分上，使坯料沿一定的曲线翻成竖直边缘的一种冲压方法。常用的是圆孔翻边，如图6.8所示。目前，翻边在汽车、拖拉机、车辆等工业部门的应用较为普遍。

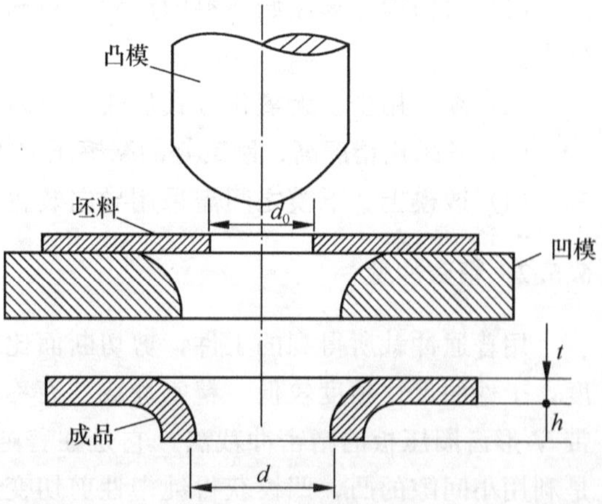

图6.8　翻遍工序

4）成形

成形是利用局部变形使坯料或半成品改变形状的工序，如图6.9所示。主要用于制造刚性的筋条，或增大半成品的部分内径等。图6.9（a）是用橡胶压筋，图6.9（b）是用橡胶芯子来增大半成品中间部分的直径。

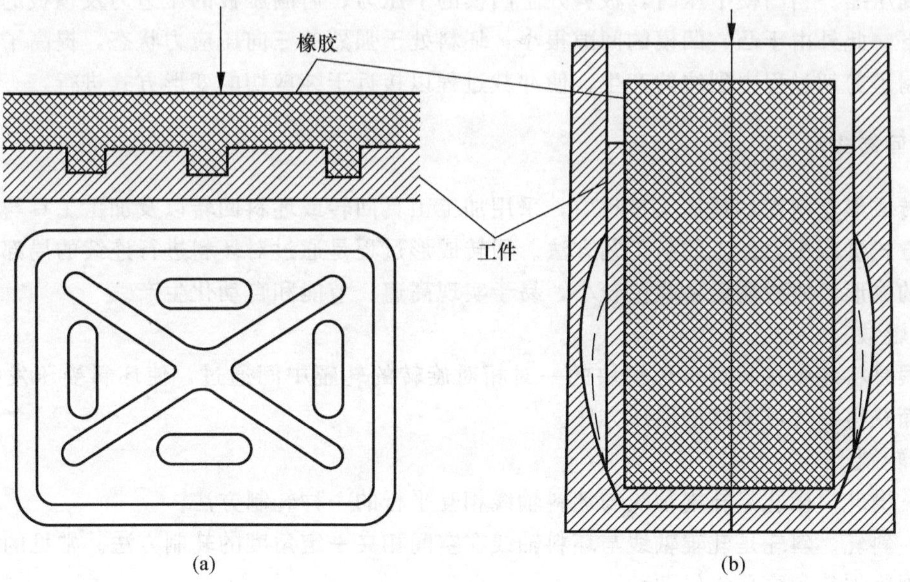

图6.9　成形工序

6.5　锻压新技术简介

随着科学技术的不断发展，现代锻压技术取得了突破性的进展，出现了许多先进的加工方法。这些新方法、新工艺、新技术不但提高了锻压件的质量和精度，还实现了少切削加工、无切削加工，降低工件成本。同时，还突破了材料的限制，使过去难以锻压的材料以及复合材料的锻压成形成为现实。

6.5.1　精密模锻

精密模锻是在普通模锻设备上直接锻造出形状复杂、精度可达IT10～IT12，表面粗糙度

Ra 为 3.2～0.8μm 的锻件或零件的工艺方法。精密模锻锻件无需进行切削加工即可直接使用，但在加工过程中必须采取一系列相应的工艺措施。精密模锻的特点：

（1）须精确计算原始坯料的尺寸，精确下料，并采用喷砂、酸洗等方法清除坯料表面的氧化皮。

（2）须采用少、无氧化方式加热，以减少坯料表面的氧化和脱碳现象。

（3）须采用精度高、刚度好的摩擦压力机、曲柄压力机或高速模锻锤等锻造设备进行锻造。

（4）锻模上、下模之间需采用导向装置，以保证上、下模精确合模。

6.5.2 精密冲裁

用普通冲裁所得到的工件，剪切断面比较粗糙，而且还会产生塌角、毛刺等缺陷并带有斜度，工件的尺寸精度较低。精密冲裁（简称精冲）是指在专用精冲压力机或普通压力机上使用带 V 形齿圈压板的精密冲裁法，它是在普通冲裁基础上发展起来的一种冲裁工艺。精密冲裁是利用小间隙的凸、凹模获得纯塑性剪切变形，避免出现撕裂现象的原理，从而获得既不带锥度又表面光洁的冲裁件。精冲时，齿圈压板将板料压紧在凹模表面，V 形齿压入材料，使坯料径向受到压缩。当凸模下压时，板料处于凸模的下压力、齿圈压板的压边力及顶板的反压力共同作用下。此外由于凸、凹模的间隙很小，坯料处于强烈的三向压应力状态，提高了材料的塑性，抑制了剪切过程中裂纹的产生，使冲裁过程以接近于纯剪切的变形方式进行。

6.5.3 回转成形

回转成形是指在坯料加工过程中，采用加工工具回转或坯料回转以及加工工具与坯料同时回转的方式进行压力加工的新工艺方法。回转成形过程是通过对坯料进行连续的局部变形来实现工件的成形，故所需设备吨位较小，易于实现高速、节能和自动化生产。

1）辊锻

辊锻是将坯料在装有扇形模块的一对相对旋转的轧辊中间通过，使坯料受压发生塑性变形，从而获得锻件或锻坯的锻压方法。

2）轧制

（1）横轧。横轧是轧辊轴线与坯料轴线相互平行的一种轧制方法。

（2）斜轧。斜轧是轧辊轴线与坯料轴线在空间相夹一定角度的轧制方法。常见的斜轧方式主要为螺旋斜轧和穿孔斜轧两种。

（3）楔横轧。楔横轧是一种特殊的横轧工艺方法。

3）摆动碾压

摆动碾压又称摆碾，是利用一个绕中心轴摆动的圆锥形模具对坯料局部加压使其高度减小、直径增大的成形方法。摆动碾压可以用较小的设备碾压出较大的锻件，产品质量高，节约材料，可实现净成形、净终成形加工，易于实现自动化。主要用于生产具有回转体的薄盘类锻件及带法兰的半轴类锻件，如齿轮坯、铣刀坯、汽车后半轴等。

6.5.4 冷变形

1）拉拔成形

用拉拔机的钳子把金属料从一定形状和尺寸的拉拔模的模孔中拉出，可生产各种断面的型材、线材和管材。拉拔成形时金属处于一拉两压的应力状态，变形抗力小，产生拔制应力塑性被降低，故变形量受限，中间需退火、润滑处理。拉拔成形常在冷态下进行。

2）挤压

挤压是将金属坯料放在挤压筒内，用强大的压力使坯料从模具中挤出成形的加工方法。挤压分为冷挤压、温挤压和热挤压三类，其中冷挤压属于冷锻范围。挤压适用塑性好、变形程度大，可一次挤压断面形状复杂的管材和型材。可加工难于用其他塑性成形方法加工的脆性材料，加工仅在几秒内完成，因此对于变形温度范围窄的材料尤为有利。变形抗力大，挤压设备需要吨位大，故为了降低抗力型材和管材等常采用热挤压成形。

6.5.5 多向模锻

多向模锻是将坯料放于模具内，用几个冲头从不同方向同时或先后对坯料施加脉冲力，以获得形状复杂的精密锻件。多向模锻一般需要在具有多向施压的专门锻造设备上进行，这种锻压设备的特点在于能够在相互垂直或交错方向加压。多向模锻采用封闭式锻模，没有飞边槽，锻件可设计成空心或实心的，零件易卸出，拔模斜度小。锻件精度高，材料的利用率较高，达40%～90%以上。多向模锻尽量采用挤压成形，金属分布合理，金属流线理想，力学性能好，强度一般能提高30%以上，延伸率也有提高。采用挤压成形的多向模锻也称三维挤压。多向模锻的缺点是必须采用专用多向模锻压力机；毛坯加热时抗氧化要求高，只允许有一层极薄的氧化皮；毛坯尺寸要求严格，下料必须准确。

6.5.6 超塑性成形

金属及合金在特定的组织条件、温度条件及变形速度下进行变形时，可呈现出异乎寻常的塑性（延伸率可超过100%，甚至1000%以上），而变形抗力则大大降低（常态的1/5左右，甚至更低），这种现象称为超塑性。

6.5.7 高能率、高成形

高能率、高成形（又称高速成形）是利用炸药或电装置在极短的时间里释放出的电能或化学能，通过介质以高压冲击波作用于坯料，使其产生变形的加工方法。常见的方法有：爆炸成形、电液成形、电磁成形及高速锤成形等。采用高速成形可对坯料进行拉深、翻边、胀形、起伏、弯曲、冲孔等冲压工序，而且工件精度高并能加工一些难以加工的金属材料。

1）爆炸成形

爆炸成形是利用炸药爆炸产生的化学能使金属材料产生塑性变形的加工方法。爆炸成形装置简单，操作容易，无需冲压设备，工件的尺寸不受设备能力限制，尤其适合于试制或小批生产大型工件。

2）电液成形

电液成形是利用液体中电荷经电极放电，产生强大的冲击波从而使坯料在模具中成形的加工工艺。电液成形主要用于板料的拉深、胀形、翻边等，但由于受到设备容量的限制，电液成形仅适合中、小件的成形，尤其适合管类零件的胀形加工。

6.5.8 粉末冶金及粉末锻造

1）粉末冶金

将几种金属粉末或金属与非金属粉末混匀后压制成形，再经过烧结而制成材料或制品的技术称为粉末冶金。

2）粉末锻造

粉末锻造是将粉末冶金法与精密锻造相结合的一种金属加工方法。首先应用粉末冶金法将金属原料及其他材料制成粉末，混匀后用锻模压制成形，烧结后用锻模进行锻制，经处理后获得尺寸精度高、表面质量好、内部组织致密的锻件。

6.5.9 液态模锻

液态模锻是将熔融的金属直接浇注到锻模模膛内，然后在液态或半固态的金属上施加压力，使之在压力下流动充型和结晶，并产生一定程度的塑性变形，从而获得所需锻件的方法。液态模锻是一种将铸造工艺与锻造工艺相结合的先进的净终成形方法，既具有压力铸造工艺简单、可生产形状复杂、制造成本较低的特点，又具有模锻件晶粒细小、内部组织紧密、力学性能好、成形精度高的优点。液态模锻所需锻造压力较小，仅为模锻压力的20%。

6.5.10 半固态金属塑性成形

半固态金属加工技术（SSM）是21世纪前沿性金属加工技术。半固态技术有一系列特点，最突出的是半固态材料的触变性和优良的组织结构，同时，成形零件的尺寸和精度能达到净成形或净终成形。半固态金属成形技术主要有两条成形线路，其一为半固态铸造成形，即半固态流变成形（rheocasting）和半固态触变铸造成形（thixoforming）；其二为半固态压力加工成形，即采用半固态流变和半固态触变塑性成形。半固态塑性成形方法是将半固态浆料制备成坯料，根据产品尺寸下料，重新加热到半固态温度后，再塑性加工成形。对于触变成形，由于半固态坯料便于输送，易于实现自动化，在工业中较早得到了广泛应用。

6.5.11 数字化塑性成形技术

数字化塑性成形技术是一项在塑性成形全过程（塑性产品设计、分析和制造过程）中融合数字化技术，且以系统工程为理论基础的技术体系，实现优质、高效、低耗清洁生产。塑性成形技术的数字化改造包括：建立以计算机图形学为基础的数字化模型，以统一的数据交换标准和工程数据库进行不同需求的交互，实现模型和信息共享。以数字化模型为基础，进行基于塑性成形知识的产品设计，进行基于塑性成形过程的产品性能分析。产品的数字化制造包括工艺过程和制造装备的数字化，系统集成与管理技术数字化主要是通过实施STEP/PDM/工程数据库/网络等技术提高塑性成形制造业的管理水平和效率，增强其核心竞争力。其中，设计和制造数字化技术是实施数字化的关键。

1. 设计数字化技术

设计虽然只占产品生命周期成本的5%～15%，但决定了70%以上的产品成本和80%左右的产品质量和性能，而且上游的设计失误将以1∶10的比例向下游逐级放大，可见，设计，尤其是早期概念设计是产品开发过程最为重要的一环。

为了提高设计质量，降低成本，缩短产品开发周期，近年来，学术界提出了并行设计、协同设计。大批量定制设计等新的设计理论与方法，其核心思想是：借助专家知识，采用并行工程方法和产品族的设计思想进行产品设计，以便能够有效地满足客户的要求。其中基于知识的工程技术（Knowledge-Based Engineering，KBE）和逆向设计技术是两项重要的支撑技术。

1）基于知识的工程设计

模具设计是一个知识驱动的创造过程，它包含了对知识的继承、集成、创新和管理。KBE是面向现代设计要求而产生、发展的新型智能设计方法和设计决策自动化的重要工具，已成为促进工程设计智能化的重要途径。KBE是面向工程开发，以提高市场竞争力为目标，通过知识的继承、繁衍、集成和管理，建立各领域异构知识系统和多种描述形式知识集成的分布式开放设计环境，并获得创新能力的工程设计方法。

近年来，美国、日本和欧洲各国政府在KBE技术的开发与应用方面给予了有力的支持。美国Ford公司将KBE作为21世纪发展战略中信息领域的关键技术之一。欧、美各国在KBE应用上获得了很大的成功，如Jaguar汽车公司采用KBE技术设计某车型发动机盖，设计时间由原来的2个月减为2h。

2）逆向设计技术

以实物模型为依据来生成数字化几何模型的设计方法即为逆向设计。

2. 数字化分析技术

1）数字化模拟

金属塑性成形过程的机理非常复杂，传统的模具设计也是基于经验的多反复性过程，从而导致了模具开发周期长，开发成本高。面对激烈的市场竞争压力，模具行业迫切需要新技术来改造传统的产业，缩短模具开发时间，从而更有效地支持相关产品的开发。塑性加工过程的数字模拟技术正是这个背景下产生和发展的。根据金属塑性变形时的力学状态不同，塑性成形技术分为体积成形和板料成形。金属体积成形过程数字模拟多采用刚（黏）塑性材料模型，板料成形过程的数字模拟多采用弹塑性材料模拟。非线性有限元数字模拟技术在模具开发设计中广泛应用，对传统的模具开发过程的变革产生了深远的影响，美国模具行业采用了数字模拟技术，模具开发的周期平均缩短了30%～40%，开发成本平均降低了30%～40%。目前美国三大汽车公司已经将数字模拟技术作为模具开发中不可缺少的环节。

2）虚拟现实

虚拟现实（VM）技术是实际制造过程在计算机上的本质实现，即采用计算机仿真与虚拟现实技术，在计算机上群组协同工作，实现产品的设计、工艺规划、加工制造、性能分析、质量检验，以及企业各级过程的管理与控制等产品制造的本质过程，以增强制造过程各级决策与控制能力。虚拟现实从根本上改变了设计、试制、修改设计和规模生产的传统制造模式，在产品真正制造出来之前，首先在虚拟的环境中生成虚拟产品原型，进行性能分析和造型评估，使制造技术走出依赖经验的天地，发展到全方位预报的新阶段。如美国波音公司运用VM技术研制777飞机，使该机在一架样机也未生产的情况下就获得了订货，投入生产。空中客车公司使用VM技术，将空中客车试制周期从4年缩短到2年，从而提高了其全球竞争能力。

3. 数字化制造技术

模具的数字化制造除了采用CAD/CAM技术在加工中心完成模具制造外，提高模具制造速度是目前模具制造的重要课题。

1）高速加工

高速技术是20世纪80年代发展起来的一项高新技术，其研究目标是缩短加工时的切削与非切削时间，对于复杂形状和难加工材料及高硬度材料减少工序，最大限度地实现高精度和高质量。一般认为切削速度达到普通加工切削速度的5～10倍即为高速加工，高速加工必须使用高速主轴、高速伺服系统、适合于高速加工的数控系统、刀具技术和快速换刀装置。

2）数据快速获取和制造

采用逆向工程，制取油泥模具原型，并通过光测量技术快速获得原型三维数据。目前一些软件支持直接使用测得的STL格式在加工中心对模具进行粗加工，以减少加工工时。

复习思考题

6-1 现代工业生产中，锻压生产成形特点和存在的问题是什么？

6-2 什么是自由锻造？简述其生产工艺过程。

6-3 什么是模具锻造？简述其生产工艺过程。

6-4 机械锻造与手工锻造相比较有何优越性？

6-5 简述锤上模锻和板料冲压的生产特点。

6-6 简述现代先进锻压新技术的发展方向和应用范围。

第7章　焊　　接

7.1　焊接概述

7.1.1　焊接工艺的原理及特点

1）焊接工艺的原理

焊接是指用加热或加压等工艺措施，使两个分离表面产生原子间的结合与扩散作用，从而形成不可拆卸接头的材料成形方法。

2）焊接工艺的特点

(1) 可将大而复杂的结构分解为小而简单的坯料拼焊。例如，汽车车身生产过程中，先分别制造出车门、驾驶室、前围和侧围，再将各部件组装拼焊。这样简化了工艺，降低了成本。

(2) 可实现不同材料间的连接成形。例如，气门杆部为45钢，头部为合金钢。因此，可优化设计，节省贵重材料。

(3) 可实现特殊结构的生产。例如，126×104kW核电站锅炉，外径6400mm，壁厚200mm，高13000mm，工作参数为17.5MPa、350℃，要求无泄漏（有放射性核燃料），这种结构只有采用焊接方法才能制造出来。

(4) 焊接结构重量轻，采用焊接方法制造的船舶、车辆、飞机、飞船、火箭等运输工具，可以减轻自重，提高运载能力和行驶性能。但焊接结构是不可拆卸的，更换修理部分的零部件不便，焊接易产生残余应力，焊缝易产生裂纹、夹渣、气孔等缺陷，引起应力集中，降低承载能力，缩短使用寿命，甚至造成脆断。因此，应特别注意焊接质量，否则易造成恶性事故。

我国焊接技术是在中华人民共和国成立后才发展起来的，特别是在改革开放后有了巨大的发展，掌握了从手弧焊到激光焊的各种焊接方法，焊接机器人的应用越来越多。焊接的零部件和结构，小到集成电路基片与引脚，大到720t大型水轮机的工作轮，地上的汽车，水中的万吨级远洋货轮，天上的飞机、火箭和飞船、卫星等。但与世界发达工业国家相比，焊接结构的质量和劳动生产率还有一定差距。

7.1.2　焊接工艺的分类

根据焊接过程的工艺特点，可将焊接分为以下几种：

- 熔化焊
  - 电弧焊（手弧焊、气体保护焊和埋弧焊）
  - 电渣焊
  - 电子束焊
  - 激光焊
  - 等离子弧焊
- 压力焊
  - 电阻焊
  - 摩擦焊
  - 超声波焊
  - 爆炸焊
  - 扩散焊
- 钎焊
  - 软钎焊
  - 硬钎焊

7.1.3　焊接在工业中的应用

1）金属结构的焊接

金属结构的焊接，如锅炉、压力容器、管道、桥梁、海洋钻井平台和起重机等，以及船舶、车辆、飞机、火箭的梁架和外壳等，又如锅炉汽包的焊接结构，其他生产方法很难制造这样的大型结构。

2）机械零件的焊接

机械零件的焊接，如轴、齿轮、锻模和刀具等，如齿轮的焊接结构，是将管、板焊接而成的，简化了工艺。

7.2 手工电弧焊

手工电弧焊是熔化焊中最基本的一种焊接方法，它利用焊条和焊件间产生的电弧热量熔化焊条和部分工件，凝固后形成焊接接头。手工电弧焊所需要的设备简单、操作灵活，可以对不同焊接位置、不同接头形式的焊缝方便地进行焊接，是目前应用最广泛的焊接方法。

手工电弧焊按电极材料的不同可分为：熔化极手工电弧焊和非熔化极手工电弧焊。熔化极手工电弧焊是以金属焊条作为电极，电弧在焊条端部和母材表面间燃烧，形成熔池，冷却后成为焊缝的焊接方法。非熔化极手工电弧焊主要是手工钨极气体保护焊。

7.2.1 手工电弧焊原理

图 7.1 所示为手工电弧焊示意图，电路以弧焊电源为起点，通过焊接电缆、焊钳、焊条、工件、接地电缆形成回路。焊接时，工件和焊条间有电弧存在而形成闭合回路。焊条和工件既作为焊接材料，也作为导体。焊接开始后，电弧的高热使焊条端部和母材瞬间熔化共同形成熔池，随着电弧向前移动，新的熔池不断形成，原来的熔池则逐渐降温而凝固，从而形成连续的焊缝。

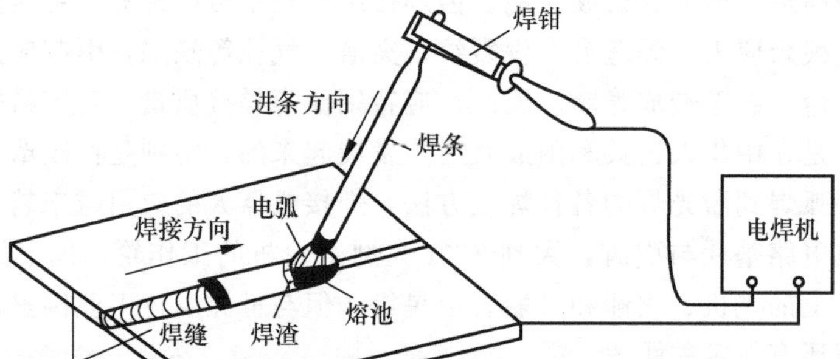

图 7.1 手工电弧焊示意图

手工电弧焊的操作过程：焊接时先将焊条夹在焊钳上，把工件同电焊机相连接，使焊条与工件接触发生短路产生电流，随即提起焊条 2～4mm，在焊条端部和工件之间即可引燃电弧进行焊接。

7.2.2 手工电弧焊设备

手工电弧焊的主要设备是电焊机，实际上是一种弧焊电源。按产生电流种类的不同，分为直流弧焊机和交流弧焊机。

1）直流弧焊机

直流弧焊机分为焊接发电机和弧焊整流器两种。

（1）焊接发电机。焊接发电机由交流电动机和直流电焊发电机组成。采用焊接发电机焊接时电弧稳定，能适应各种焊条的焊接，但结构较复杂，噪音大，成本高，主要用于小电流焊接。

（2）弧焊整流器。弧焊整流器是一种将交流电通过整流转换为直流电的弧焊机。与焊接发电机相比，弧焊整流器没有旋转部分，结构简单，维修容易，噪音小，使用比较普遍。

用直流电焊机焊接时，由于正极和负极上分配的热量不同，分为正接和反接两种接线方法，如图 7.2 所示。若把工件接在阳极上，焊条接在阴极上，称为正接法，此时电弧热量大部分集中在工件（阳极）上，使工件更易于熔化，适于厚板的焊接。反之，称为反接法，适于薄板和有色金属的焊接。但在使用碱性焊条时，均采用直流反接的接线方法。

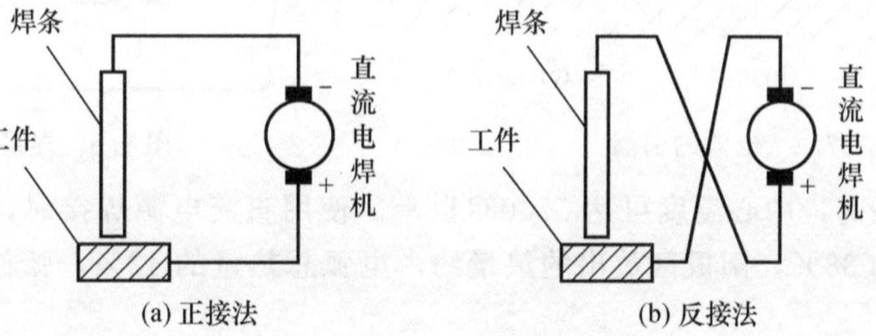

图 7.2　采用直流焊接的极性接法

2）交流弧焊机

交流弧焊机又称弧焊变压器，实际上是一种特殊的降压变压器。它将 220V 或 380V 的电压降到 60～80V（即焊机的空载电压），以满足引弧的需要。焊接时，电压会自动下降到电弧正常工作时所需要的电压（20～30V）。交流电焊机是常用的焊条电弧焊设备，其结构简单，制造方便，价格便宜，节省电能，维修方便，不存在正反接问题，但电弧稳定性较差。

使用酸性焊条焊接低碳钢一般构件时，应优先考虑选用价格低廉、维修方便的交流弧焊机；使用碱性焊条焊接高压容器、高压管道等重要钢结构，或焊接合金钢、有色金属、铸铁时，则应选用直流弧焊机。

3）焊钳和面罩

焊钳是用来夹持焊条和传递电流的。面罩用来保护眼睛和面部，以避免弧光的伤害。其结构如图 7.3 所示。

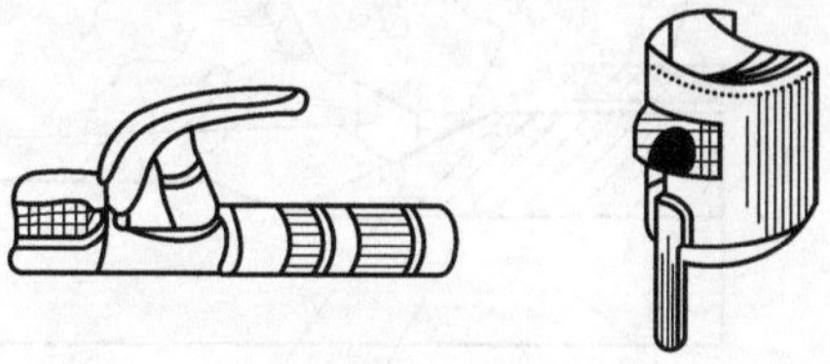

图 7.3　焊钳和面罩

7.2.3　焊接电弧

焊接电弧指在电极与工件之间发生的强烈、持久的气体放电现象。

1）电弧的引燃

常态下的空气由中性分子或原子组成，不含带电粒子。要使空气导电，首先要使其产生带电粒子，称为电离。在焊接中是通过引弧使空气电离的：先将电极（焊条）和焊件接触形成短路，如图 7.4（a）所示，此时在接触点上产生很大的短路电流，温度迅速升高，为电子的逸出和气体电离提供能量，然后将电极提起一定距离（<5mm），如图 7.4（b）所示。在电场力的作用下，被加热的阴极有电子高速逸出，撞击空气中的中性分子和原子，使空气电离成阳离子、阴离子和自由电子。这些带电粒子在外电场作用下运动，阳离子奔向阴极，阴离子和自由电子奔向阳极。在运动过程中，各种粒子不断互相碰撞和复合，产生大量的光和热，形成焊接电弧，如图 7.4（c）所示。

2）电弧的组成

焊接电弧由阴极区、阳极区和弧柱区 3 部分组成，如图 7.5 所示。

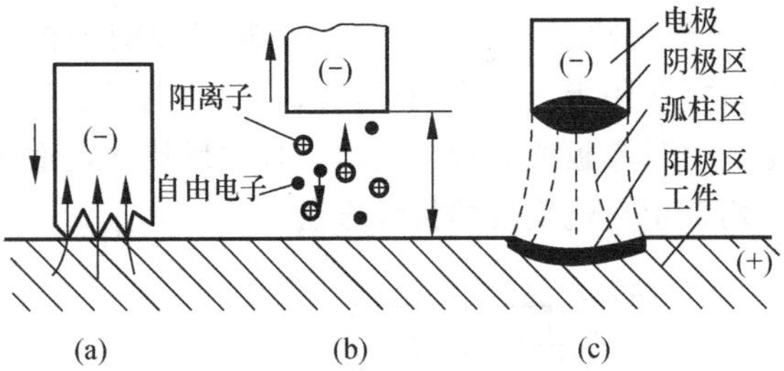

图 7.4　电弧的引燃

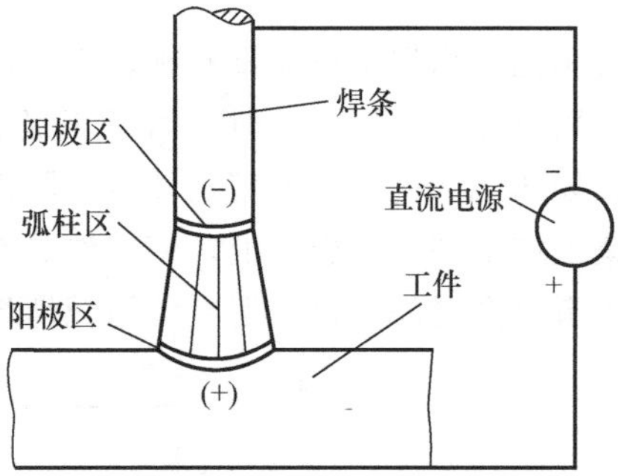

图 7.5　焊接电弧的组成

弧柱区温度最高，中心温度可达 5700℃以上。使用直流电源焊接时，阴极区放出的热量约占电弧总热量的 38%，阳极区放出的热量约占电弧总热量的 42%，弧柱区放出的热量约占电弧总热量的 20%。

7.2.4　焊缝形成过程及特性

电弧焊焊缝的形成过程是：工件的结合部位局部加热熔化，产生共同熔池，再经凝固结晶成为焊缝，如图 7.6 所示。该过程类似一种特殊的冶金过程，各种元素处于高温熔融状态并与空气接触，导致部分金属元素烧损或形成有害杂质，从而产生气孔和夹渣等冶金缺陷。

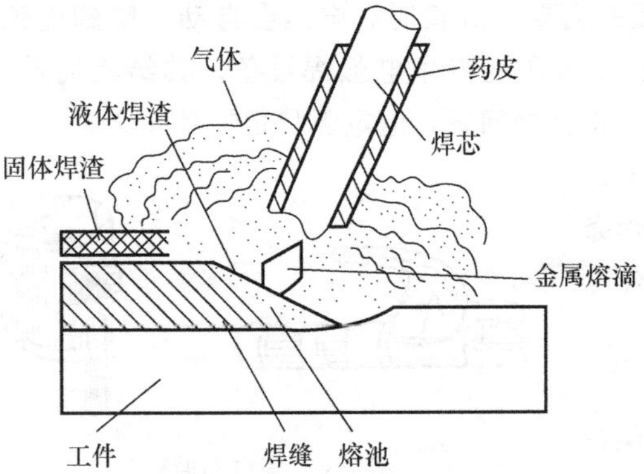

图 7.6　电弧焊焊形成示意图

在焊接过程中如果不加以保护，空气中的氧、氮和氢等气体就会侵入焊接区，在高温下与金属元素发生一系列反应，其结果是：钢中的一些元素被氧化，形成 FeO · SiO_2、Mn · SiO_2 等熔渣，使焊缝中 C、Mn、Si 等有益元素大量损失。当熔池迅速冷却后，一部分氧化物熔渣残存在焊缝金属中，形成夹渣，会显著降低焊缝的力学性能。氢和氮在高温时能溶解于液态金属内，冷却后，一部分氮保留在钢的固溶体中，Fe_4N 则成片状夹杂物留存在焊缝中，使焊缝的塑性和韧性下降。氢的存在则引起氢脆性，促进冷裂纹的形成，并且易造成气孔。

为了保证焊缝质量，焊接过程中可以采取的工艺措施如下：造成保护气氛，限制有害气体进入焊缝区；适当补充烧损的合金元素；清除进入熔池的有害元素。手工电弧焊焊条药皮在高温下能够分解出气体，包围电弧和熔池，形成气体保护；还可以直接进入熔池，与熔池金属发生冶金反应，进行脱氧、脱硫、脱磷、去氢、渗合金等，最后形成焊渣浮于焊缝表面，构成焊渣保护。

7.2.5　焊条

焊条是手工电弧焊用的涂有药皮的熔化电极。它直接影响到焊接电弧的稳定性以及焊缝金属的化学成分和力学性能，是影响焊条电弧焊质量的主要因素之一。电焊条的组成如图 7.7 所示。

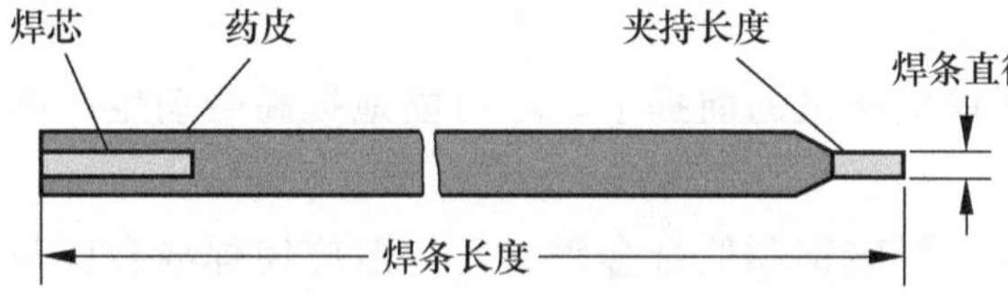

图 7.7 电焊条组成

1）焊条组成和作用

(1) 焊芯。焊芯是焊条中被药皮包覆的金属芯，主要作用是导电，产生电弧，并作为填充金属，与熔化的母材一起形成焊缝。由于焊芯的化学成分和杂质直接影响到焊缝的质量，因此焊芯都是专门冶炼的钢丝，碳、硅含量较低，硫、磷含量极少，直径为 3.2～5.0mm 的焊芯应用最广。

(2) 药皮。药皮是压涂在焊芯表面的涂料层，由矿石粉和铁合金粉等原料按一定比例配制而成。它的作用是：改善焊接工艺性，使电弧易于引燃和保持稳定燃烧；药皮中有机物燃烧产生的气体能够保护熔池内金属不被氧化，对焊缝金属起保护作用；药皮中含有脱氧剂、合金剂、稀渣剂等，使熔化的金属顺利进行脱氧、脱硫、去氢等冶金化学反应，并补充被烧损的合金元素，保证焊缝金属具有良好的力学性能。

2）焊条分类

焊条按用途不同分为结构钢焊条、不锈钢焊条、铸铁焊条等，其中结构钢焊条应用最广。

结构钢焊条按药皮性质可分为酸性焊条和碱性焊条两种。酸性焊条的药皮中含有大量酸性氧化物（如 SiO_2、MnO_2 等），碱性焊条药皮中含有大量碱性氧化物（如 CaO 和萤石 CaF_2）。由于碱性焊条药皮中不含有机物，药皮产生的保护气体中氢含量极少，所以又称为低氢焊条。

3）焊条型号与牌号（表 7.1）

焊条型号是国家标准中规定的焊条代号。根据国家标准（GB/T 5117—1995、GB/T 5118—1995）规定，碳钢焊条和低合金钢焊条型号用 E 加四位数字表示：E 表示焊条，前两位数字表示熔敷金属抗拉强度的最小值，第三位数字表示焊接位置，“0”、“1” 表示全位置焊接（平、立、仰、横），“2” 表示平焊及平角焊，“4” 表示向下立焊，第三位和第四位数字组合表示焊接电流种类及药皮类型。如 “E4301”，其各符号含义：“E” 代表焊条；“43” 代表熔敷金属抗拉强度不低于 430MPa；“0” 代表焊条适于全位置焊接；第三位和第四位数字组合 “01” 代表钛铁矿型药皮，含有钛铁矿不少于 30%。

焊条牌号是焊条生产行业统一的焊条代号。一般用相应的大写拼音字母（或汉字）和三位数字表示，如结 422、结 507 等。拼音字母（或汉字）表示焊条类别，如 “结” 表示结构钢焊条；前两位数字表示焊缝金属抗拉强度的最小值，单位 MPa，第三位数字表示药皮类型和电源种类。

表 7.1 焊条牌号表示方法

名　称	焊条牌号	名　称	焊条牌号
结构钢焊条	J×××	铸铁焊条	Z×××
钼及铬钼耐热钢焊条	R×××	镍及镍合金焊条	Ni×××
低温钢焊条	W×××	铝及铝合金焊条	L×××
不锈钢焊条	G×××	铜及铜合金焊条	T×××
对焊焊条	A×××	特殊用途焊条	TS×××

4）焊条的选用

焊条的选择应在保证焊接质量的前提下，尽可能地提高劳动生产率和降低成本。一般应从以下几个方面考虑：

(1) 等强度原则。焊接低碳钢和低合金钢时，一般应使焊缝金属与母材等强度，即根据母材强度选用焊条。

(2) 同成分原则。焊接耐热钢、不锈钢等金属材料时，应使焊缝金属的化学成分与母材的化学成分相同或相近，即按母材化学成分选用焊条。

(3) 抗裂缝原则。焊接刚度大、形状复杂、要承受动载荷的结构时，应选用抗裂性好的碱性焊条，以免在焊接和使用过程中接头产生裂纹。

(4) 抗气孔原则。受焊接工艺条件的限制，如果对焊件接头部位的油污、铁锈等清理不便，应选用抗气孔能力强的酸性焊条，以免焊接过程中气体滞留于焊缝中，形成气孔。

(5) 低成本原则。在满足使用要求的前提下，尽量选用工艺性能好、成本低和效率高的焊条。

此外，应根据焊件的厚度、焊缝位置等条件，合理选择焊条的直径。一般焊件越厚，选用焊条的直径就越大。

7.2.6 手工电弧焊工艺

1）接头形式

焊接碳钢和低合金钢的基本接头形式有：对接接头、角接接头、T形接头和搭接接头等(图7.8)。一般根据结构的形状、强度要求，工件厚度及焊接工艺等来选择接头形式。

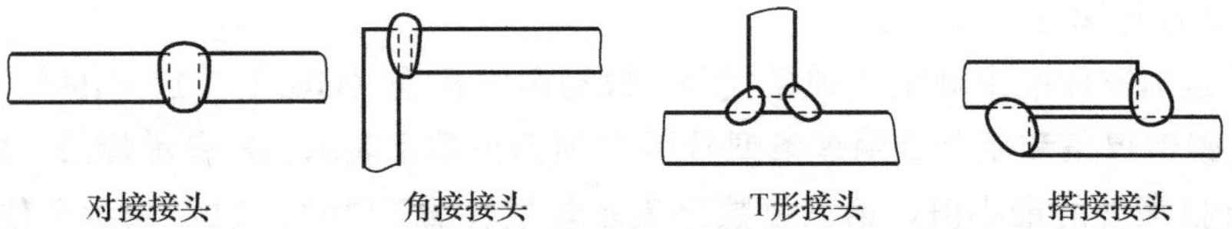

图7.8 常用焊接接头的形式

2）坡口形式

坡口形式的选择主要根据板厚，在保证焊透的同时又能提高生产率和降低成本。板厚在6mm以下时一般不开坡口，只需在接口处留有一定间隙，以保证焊透。对于较厚的工件，为了使焊条能深入到接头底部起弧，保证焊透，焊前应把接头处加工成所需要的坡口形状。为了防止烧穿坡口的根部，一般要留2～3mm的直边，称钝边。常用的坡口形式如图7.9所示。

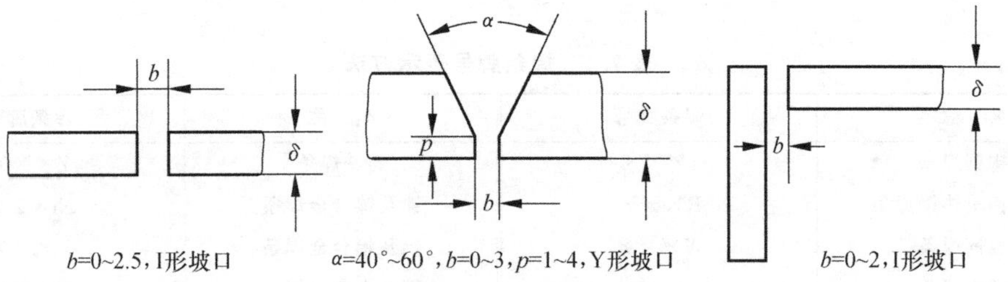

图7.9 常见坡口形式

焊接时，根据焊缝在空间所处的位置不同，可分为平焊、立焊、横焊和仰焊四种，如图 7.10 所示。

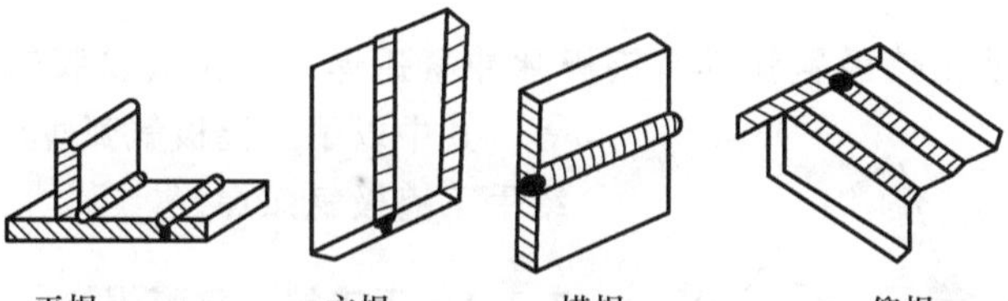

图 7.10 焊缝的空间位置

平焊时，操作方便，易保证焊接质量，生产率高；立焊时焊缝形成较困难，不易操作；横焊时易产生咬边、焊瘤及未焊透等缺陷；仰焊时，焊缝形成困难，最不易操作。所以，立焊、横焊、仰焊尽可能避免。如果必须采用这些焊缝时，因选择较小直径的焊条，较小的电流，短弧操作等工艺措施。

3) 焊接参数

选择合适的焊接参数可以保证焊接质量和提高劳动生产率。手工电弧焊的焊接参数包括焊条直径、焊接电流、焊接电压、焊接速度和电弧长度等，其中焊条直径和焊接电流为主要参数。

(1) 焊条直径。焊条直径主要取决于被焊工件的厚度。原则上工件越厚，所选用的焊条直径越粗。在多层焊接时，为了防止根部未焊透，第一层焊接应采用直径较小的焊条，以后各层可根据被焊工件的厚度，选用直径较大的焊条。此外，焊接接头形式不同，焊条的直径也有所不同，一般为提高生产率，应尽量选用较大直径的焊条。

(2) 焊接电流。焊接电流的大小是影响焊缝质量和生产率的主要因素。增大焊接电流，可提高生产率。但电流过大，易造成焊缝咬边、烧穿等缺陷；电流过小会使电弧不稳定，易造成未焊透、夹渣等缺陷。

(3) 电弧长度和焊接速度。电弧长度一般不超过 4mm。焊接速度以保证焊缝尺寸符合设计图样要求为准。

7.3 氩 弧 焊

氩弧焊是惰性气体保护焊的一种，应用非常广泛。氩气是一种比较理想的保护气体，比空气重 25%。氩弧焊具有以下优点。

(1) 氩气是最稳定的惰性气体之一，焊接时能在电弧周围形成一圈稳定的气流层，防止空气进入焊接区域，保护熔焊金属不被氧化和氮化，不让氢气介入，同时氩气本身也不溶于金属或与金属发生任何化学反应，因而一般不会出现气孔和合金元素烧损，焊接质量较高。氩弧焊在化学性质活泼的有色金属和对焊缝要求严格的合金钢、碳素钢结构的焊接中越来越广泛地得到应用。

(2) 氩弧具有较好的电弧稳定性，氩气是单原子气体，热容量小，导热率低，热量消耗少，对电弧稳定燃烧十分有利，就是在小焊接电流和长弧的条件下，电弧仍很稳定，操作方便，质量容易控制。同时氩弧还具有明显的阴极雾化作用，由于氩气为单原子气体，电离时直接离解为电子和正离子，当直流反接时，正离子对工件表面轰击，促使工件表面的氧化膜破碎，起到了电弧对工件表面进行清洗的作用。在焊接铝、镁及其合金等有色金属时，既提高焊接质量又简化了工艺过程，使焊缝表面光洁美观。

氩气的缺点是电离电势较高。当电弧空间充满氩气时，电弧的引燃较为困难，但电弧一旦引燃后就非常稳定。

氩弧焊具体分为手工钨极氩弧焊、钨极脉冲氩弧焊、熔化极氩弧焊、熔化极脉冲氩弧焊等。其中以手工钨极氩弧焊应用最广，本节主要介绍手工钨极氩弧焊。

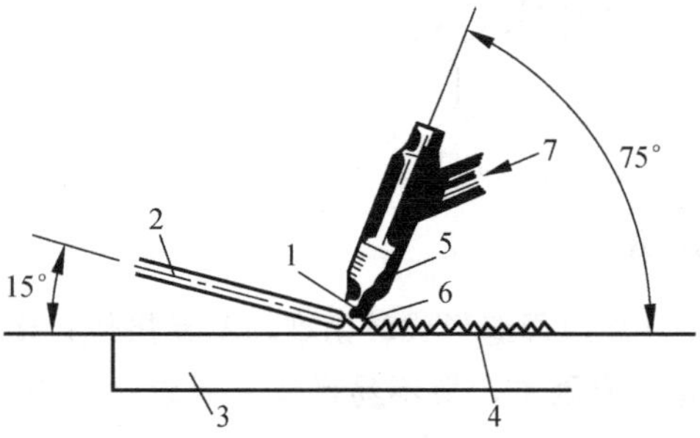

图 7.11 手工钨极氩弧焊示意图

1-钨极；2-填充金属；3-焊件；4-焊缝金属；5-电弧；6-喷嘴；7-保护气体（氩气）

7.3.1 手工钨极氩弧焊

手工钨极氩弧焊属于非熔化电极氩弧焊，它利用钨棒作为电极，依靠手工操作，使钨极和工件之间产生电弧，并用氩气严密地保护钨极、焊丝和熔池进行焊接。焊丝用手工加入，电源可用直流或交流。图 7.11 为手工钨极氩弧焊示意图。

手工钨极氩弧焊系统图如图 7.12 所示。在用直流电源小规范焊接时，有时将控制系统和水路系统简化，这样使设备简单、管理方便，其简化系统图如图 7.13 所示。

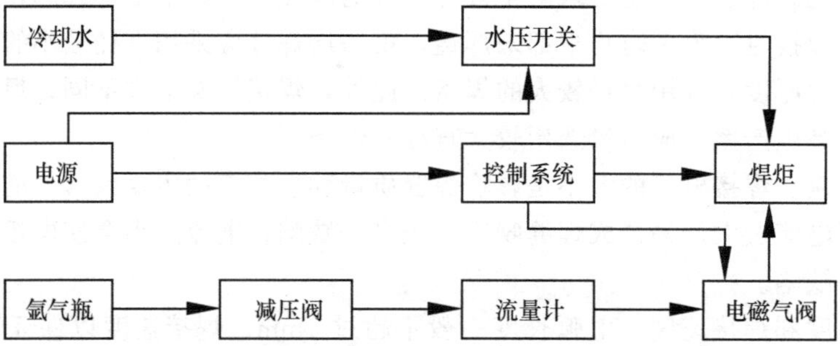

图 7.12 手工钨极氩弧焊系统图

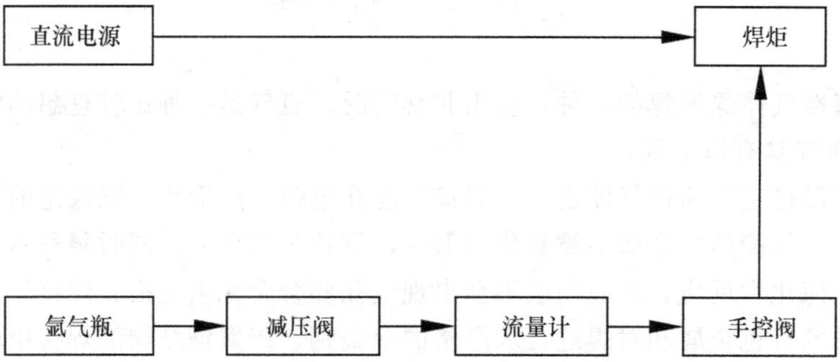

图 7.13 手工钨极氩弧焊简化系统图

1）电源

手工钨极氩弧焊机具有陡降外特性，常用的定型产品有 NSA-300、NSA-500 等，详见相关常用氩弧焊机的主要技术数据。手工钨极氩弧焊机有交、直流两种，直流电源中由于极性不同，在工艺上有明显的差别。

（1）直流正接，即焊件接正极、钨极接负极。焊接时由于电子从钨极向焊件高速冲击，钨极温度低，焊件温度高，所以有较大的熔深。

钨极允许通过较大的电流，适用于氩弧焊打底和铜、不锈钢、碳钢的焊接。

（2）直流反接，即钨极接正极、焊件接负极。焊接时电子从焊件向钨极冲击，使钨极温度升高、损耗增大，电弧不稳；而焊件温度则较低，熔池较浅。但由于氩正离子向熔池表面冲刷，能使焊件表面氧化膜破碎，称为阴极雾化作用，最适合于铝、镁及其合金的焊接。

在实际生产中因直流反接钨极消耗量大，电弧又不稳定，所以手工钨极氩弧焊很少采用直流反接。直流反接主要用在熔化极氩弧焊工艺上。

（3）交流电源。由于极性是交变的，因此一方面具有阴极雾化作用，另一方面又不致钨极过热而大量损耗。熔深介于正、反接之间，故铝、镁及其合金常用交流电源。但使用交流电源时存在电弧不稳定和有局部整流作用的问题。

所谓局部整流作用是指：当钨极为正时，电弧电压较高、焊接电流较小；当钨极为负时，强烈发射电子，电弧电压较低，焊接电流较大。这样就造成了正负半波电流不对称，相当于半波对称的交流电和直流电合成的结果。

局部整流作用会减少阴极雾化作用，妨碍焊件表面氧化膜的去除，容易造成工件未焊透和焊缝成形不良，以及出现钨夹渣等。可用串联电容器法，通过隔直流作用达到消除直流分量的目的。

手工钨极氩弧焊电源应根据被焊金属材料进行选择。

2）控制系统

控制系统一般包括引弧装置、稳弧装置、电磁气阀、电源开关、继电保护、指示仪表等。其动作由装在焊枪上的低压开关实现控制。

3）焊炬

手工氩弧焊用的焊炬包括喷嘴、钨极夹持装置、导线、气管、水管、启动开关等，起着传导电流、输送氩气的重要作用。常用焊炬的型号和技术数据详见常用手工钨极氩弧焊焊炬技术数据。

采用小规范焊接时，特别是底层焊缝采用手工钨极氩弧焊时，常用自制的气冷式焊炬，利用氩气冷却，省掉了水冷装置，具有轻便、结构简单，而且导电性良好的优点。

4）钨极

常用钨极材料有三种：纯钨极、钍钨极和铈钨极。

（1）纯钨极。要求焊机具有高的空载电压；另外，极易烧损，电流越大烧损越严重。但因为它破损氧化膜的作用好，特别是用交流电焊接铝、镁及其合金时，希望用纯钨极，每次断弧后纯钨极端头发光部分仍能持续发光 5～6s，有利于焊工估计施焊位置，而不必移开面罩。

（2）钍钨极。具有较高的热电子发射能力和耐熔性，用交流电时，许用电流值比同直径的纯钨极可提高 1.3 倍，空载电压可大大降低。但钍钨极的粉尘具有微量的放射性，因此在磨削电极时，要注意防护。

（3）铈钨极。比钍钨极具有更大的优点，弧束细长，热量集中，电流密度还可以提高 5%～8%；燃损率低，寿命长；易引弧，电弧稳定；放射剂量极低。可用小电流焊接薄板工件，再者铈钨极端头形状易于保持，因此得到广泛应用。

钨极的端头的形状和角度对电弧的稳定性、使用寿命及焊缝形状都有很大影响。钨极端头形状主要有：尖锥形、圆弧形、平头形和平顶锥形，如图 7.14 所示。

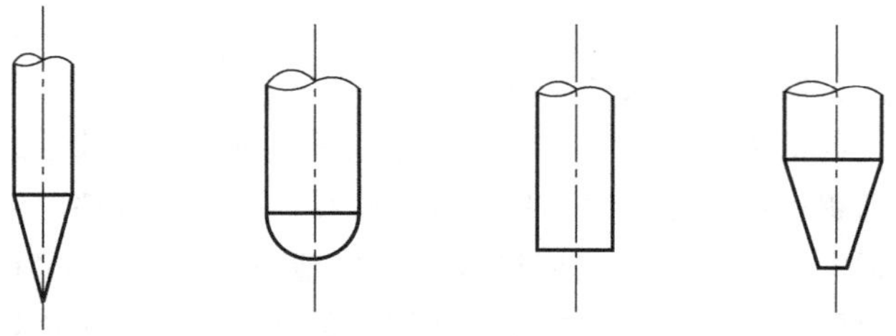

图 7.14　钨极端头形状

尖锥形钨极用于直流正接，用小电流焊接薄板和卷边对接接头，电弧稳定，焊缝较窄，当薄钢板对接接头不加填充金属丝时，不宜采用尖锥形钨极，当钨极磨得过尖时，易咬边，弧坑下塌。圆弧形钨极用于交流电源，当用于直流正接时，电弧不稳。平头形纯钨极用于直流反接，焊接铝镁及其合金。平顶锥形钨极用于直流正接，电弧集中，燃烧稳定，焊缝成形良好，平顶部的直径由所用电流决定，焊接电流较小时，直径可小些，焊接电流较大时，直径可大些，一般来说，平顶部的直径为钨极直径的 1/5～1/2，锥体部分长度为钨极直径的 3～5 倍。

钨极端头角度一般 30°较好，电弧集中，燃烧稳定，熔深大，使用寿命长，推荐用于薄板的焊接。90°以上夹角时，电弧较分散，用于厚板的焊接。

5）气路系统

气路系统包括氩气瓶、减压表、流量计和电磁阀。氩气瓶是氩弧焊的起源，使用时瓶内氩气不得用完，需留 1～2 个表压力（1 个表压力＝0.1MPa），以免空气进入瓶内，造成下次氩气不纯。减压表的作用是将瓶内 150 个表压力降为 1～2 个表压力使用，用普通氧气表即可。流量计是标定通入气体流量大小的装置，保证氩气在焊接过程中按给定的数量均匀地输送，流量一般以 L/min（升/分）为计量单位。电磁气阀是用来控制氩气按给定时间开、闭的装置。

6）水路系统

为了提高电流密度，减轻焊炬重量，对进线和焊炬进行水冷。在焊接时，要求水路系统畅通无阻，按规定压力给水，装有水压开关与电源连锁。当水量不充足时，焊机不能启动，使用时不能随便短接，以免烧坏焊炬和焊机。

7.3.2　焊接规范和操作工艺

手工钨极氩弧焊焊接规范的确定，与焊件材料、大小和薄厚、焊接位置、操作熟练程度等有关。比较重要的有电源和极性的选择、焊接电流、钨极直径、氩气流量、喷嘴直径、预热温度等。

1）焊接规范

（1）电源和极性的选择。

（2）手工钨极氩弧焊主要用于焊接铝合金和不锈钢的薄板结构，手工钨极氩弧焊工艺参数表给出了厚 1.2～4mm 的铝合金和不锈钢对接接头的焊接规范参数，在施焊中作为参考，具体数值以能焊成获得满足要求的焊缝成形和焊缝尺寸为准。

（3）手工钨极氩弧焊是否需要预热，取决于焊件材料的物理性能。黑色金属一般不预热；但对有色金属铜、铝等预热具有重要意义。提高焊件温度，可以加快焊接速度，减少合金元素的烧损，有利于熔池气体排出。特别是厚焊件，如不预热，不但焊接电流要加大，而且冷却速度也很快，对气孔的消除和全位置焊接都带来一定困难。预热温度的确定详见第 10 章相应内容。

2）操作工艺

手工钨极氩弧焊的操作工艺，包括引弧、填丝焊接、收弧等操作。

对于手工钨极氩弧焊，焊前清理对焊接质量的影响比其他焊接方法显得更为重要。焊接时必须把填充金属丝、坡口表面及周围一定宽度范围内的油垢、污物及氧化膜等完全去除。清理方法：清除油垢，常用汽油、乙醇、丙酮等擦洗或用溶剂除油；清除氧化皮，可采用机械方法，如不锈钢等用砂纸打磨，对铝及其合金可用钢丝刷或用刮刀清除坡口表面及其附近两侧的氧化皮，再有，也可采用化学方法；焊接钛合金零件时，为了减少氢脆的危险，提高焊缝塑性，必要时焊件和焊丝在焊前作真空退火。

(1) 引弧。引弧常用的方法有短路引弧、高频引弧、高压脉冲引弧等。

① 短路引弧。即钨极与焊件瞬间短路，立即稍稍提起，在焊件和钨极之间产生电弧的方法。在操作上有摩擦引弧和点接触引弧之分。短路引弧法的缺点是：由于产生很大的短路电流，产生黏结，破坏了钨极端头的形状，有时会产生夹钨现象。

② 高频引弧。是目前手工钨极氩弧焊广泛采用的引弧方法。高频引弧是利用高频引弧器把普通工频交流电转换为高频高压电，当钨极与焊件之间有 5mm 以下的间隙时即把氩气击穿电离，从而引燃电弧的方法。由于高频电流具有集肤效应，虽然电压很高，但对焊工较为安全，即使接触电极，也只会在表皮局部轻微烧伤。高频引弧的缺点是，高频高压电容易窜到焊接电源或控制系统中去，干扰或破坏元件的正常工作程序，乃至击穿元件。

使用高频引弧器应注意：连接导线应尽可能短，以减少损失；在调整高频时，一定要切断电源，并使电容器放电；引弧后及时停止振荡器工作，以免影响焊工的健康。

③ 高压脉冲引弧。其引弧原理与高频引弧相同，但高压脉冲引弧器供给的电流是高压脉冲电流，对焊工的健康无影响。高压脉冲引弧的击穿间隙小于高频引弧。

(2) 填丝焊接。手工钨极氩弧焊的运弧技术与焊条电弧焊不同，与气焊的焊炬运动相似，但要严格得多。焊接方向，直缝一般由右向左，环缝由下向上。焊炬以一定速度前移，其倾角与焊件表面呈 70°～85°，焊丝置于熔池前面或侧面与焊件表面呈 15°～20°，如图 7.15 所示。

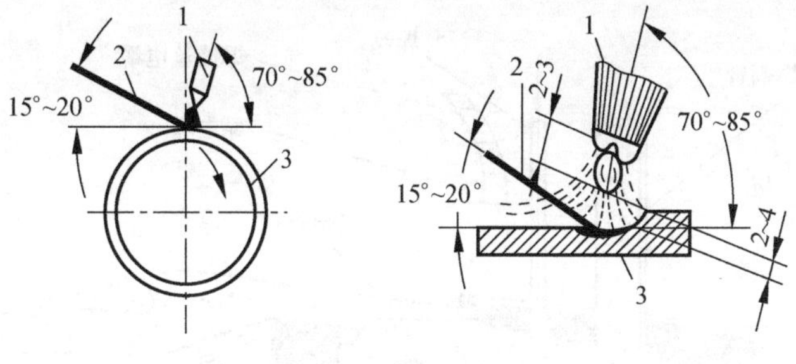

图 7.15　手工钨极氩弧焊时焊炬、焊丝的位置

1-焊炬；2-焊丝；3-焊件

填丝时必须等母材熔化充分后才可填加，以免未熔透。焊丝应从熔池前沿送进，随后收回。回退动作不可太大，因为填充丝端头已呈熔化状态，若马上脱离氩气保护区，熔化端头会氧化及吸收气体。熔丝端部待熔化一段后再提起，但不应提得过高，否则形成的熔滴自由落下，使焊缝成形不良；若填充丝触到钨极上，会使钨极粘上填充金属，则电弧会马上分散开来，破坏焊接过程。

填丝时手的动作主要取决于焊工的操作习惯。比较简单的方法是拿住填充丝的一端，靠手腕和小臂的动作填加焊丝，这种方法适合于不太长、直径较粗的焊丝。另一种方法是连续送丝法，依靠各手指间的配合动作，不断向前捻进焊丝，类似气焊的填丝动作。在焊接长焊缝时，使用长焊丝，用这种方法最好，可以连续施焊，以减少接点的数量。

(3) 收弧。手工钨极氩弧焊的收弧方法常用的有增加焊速法、电流衰减法和采用收弧板。收弧不当会形成很大的弧坑，里面往往有缩孔，甚至会出现弧坑裂纹。

① 增加焊速法。在焊接即将终止时，焊炬逐渐增加移动速度，减少填丝量，甚至不填充金属丝，使焊接熔池体积逐渐缩小，直到母材不再熔化时为止，但此方法要求焊工技术熟练。

② 电流衰减法。在焊接终止时，停止填丝，使焊接电流逐渐减小，从而使熔池体积不断缩小，最后断电，这种方法最为可靠，是手工或自动钨极氩弧焊常常采用的收弧方法。电源为旋转式电焊机时，在焊接终止时可切断供电电源，这时电焊机靠惯性继续旋转并发电，随着转速的降低，焊接电流逐渐变小，达到衰减的目的。若用硅整流直流焊机，则需一套辅加的装置。

目前生产的交流氩弧焊机，都有电流自动衰减装置。

③ 采用收弧板。即把收弧熔池引到与焊件相连的另一块板上，焊后再将收弧板去掉。

7.4 其他焊接方法

7.4.1 埋弧自动焊

埋弧自动焊是指焊接电弧在焊剂层下燃烧的焊接方法。埋弧自动焊是埋弧焊的一种自动化形式。

1) 埋弧自动焊的焊接过程

如图 7.16 所示，埋弧自动焊时，焊剂由给送焊剂管流出，均匀地堆敷在装配好的焊件(母材)表面。焊丝由自动送丝机构自动送进，经导电嘴进入电弧区。焊接电源分别接在导电嘴和焊件上，以便产生电弧。给送焊剂管、自动送丝机构及控制盘等通常都装在一台电动小车上。小车可以按调定的速度沿着焊缝自动行走。

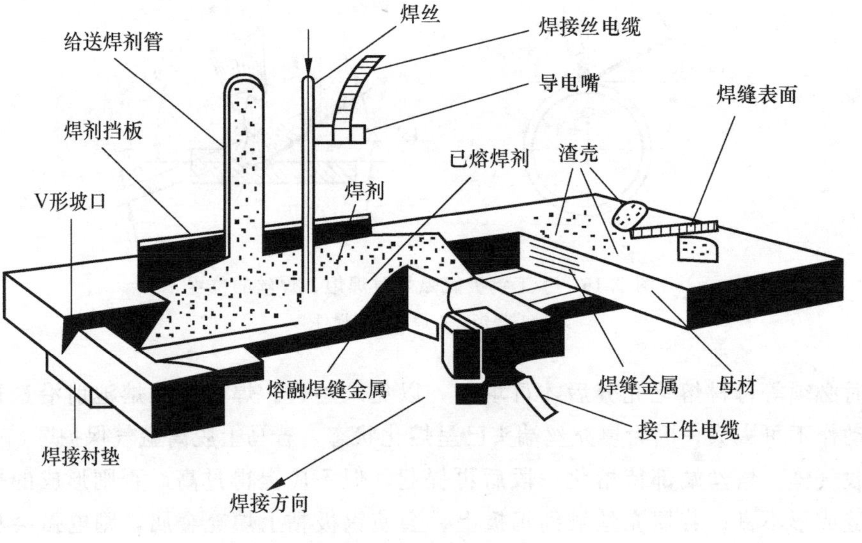

图 7.16 埋弧自动焊

埋弧自动焊的焊缝形成过程如图 7.17 所示。将颗粒状焊剂（代替焊条药皮）堆积在焊道上，插入焊剂层下的焊丝末端与母材之间产生电弧，电弧热使邻近的母材、焊丝和焊剂熔化，并有部分被蒸发。焊剂蒸气将熔化的焊剂（熔渣）排开，形成一个封闭空间，隔绝了空气与电弧和熔池的接触，而且阻挡了电弧光的辐射。熔化的焊丝呈滴状进入熔池，与熔化的母材金属和焊剂中的合金元素混合。熔融金属沉在熔池下部，冷却结晶形成焊缝，熔化的焊剂呈熔渣浮在熔池上面保护熔池，冷却凝固后形成渣壳。随着电弧向前移动，焊丝不断地被补充，同时不断地添加焊剂，即可形成连续的焊缝，未熔化的焊剂经回收处理后可再次使用。

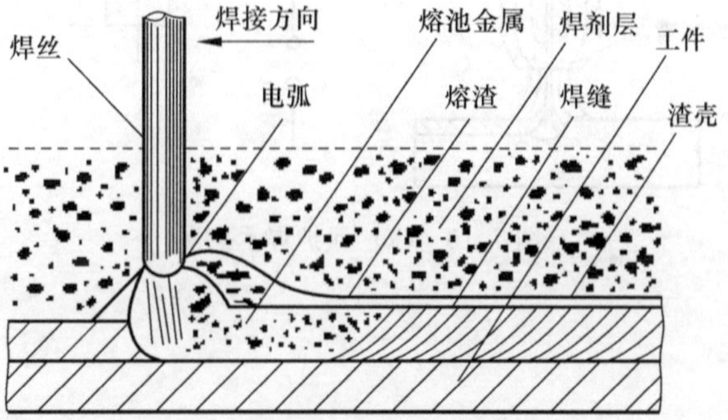

图 7.17　埋弧自动焊的焊缝形成过程

2）埋弧自动焊的特点及应用

埋弧自动焊与焊条电弧焊相比，具有如下优点：

（1）生产率高、成本低。

（2）焊接质量高而稳定。焊剂保护效果好，冶金过程完善，对操作者技术要求低，焊缝美观。

（3）改善劳动条件。没有弧光，烟雾少，劳动强度低。

（4）适应性差。只适合平焊中的直缝和环缝，不能焊空间焊缝和不规则焊缝。

（5）设备结构复杂，投资大，准备工作量大。

（6）焊接过程看不到电弧，不能及时发现问题。对坡口的加工、清理和装配质量要求较高。

埋弧自动焊常用于工件厚度为 6～60mm 的长直水平焊缝及较大直径环形焊缝的成批生产，在桥梁、造船、锅炉、压力容器、冶金机械制造等领域中应用广泛。

7.4.2　气体保护电弧焊

气体保护电弧焊是用外加气体作为介质起到保护电弧和焊接区的作用，简称气体保护焊。常用的有氩弧焊和 CO_2 气体保护焊两种。主要介绍 CO_2 气体保护焊。

CO_2 气体保护焊是以 CO_2 作为保护气体的电弧焊。它用焊丝作为电极，依靠焊丝与工件之间产生的电弧来熔化母材金属与焊丝，如图 7.18 所示。CO_2 气体在电弧高温下会分解，具有氧化性，从而烧损合金元素。所以，CO_2 气体保护焊不能用来焊接有色金属和合金钢。焊接低碳钢和普通低合金钢时，需要使用含有合金元素的焊丝来脱氧和渗合金。

CO_2 气体保护焊的特点是焊接质量高；生产效率高；操作性能好；焊接成本低。其缺点是使用大电流焊接时，电弧飞溅大，焊缝成形不美观，焊接设备比较复杂。CO_2 气体保护焊主要用于焊接低碳钢和强度等级不高的低合金结构钢，焊接厚度一般为 0.8～4mm，广泛用于机车、造船及汽车制造等部门。

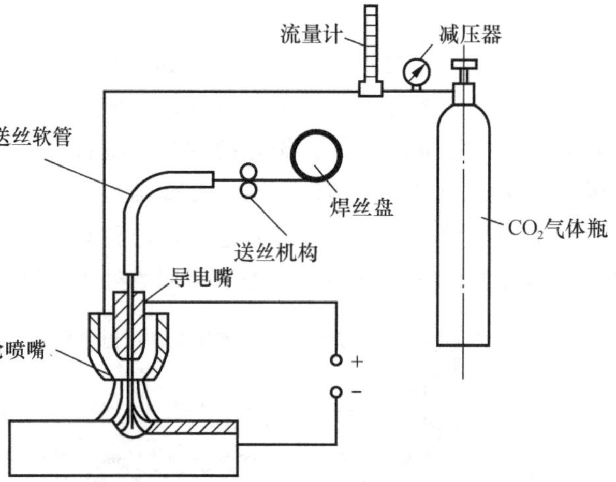

图 7.18　CO_2 保护焊示意图

7.4.3　气焊和气割

1）气焊

气焊示意图如图 7.19 所示。

气焊是利用气体火焰作为热源，将工件和焊丝熔化进行焊接的一种方法。最常用的是氧-乙炔焰，用乙炔和氧气在焊炬中混合，然后从焊嘴喷出燃烧，使工件和焊丝熔化形成熔池，冷却凝固后获得焊缝，如图 7.20 所示。气体燃烧时产生大量的 CO_2 和 CO 气体笼罩熔池，从而起到保护熔池的作用。气焊使用不带药皮的光焊丝做填充金属，可以进行平、立、横、仰等各种空间位置的焊接，其接头形式也有对接、搭接、角接和 T 形接头等。在气焊前，必须彻底清除焊丝和焊件接头表面的油污、油漆、铁锈以及水分等，否则不能进行焊接。

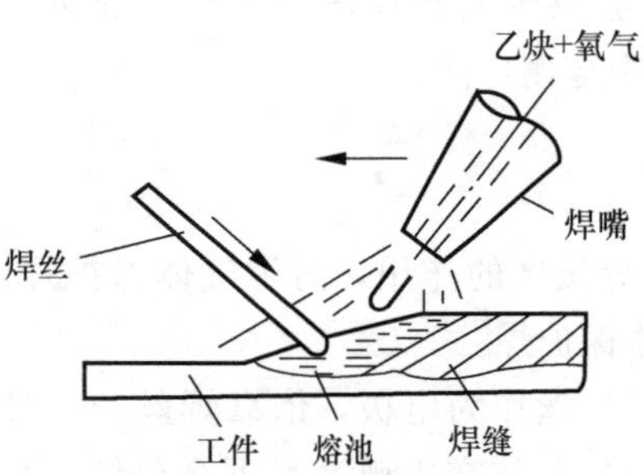

图 7.19　气焊示意图

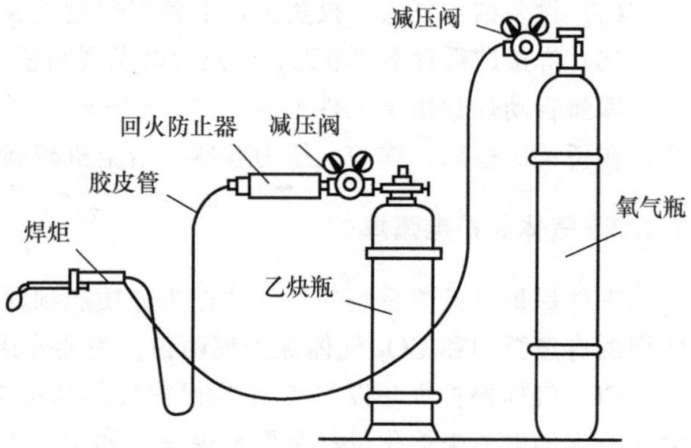

图 7.20　气焊设备及连接

气焊设备简单、操作灵活方便、不需电源，但气焊火焰温度较低（最高约 3150℃），且热量较分散，生产率低，工件变形大，所以应用不如电弧焊广泛。主要用于焊接厚度在 3mm 以下的薄钢板，有色金属及其合金，低熔点材料以及铸铁焊补，钎焊刀具等。气焊设备由氧气瓶、乙炔瓶、减压器、回火保险器及焊炬等组成，如图 7.20、图 7.21 所示。

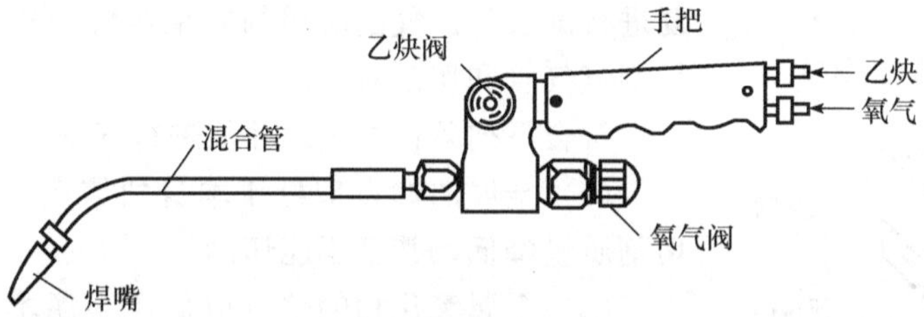

图 7.21 焊炬

(1) 气焊火焰的种类及应用。

气焊时通过调节氧气阀和乙炔阀，可以改变氧气和乙炔的混合比例，从而得到三种不同的气焊火焰：中性焰、碳化焰和氧化焰，如图 7.22 所示。

① 中性焰（正常焰）。当氧和乙炔混合比为 1.1～1.2 时，燃烧获得中性焰，又称正常焰。由焰心、内焰和外焰三部分组成。焰心温度约 900℃，内焰温度最高约 3150℃，焊接时应使熔池和焊丝末端处于内焰这一最高温度区。中性焰在生产上应用最广，适用于低碳钢、中碳钢、低合金钢、不锈钢、纯铜和铝合金等材料的焊接。

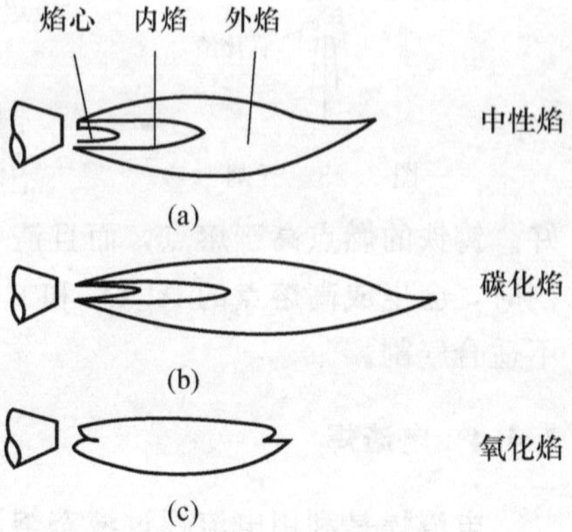

图 7.22 气焊火焰

② 碳化焰。当氧和乙炔的混合比小于 1.1 时，燃烧获得碳化焰。整个火焰长而柔软，最高温度可达 2700～3000℃。由于氧气比较少，燃烧不充分，因而火焰中含有过剩乙炔并分离成游离状态的碳和氢，从而导致焊缝产生气孔和裂纹，这种火焰适用于含碳量较高的高碳钢、铸铁、硬质合金及高速钢的焊接。

③ 氧化焰。当氧和乙炔混合比大于 1.2 时，燃烧获得氧化焰。内焰和外焰层次不清，燃烧时有噪音，最高温度可达 3100～3300℃。由于氧化焰中有过量的氧气存在，因而对熔池有氧化作用，从而影响焊缝质量。这种火焰应用较少，只在焊接黄铜和锡青铜时才采用，生成一层氧化物膜覆盖在熔池上，以防止锌、锡在高温下蒸发。

(2) 焊丝与焊剂。

气焊的焊丝作为填充金属，与熔化的母材一起形成焊缝，因此焊丝质量对焊件性能有很大的影响，焊接时常根据焊件材料选择相应的焊丝。

焊剂的作用是保护熔池金属，去除焊接过程中形成的氧化物，增加液态金属的流动性。焊剂主要有硼酸、硼砂、碳酸钠等。焊接低碳钢时，由于中性焰本身具有一定的保护作用，所以可不使用焊剂。

2) 气割

气割是使高温的金属在纯氧中燃烧将工件分离的加工方法。气割使用的气体和供气装置与气焊相同。

气割时，先用氧-乙炔焰将金属加热到燃点，然后打开切割氧阀门，放出纯氧气流，使高温金属燃烧。燃烧后生成的液体熔渣，被高压氧流吹走，形成切口，如图 7.23 所示。金属燃烧放出大量的热，又预热了待切割的金属。所以气割过程是预热→燃烧→吹渣形成切口不断重

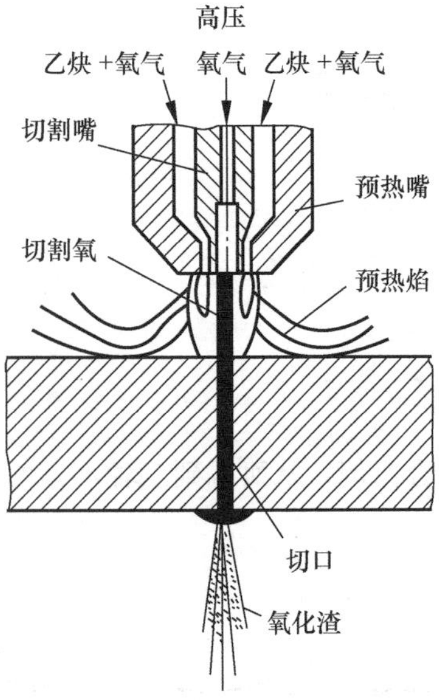

图 7.23 气割

复进行的过程。气割所用的割炬与焊炬有所不同，多了一个切割氧气管和切割氧阀门。

符合下列条件的金属才能进行气割：

(1) 金属的燃点应低于本身的熔点，否则变为熔割，使切割质量降低，甚至不能切割。

(2) 金属氧化物的熔点应低于金属本身的熔点。否则高熔点的氧化物会阻碍下层金属与氧气流接触，使气割无法继续进行。另外，气割时所产生的氧化物应易于流动。

(3) 金属的导热性不能太高，否则使气割处的热量不足，造成气割困难。

(4) 金属在燃烧时所产生的大量热能应能维持气割的进行。

低、中碳素钢和低合金结构钢具有很好的气割性能，因钢中主要成分为铁，其燃烧时生成 FeO、Fe_3O_4 和 Fe_2O_3 放出大量的热，并且熔点低流动性好，故切口光洁整齐而质量好。铸铁的燃点高于熔点，而且渣中有大量的黏稠的 SiO_2 会妨碍切割进行，铝和不锈钢在气割时，会生成高熔点的 Al_2O_3 和 Cr_2O_3 膜，所以高碳钢、铸铁、高合金钢和铜铝等有色金属不适合气割。

7.4.4 电渣焊

电渣焊是利用电流通过液态熔渣时所产生的电阻热熔化母材和填充金属进行焊接的方法。它与电弧焊不同，除引弧外，焊接过程中不产生电弧。

电渣焊一般在立焊位置进行，焊前将边缘经过清理、侧面经过加工的焊件装配成相距 20～40mm 的接头，如图 7.24 所示。

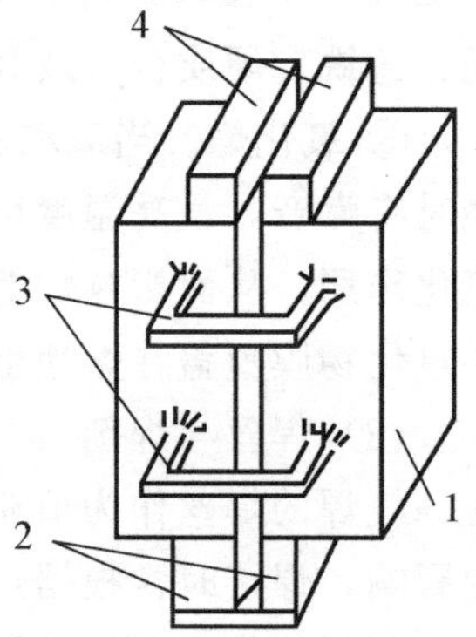

图 7.24 电渣焊工件装配图

焊件与填充焊丝接电源两极，在接头底部焊有引弧板，顶部装有引出板。在接头两侧还装有强制成形装置及冷却滑块（一般用铜板制成、并通水冷却），使熔池冷却结晶。焊接时将焊剂装在引弧板、冷却滑块围成的盒状空间里。送丝机构送入焊丝，同引弧板接触后引燃电弧。电弧高温使焊剂熔化，形成液态熔渣池。当渣池液面升高淹没焊丝末端后，电弧自行熄灭，电流通过熔渣，进入电渣焊过程。由于液态熔渣具有较大电阻，电流通过时产生的电阻热将使熔渣温度升高达 1700～2000℃，使与之接触的焊件边缘及焊丝末端熔化。熔化的金属在下沉过程中，同熔渣发生一系列冶金反应，最后沉积于渣池底部，形成金属熔池。以后随着焊丝不断送进与熔化，金属熔池不断升高并将渣池上推，冷却滑块也同步上移，渣池底部则逐渐冷却凝固成焊缝，将两焊件连接起来。比重轻的渣池浮在上面既作为热源，又隔离空气，保护熔池金属不受侵害。焊接过程如图 7.25 所示。

电渣焊的特点如下：

(1) 对于厚大截面的焊件可一次焊成，生产率高。工件不开坡口，焊接同等厚度的工件，焊剂消耗量只是埋弧自动焊的 1/50～1/20，电能消耗量是埋弧焊的 1/3～1/2、手工电弧焊的

1/2。因此，电渣焊的经济效益好，成本低。

（2）由于熔渣对熔池保护严密，避免了空气对金属熔池的有害影响，而且熔池金属长时间保持液态，有利于冶金反应和气体杂质上浮排除，焊缝化学成分均匀。因此，焊缝金属比较纯净，质量较好。

（3）焊接速度慢，焊件冷却慢，因此焊接应力小。但焊接热影响区比其他焊接方法的宽，造成接头晶粒粗大，力学性能下降，所以电渣焊后，焊件要进行正火处理，以细化晶粒。

电渣焊主要用于焊接厚度大于30mm的厚大工件，不仅适合低碳钢的焊接，还适合于中碳钢和合金结构钢的焊接。目前电渣焊是制造大型铸-焊、锻-焊复合结构，如水压机、水轮机和轧钢机上大型零件的重要工艺方法。

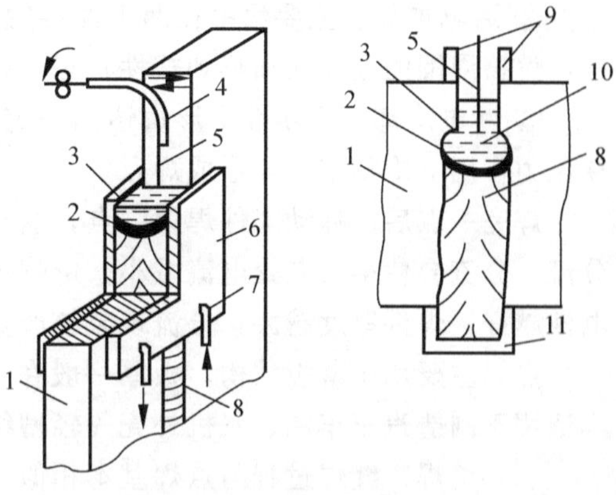

图 7.25　电渣焊示意图

1-工件；2-金属熔池；3-熔渣；4-导丝管；5-焊丝；6-强制成形装置；7-冷却水管；8-焊缝；9-引出板；10-金属熔滴；11-引弧板

7.4.5　压力焊

利用加压（或同时加热）的方法使两工件的结合面紧密接触并产生一定的塑性变形，通过原子间的结合力将二者牢固地连接起来，这类焊接方法称为压力焊。根据加热加压的方式不同，压力焊可分为电阻焊、摩擦焊、超声波焊、扩散焊和爆炸焊等。

1）电阻焊

电阻焊是利用电流通过焊件及其接触面产生的电阻热作热源，将焊件局部加热到塑性或熔融状态，然后在压力下形成焊接接头的一种焊接方法。电阻焊分为点焊、缝焊、对焊三种形式，如图7.26所示。与其他焊接方法相比，电阻焊具有生产率高、焊件变形小、劳动条件好、不需填充材料和易于实现自动化等特点。但设备较一般熔化焊复杂，耗电量大，适用的接头形式和可焊工件厚度受到一定限制，且焊前清理要求高。

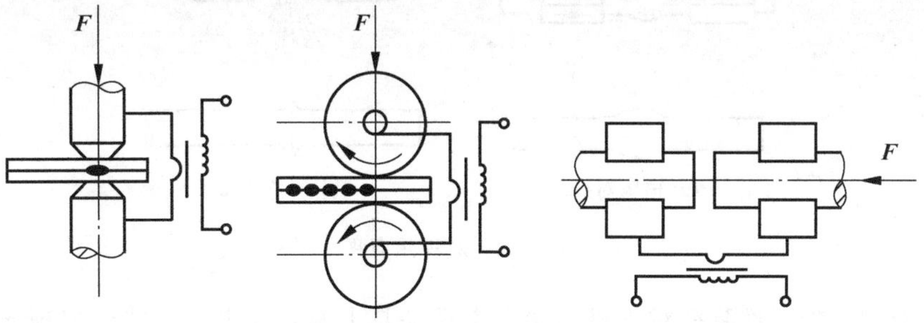

(a) 点焊　(b) 缝焊　(c) 对焊

图 7.26　电阻焊示意图

（1）点焊。如图7.26（a）所示，点焊是利用柱状电极在两块搭接工件接触面之间形成焊点而将工件焊在一起的方法。点焊的焊接过程分预压、通电加热和断电冷却三个阶段。

① 预压。将表面已清理好的工件叠合起来，置于两电极之间预压夹紧，使工件欲焊处紧密接触。

② 通电加热。主要集中在两工件接触处的热量，将该处金属迅速加热到熔融状态形成熔核，熔核周围的金属被加热到塑性状态，在压力作用下发生较大塑性变形。

③ 断电冷却。当塑性变形量达到一定程度后，切断电源，并保持压力一段时间，使熔核在压力作用下冷却结晶，形成焊点。

焊完一点后，移动工件焊第二点，这时候有一部分电流流经已焊好的焊点，这种现象称为分流。分流会使第二点处电流减小，影响焊接质量，因而两点间应有一定距离。被焊材料的导电性越好，焊件厚度越大，分流现象越严重，因此两点间的间距就应该越大。

点焊主要用于薄板结构，板厚一般在 4mm 以下，特殊情况下可达 10mm。这种焊接方法广泛用于制造汽车车厢、飞机外壳等轻型结构。

(2) 缝焊。缝焊过程与点焊基本相似。缝焊焊缝是由许多焊点相互依次重叠而形成的连续焊缝。由于缝焊机的电极是两个可以旋转的盘状电极，所以缝焊又称滚焊，如图 7.26 (b) 所示。当两工件的搭接处被两个圆盘电极以一定的压力夹紧并反向转动时，自动开关按一定的时间间隔断续送电，两工件接触面间就形成许多连续而彼此重叠的焊点，这样就获得了缝焊焊缝，焊点相互重叠率在 50%以上。缝焊在焊接过程中分流现象严重，因此缝焊只适于焊接 3mm 以下的薄板焊件。

缝焊焊缝表面光滑美观，气密性好，广泛应用于家用电器（如电冰箱壳体）、交通运输（如汽车、拖拉机油箱）及航空航天（如火箭燃料贮箱）等工业部门中要求密封的焊件的焊接。

(3) 对焊。对焊是利用电阻热将两工件端部对接起来的一种压力焊方法，如图 7.26 (c) 所示。根据焊接过程不同，对焊又可分为电阻对焊和闪光对焊，如图 7.27 (a)、(b) 所示。

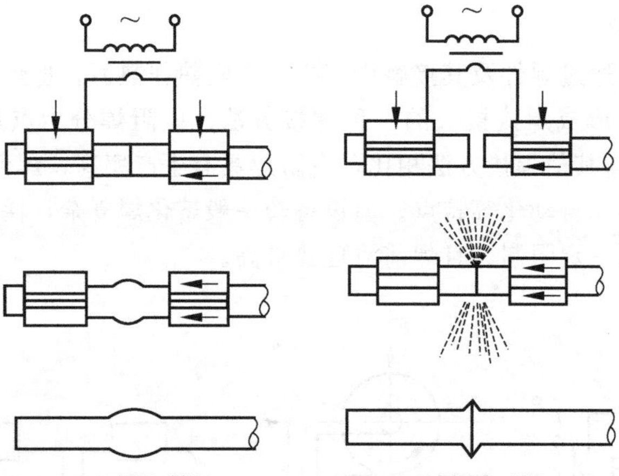

(a) 电阻对焊　　(b) 闪光对焊

图 7.27　对焊示意图

① 电阻对焊。把工件装在对焊机的两个电极夹具上对正、夹紧，并施加预压力，使两工件的端面挤紧，然后通电，由于两工件接触处实际接触面积较小，因而电阻较大，当电流通过时，就会在接触面产生大量的电阻热，使接触面附近金属迅速加热到塑性状态，然后增大压力，切断电源，在接触处产生一定的塑性变形而形成接头。

电阻对焊具有接头光滑、毛刺小、焊接过程简单等优点，但接头的机械性能较差；焊前必须对焊件端面进行除锈、修整，否则焊接质量难以保证。电阻对焊主要用于截面尺寸小且截面形状简单（如圆形、方形等）的金属型材的焊接。

② 闪光对焊。闪光对焊时，将工件在电极夹头上夹紧，先接通电源，然后逐渐靠拢。由于接头端面比较粗糙，开始只有少数几个点接触，当强大的电流通过接触面积很小的几点时，就会产生大量的电阻热，使接触点处的金属迅速熔化甚至气化，熔化金属在电磁力和气体爆炸力作用下连同表面的氧化物一起向四周喷射，产生火花四溅的闪光现象，继续推进焊件，闪光现象便在新的接触点处产生，待两工件的整个接触端面都有一薄层金属熔化时，迅速加压并断电，两工件便在压力作用下冷却凝固而焊接在一起。

闪光对焊对工件端面的平整度要求不高，接头质量也较电阻对焊的好，但操作比较复杂，对环境也会造成一定污染。

2）摩擦焊

摩擦焊是利用两工件焊接端面之间相互摩擦产生的热量将工件端面加热到塑性状态后，在压力作用下使它们连接起来的一种压力焊方法。

(1) 摩擦焊过程如图 7.28 所示，将工件Ⅰ、Ⅱ分别夹持在焊机的旋转夹头和移动夹头上，加上预压力使两工件紧密接触。然后使工件Ⅰ高速旋转，工件Ⅱ在一定的轴向压力作用下不断向工件Ⅰ方向缓缓移动。于是两工件接触端面强烈摩擦而发出大量的热并被加热到塑性状态，同时在轴向压力作用下逐步发生塑性变形。变形的结果使覆盖在端面上的氧化物和杂质迅速破碎并被挤出焊接区，露出纯净的金属表面。随着焊接区金属塑性变形的增加，接触端部很快被加热到焊接温度。这时立即刹车，停止工件Ⅰ的旋转并加大轴向压力，使两工件在高温高压下焊接起来。

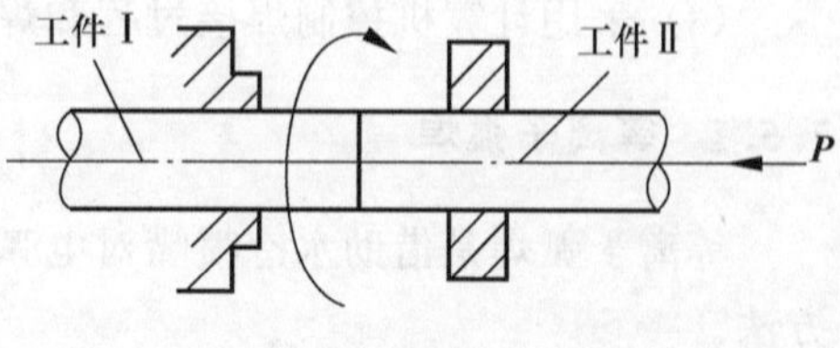

图 7.28 摩擦焊工作原理

(2) 摩擦焊特点：

① 焊接接头质量高且稳定。由于工件接触表面强烈摩擦，使工件接触表面的氧化膜和杂质挤出焊缝之外，因而接头质量好，焊件尺寸精度高。

② 不仅可以实现同种金属的焊接，还可实现异种金属的焊接，如高速钢与 45 钢焊接、铜合金与铝合金焊接等。

③ 生产率高。焊好一个接头所需时间一般不超过 1min，与闪光焊相比，生产率可提高几倍甚至几十倍。

④ 摩擦焊操作技术简单，容易实现自动控制，且没有火花和弧光，劳动条件好。

⑤ 焊机所需功率小，省电。与闪光焊相比，可节约电能 5 倍以上。摩擦焊作为一门新技术，在国内外已得到很大发展，世界各国投入使用的摩擦焊机逐年增多。我国目前已能焊接直径 168mm 的大型石油钻杆，并对摩擦焊机实现了微机控制。改善了接头质量，提高了产品合格率。随着研究的深入和生产的发展，摩擦焊将会得到更广泛应用。

7.4.6 钎焊

钎焊是将熔点低的金属材料作钎料和工件共同加热到高于钎料熔点的温度，在工件不熔化的情况下，使钎料熔化后填满被焊工件连接处的间隙，冷却后形成接头的焊接方法。

钎焊按钎料熔点不同，分为硬钎焊和软钎焊，硬钎焊钎料熔点高于 450℃，有铜基、铝基、银基钎料等，适用于焊接工作温度较高，受力较大的工件，如受力较大的钢铁和铜合金构件以及车刀上硬质合金刀头与刀杆的焊接；软钎焊钎料熔点低于 450℃，有锡铅钎料等，主要用于焊接工作温度较低，受力较小的工件，如电子线路的焊接。

钎焊与熔焊相比，优点是加热温度低，接头组织和力学性能变化小，工件变形小；能焊接同种金属或不同种金属；焊接过程简单，生产效率高，易实现自动化；钎焊接头强度低，常用搭接接头来提高承载能力。因此，钎焊主要用于精密仪表、电气零部件、异种金属构件、复杂薄板构件及硬质合金刀具的焊接。

7.5 焊接新技术简介

当前焊接新工艺发展有三个方面：

(1) 随着原子能和航空航天技术的发展，新的焊接材料和结构的出现，产生了新的焊接工艺方法，如真空电子束焊、激光焊、真空扩散焊等；

(2) 改进普通焊接的工艺，提高焊接质量和生产率，如脉冲氩弧焊、三丝埋弧焊等；

(3) 采用计算机控制焊接过程和焊接机器人，实现焊接过程自动化和智能化等。

7.5.1 等离子弧焊

等离子弧焊是借助水冷喷嘴对电弧的约束使用，获得较高能量密度的等离子弧进行焊接的方法。

一般电弧焊所产生的电弧未受到外界约束，称为自由电弧，电弧区内的气体尚未完全电离，能量也未高度集中。如果利用某种装置使自由电弧的弧柱受到压缩，弧柱中气体完全电离，则可产生温度更高、能量更加集中的电弧，即等离子电弧。

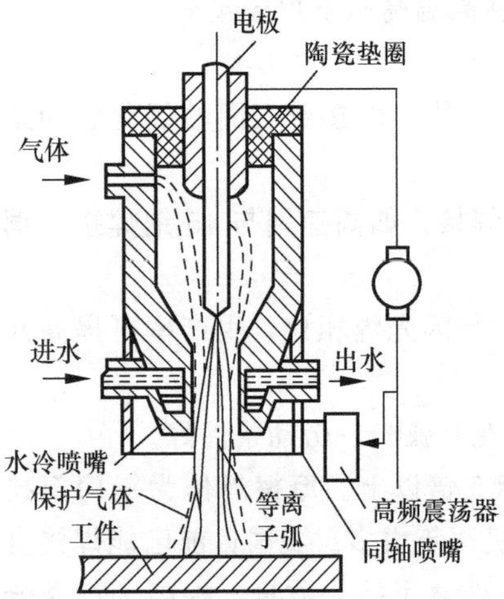

图 7.29 等离子弧焊示意图

等离子弧的产生原理如图 7.29 所示。钨极与工件之间加一高压，经高频振荡器的激发，使气体电离形成电弧，电弧通过细孔喷嘴时，弧柱截面缩小，产生机械压缩效应；向喷嘴内通入高速保护气流（如氩气、氮气等)，此冷气流均匀地包围着电弧，使弧柱外围受到强烈冷却，于是弧柱截面进一步缩小，产生了热压缩效应。

此外，带电离子在弧柱中的运动可看成是无数根平行的通电“导体”，其自身磁场所产生的电磁力使这些“导体”互相吸引靠拢，电弧受到进一步压缩，这种作用称为电磁压缩效应。这三种压缩效应作用在弧柱上，使弧柱被压缩得很细，电流密度极大提高，能量高度集中，弧柱区内的气体完全电离，从而获得等离子弧。这种等离子弧的温度可高达 15000～16000K，能够用于焊接和切割。

焊接时，在等离子弧周围还要喷射保护气体以保护熔池，一般保护气体和等离子气体相同，通常为氩气。

按焊接电流大小，等离子弧焊分为微束等离子弧焊和大电流等离子弧焊两种。微束等离子弧的电流一般为 0.1～30A，可用于厚度为 0.025～2.5mm 箔材和薄板的焊接。大电流等离子弧主要用于焊接厚度大于 2.5mm 的焊件。

等离子弧焊的特点：

(1) 生产率高，焊缝质量好，焊接变形小，等离子弧能量密度大，弧柱温度高，穿透能力强。厚度 12mm 的焊件可不开坡口，因此生产率高，同时焊接速度快，热影响区小，焊接变形小，焊缝质量好。

（2）可焊超薄焊件。等离子弧当焊接电流小到 0.1A 时，仍能保持稳定燃烧，因此等离子弧焊可焊超薄板（0.1～2mm），如箔材、热电偶等。

等离子弧焊的主要不足是设备复杂、昂贵、气体消耗大，而且只适于室内焊接。

目前等离子弧焊在化工、原子能、电子、精密仪器仪表、火箭、航空航天等工业中广泛应用，如钛合金导弹壳体、波纹管及膜盒、微型继电器、飞机上的薄壁容器等。主要焊接难熔、易氧化、热敏感性强的材料，如钨、合金钢、铜合金、钛合金、钼、钴等金属的焊接。现在民用工业也开始采用等离子弧焊，如锅炉管的焊接等。

此外，利用高温高速的等离子弧还可以切割任何金属和非金属材料，包括氧-乙炔焰不能切割的材料，而且切口窄而光滑，切割效率比氧-乙炔焰切割提高 1～3 倍。

7.5.2 真空电子束焊

在原子能和航空航天领域，大量应用了锆、钛、铌、钽、钼、镍等合金，这些稀有的难熔活性金属，用一般的焊接技术难以得到满意的效果。直到 1956 年真空电子束焊接技术研制成功，才为这些金属的焊接开辟了一条有效途径。

1）焊接原理

在真空中，电子枪的阳极被通电加热至高温，发射出大量电子，这些热发射电子在强电场的阴极和阳极之间受高电压作用而加快至很高速度。高速运动的电子经过聚束装置，阳极和聚焦线圈形成高能量密度的电子束。电子束以极大速度（约 16000km/s）射向焊件，电子的动能转化为热能使焊件轰击部位迅速熔化，即可进行焊接。图 7.30 是目前应用最广泛的高真空电子束焊。

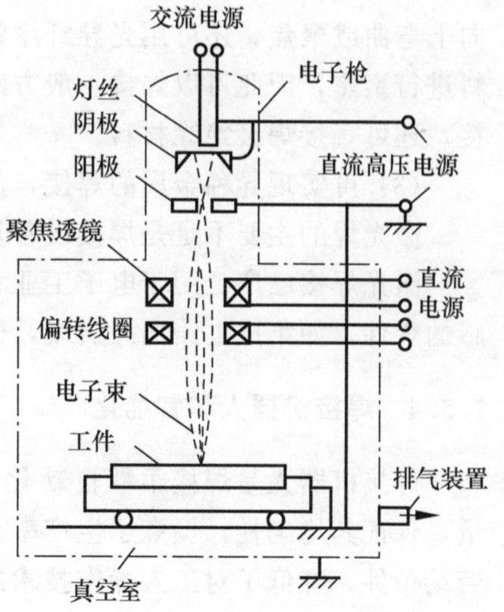

图 7.30 真空电子束焊

2）电子束焊的特点和应用

（1）在真空环境中施焊，保护效果极佳，焊接质量好。焊缝金属不会氧化、氮化，且无金属电极玷污。没有弧坑或其他表面缺陷，内部熔合好，无气孔夹渣。特别适合于焊接化学活泼性强、纯度高和极易被大气污染的金属。

（2）焊接变形小，可进行装配焊接，如齿轮组合件等。由于焊接时热量高度集中，焊接热影响区小。

（3）焊接适应性强，电子束焊工艺参数可在较广的范围内进行调节，且控制灵活，因此既可焊接 0.1mm 的薄板，又可焊 200～300mm 的厚板，还能焊接一般焊接方法难以施焊的复杂形状的工件。可焊普通的合金钢，也可以焊难熔金属、活性金属以及复合材料、异种金属，如铜-镍、铜-钨等。

（4）生产率高、成本低，易实现自动化。

真空电子束焊的主要不足是设备复杂，造价高，焊件尺寸受真空室限制。但是，由于真空电子束焊接是在压强低于 10.2Pa 的真空中进行，因此易蒸发的金属和含气量比较多的材料，在真空电子束焊接时易于挥发，妨碍焊接过程的连续进行。所以，含锌较高的铝合金（如铝-锌-镁）和铜合金（黄铜）及未脱氧处理的低碳钢，不能用真空电子束焊接。

7.5.3 激光焊

1）激光焊原理

激光焊接是以聚集的激光束轰击焊件，利用产生的热量进行焊接的方法。激光焊过程如图 7.31 所示。激光是利用原子受激辐射原理，使物质受激而产生波长均一、方向一致和强度非常高的光束。激光具有单色性好、方向性强、能量密度高的特点，在极短时间内，激光能转变成热能，其温度可达万度以上。激光焊接时，激光器受激产生激光束，通过聚焦系统聚焦成十分微小的焦点，能量进一步集中。当把激光束调焦到焊件的接缝处时，光能被焊件材料吸收后转换成热能，在焦点附件产生高温使金属瞬间熔化，冷凝后形成焊接接头。

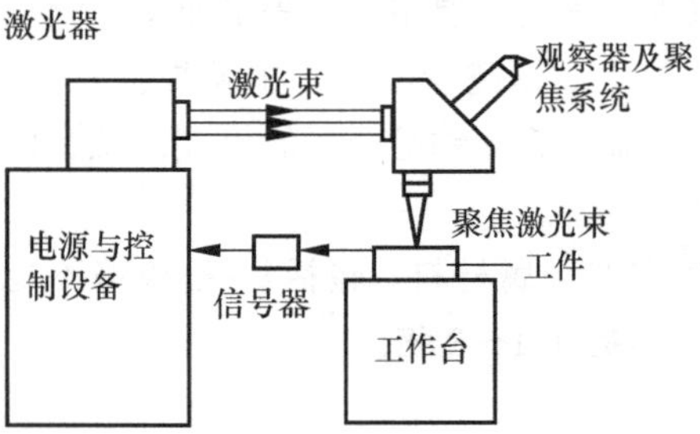

图 7.31　激光焊

2）激光焊的特点和应用

(1) 能量密度大，热影响区小，焊接变形小，焊件尺寸精度高。

(2) 激光焊接装置不需要与被焊接工件接触。激光束可用反射镜或偏转棱镜将其在任何方向上弯曲或聚焦，还可用光导纤维将其引到难以接近的部位进行焊接。激光还可以穿过透明材料进行聚焦，因此可以焊接一般方法难以接近的接头或无法安置的接点，如真空管中电极的焊接。还可直接焊接绝缘材料。

(3) 可实现异种金属的焊接，甚至能实现金属与非金属的焊接。

激光焊的主要不足是焊接设备复杂，价格昂贵，焊机功率较小，焊件厚度受到一定限制。

激光焊接已广泛用于电子工业和仪表工业中，主要适于焊接微型、精密、排列密集和热敏感的焊件，如集成电路内外引线，微型继电器以及仪表游丝等。

7.5.4 焊接机器人和智能化

焊接机器人是焊接柔性自动化的新方式。焊接机器人的主要优点：可稳定和提高焊接质量，保证其均匀性，提高了生产率，可 24h 连续生产；可在有害环境下长期工作，改善了工人劳动条件，降低了对工人操作技术的要求，可实现小批量产品焊接自动化，为焊接柔性生产线提供技术基础。

汽车车身、家用电器框架等薄壁结构多采用点焊方法制造，用机器人进行点焊，能获得较高的焊接质量和生产率。

为提高焊接过程的自动化程度，除了控制电弧对好缝的自动跟踪外，还应适时控制焊接质量，为此需要在焊接过程中检测焊接坡口的状况，如焰宽、熔深和背面焊道成形等，以便能适时地调整焊接参数，保证良好的焊接质量，这就是智能化焊接。智能化焊接的第一个发展重点在视觉系统，它的关键技术是传感器技术。虽然目前智能化焊接技术还处在初级阶段，但有着广阔前景，是一个重要的方向。

有关焊接工程的专家系统，近年来国外已开始研究，并已推出或准备推出某些商品化焊接专家系统。焊接专家系统是具有相当于专家的知识和经验水平，以及具有解决焊接专门问题能力的计算机软件系统。在此基础上发展起来的焊接质量计算机综合管理系统在焊接中也得到了应用，其内容包括对产品的初始试验资料和数据的分析、产品质量检验、销售监督等，其软件包括数据库、专家系统等技术的具体应用。

7.5.5 其他特种焊接方法

超声波焊是利用超声波的高频振荡能量对工件接头进行局部加热和表面清理，然后施加压力实现焊接的一种方法。它可以焊接一般方法难以或无法焊接的工件和材料，如铝、铜、镍、金等薄件。主要用于无线电、仪表、精密机械及航空工业等部门。扩散焊是将工件在高温下加压，但不产生可见变形和相对移动的固态焊接方法。它能焊接同种和异种金属材料，可以焊接结构复杂、薄厚悬殊、材料各异的焊接工件，焊接质量较好。还可用于金属与非金属间的焊接，能用小件拼成力学性能均一和形状复杂的大件，以代替整体锻造和机械加工。扩散焊在航空航天、电子工业等领域得到了广泛的应用。

复习思考题

7-1 什么是焊接？什么是母材？什么是焊接材料？

7-2 什么是电弧焊？弧焊电源与普通电源有何不同？

7-3 手弧焊机有哪几种？何谓直流正接和反接？简述你在实习中使用的手弧焊机的型号和主要技术参数。

7-4 焊条由哪两部分组成？各部分的作用是什么？

7-5 常用的焊接接头形式有哪些？对接接头常见的坡口形式有哪几种？

7-6 手弧焊的焊接工艺参数有哪些？应该怎样选择焊接电流？

7-7 说明下列焊丝、焊条牌号的含义：E4303、E5015、E308。

7-8 常见的焊接缺陷有哪些？有哪些方法可以检查焊缝内部缺陷？

7-9 什么是气焊？什么是气割？

7-10 气焊火焰分哪几种？如何区别？焊接低碳钢、中碳钢、高碳钢、低合金钢、高强度？

7-11 焊接结构钢、铸铁、黄铜、铝合金等金属材料时各用哪种火焰？

7-12 什么样的金属材料才能用氧气切割？

7-13 气焊与焊条电弧焊相比有什么特点，它适合焊什么样的工件？

7-14 埋弧焊与焊条电弧焊相比具有哪些特点？埋弧焊为什么不能代替焊条电弧焊？

7-15 对焊、点焊、缝焊的区别是什么？

7-16 简述焊接电弧的组成，焊接电弧的极性及应用。

7-17 酸性焊条和碱性焊条的区别是什么？它们各用在什么场合？

7-18 焊接低碳钢时，其热影响区的组织和性能有什么变化？

7-19 产生焊接热裂纹和冷裂纹的原因是什么？如何减少和防止？

7-20 简述几种常见焊接方法的特点和应用。

第三篇　金属切削加工

第 8 章　切削加工基础

在机床上用金属切削刀具切除工件上多余的金属，从而使工件的形状、尺寸精度及表面质量都符合预定要求的加工，称为金属切削加工。在金属切削过程中，刀具与工件必须有相对的运动，即切削运动，它是由金属切削机床来完成的。

8.1　切削运动与切削要素

8.1.1　切削运动

机器零件的形状虽然多种多样，但稍加分析可知，它们基本上由内外圆柱面和圆锥面、平面、曲面等组成。内外面柱面和圆锥面是以一条直线作母线，绕轴线旋转所形成的表面。平面是以一条直线为母线，做平移运动所形成的表面。曲面是以一条曲线为母线，做旋转或平移运动所形成的表面。

上述表面的形成所需要的母线及运动，是由各种机床上的工件与刀具所做的相对运动来实现的，这样的相对运动就是所谓的切削运动。

现以图 8.1 所示常见的、典型的外圆车削为例来研究切削运动。车削时，工件旋转是切除金属的基本运动；车刀做平行于工件轴线的直线运动，保证了切削连续进行。在这两个运动组成的切削运动的作用下形成了工件的外圆柱表面。按运动在切削中所起的作用分为主运动和进给运动两种。

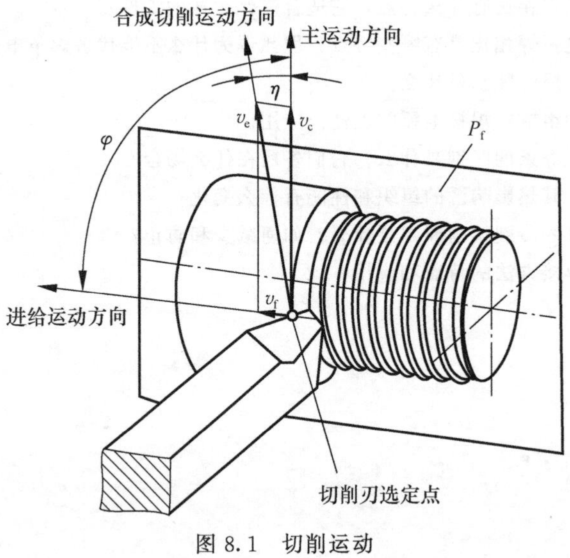

图 8.1　切削运动

1）主运动

切削加工时直接切下工件多余的金属使之成为切屑的运动称为主运动。每台机床至少有一个主运动。主运动的运动形式可以是转动，也可以是直线运动。主运动可以由工件完成，也可以由刀具完成。

2）进给运动

切削加工时，将新的金属材料不断地投入切削，使切削加工不断地进行下去的运动称为进给运动。进给运动的数目可以有一个或几个，或无需进给运动。

典型机床的切削运动如表 8.1 所示。

表 8.1 典型机床的切削运动

机床名称	主运动	进给运动	机床名称	主运动	进给运动
卧式车床	工件旋转运动	车刀纵向、横向、斜向直线运动	龙门刨床	工件往复运动	刨刀横向、垂向、斜向间歇移动
钻床	钻头旋转运动	钻头轴向移动	外圆磨床	砂轮高速旋转	工件转动，同时工件往复移动或砂轮横向移动
卧、立式、铣床	铣刀旋转运动	工件纵向、横向直线移动（有时也作垂直移动）	内圆磨床	砂轮高速旋转	工件转动，同时工件往复移动或砂轮横向移动
牛头刨床	刨刀往复运动	工件横向间歇移动或刨刀垂向、斜向间歇移动	平面磨床	砂轮高速旋转	工件往复移动，砂轮横向、垂向移动

8.1.2 切削要素

在切削过程中，工件表面上多余的金属不断被刀具切下来变成切屑，从而加工出新的表面。在切削过程中，工件上形成三个变化着的表面。以车削加工为例，如图 8.2 如示。

待加工表面——将被切除的金属表面。

已加工表面——切削后形成的新的金属表面。

过渡表面——切削刃在工件上正在形成的表面。

1. 切削用量

切削用量是指在切削过程中所选择的切削速度、进给量和背吃刀量（切削深度）。图 8.3 所示为车外圆时的切削用量示意图。

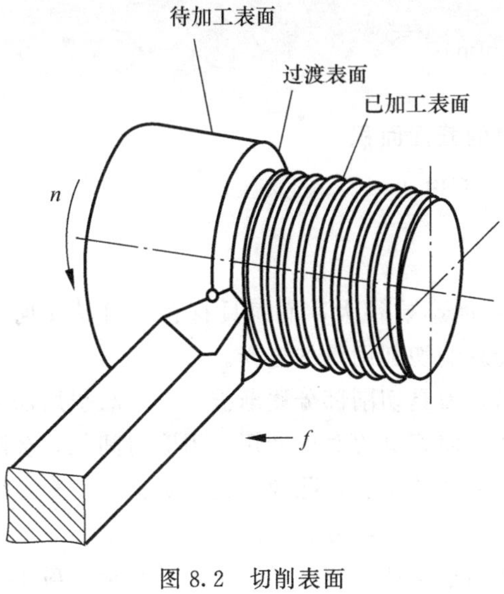

图 8.2 切削表面

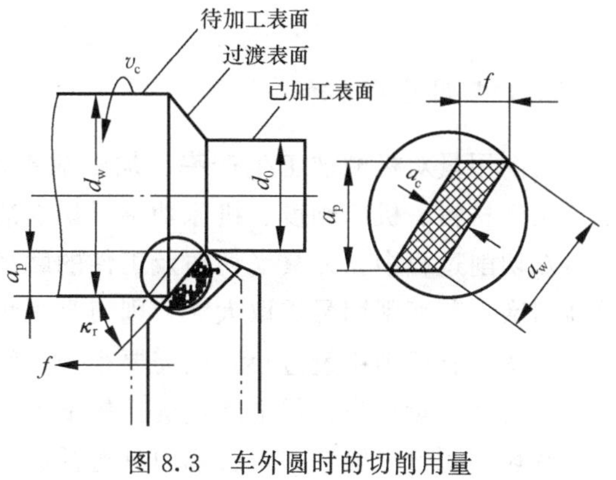

图 8.3 车外圆时的切削用量

1）切削速度 v_c

主运动的线速度称为切削速度，即单位时间内工件与刀具沿主运动方向相对移动的距离。当主运动为转动时，其切削速度按下列公式计算：

$$v_c = \pi d_w n/1000 \quad (\text{m/min}) \quad 或 \quad v_c = \pi d_w n/(1000 \times 60) \quad (\text{m/s})$$

式中，d_w 为工件待加工表面直径（mm）；n 为工件转速（r/min）。

主运动为往复直线运动（如刨、插）时，则以平均速度为切削速度，其计算公式为

$$v_c = 2Ln_r/1000 \quad (\text{m/min}) \quad 或 \quad v_c = 2Ln_r/(1000 \times 60) \quad (\text{m/s})$$

式中，L 为往复运动的行程长度（mm）；n_r 为主运动每分钟的往复次数（str/min）。

2）进给量 f

在单位时间内，刀具和工件之间沿着进给方向的相对位移，用 f 表示。车削加工时，工件每转一周，刀具所移动的距离，即为每转进给量 f，单位为 mm/r。刨削时的进给量 f 为刨刀或工件每往复一次沿进给运动方向移动的距离，单位是 mm/str（毫米/双行程）；铣削时，由于铣刀是多齿刀具，还规定了每齿进给量 f_z，单位是 mm/z（毫米/齿）。

3）背吃刀量 a_p

待加工表面与已加工表面之间的垂直距离为背吃刀量，用 a_p 表示，单位为 mm。车削时 a_p 为该次切除余量的一半；刨削时，a_p 为该次的切削余量。

2. 切削用量切削层几何参数

切削层是指工件上正在被切削刃切削的一层材料，即两个相邻加工表面之间的那一层材料。如图 8.3 所示，车削时，工件每转一转，车刀主切削刃移动一个 f 距离，车刀所切下来的金属层即为切削层。切削层的几何参数包括切削宽度 a_w、切削厚度 a_c 和切削面积 A_c。

1）切削宽度 a_w

刀具主切削刃与工件的接触长度（mm）。若车刀主切削刃与工件轴线之间的夹角为 κ_r，则

$$a_w = a_p/\sin\kappa_r \quad (\text{mm})$$

2）切削厚度 a_c

工件或刀具每移动一个进给量 f，刀具主切削刃相邻两个位置之间的垂直距离（mm）。车削时，则

$$a_c = f\sin\kappa_r \quad (\text{mm})$$

3）切削面积 A_c

工件被切下的金属层沿垂直于主运动方向所截取的截面面积。

$$A_c = a_p f = a_c a_w \quad (\text{mm}^2)$$

3. 切削用量的选择

切削用量对机械加工生产率、加工成本及加工精度影响很大，而刀具材料、刀具几何角度、工件材料、机床刚度、机床功率、切削液等都会影响切削用量的选择。

在切削过程中，刀具受切屑及工件的摩擦而升温，刀具切削部分逐渐被磨损，磨损后需要重新刃磨。若切削用量选取太大，则刀具很快被磨钝，使刀具刃磨周期短、刃磨时间长，会降低生产率。若切削用量过小，则需要很长时间才能把多余的金属切除掉，也会降低生产率，所以选择切削用量应当在保证质量的前提下，尽量提高生产率，降低成本。

在切削用量三要素中，影响刀具磨损速度最大的因素是切削速度，其次是进给量，最小的

是背吃刀量。而进给量和背吃刀量增大，表面粗糙度值会增大。所以选择切削用量的原则是：在机床、工件、刀具强度和工艺系统刚度允许的条件下，首先应尽量选取较大的背吃刀量和进给量，然后再根据刀具耐用度的要求选择合适的切削速度。

1）切削深度即背吃刀量的选择

无论何种切削加工，切削深度的选择都应使在一次走刀的过程中切除尽量多的加工余量，减少走刀次数，从而提高生产率。

(1) 粗加工时，可不考虑工件的粗糙度和尺寸精度要求，在留足精加工余量的前提下，最好能在一次走刀内切除多余金属层，使工件接近于最终的形状和尺寸。但在工件加工余量太大、机床功率不足、刀具刚度不够或断续切削时，则需多次走刀。

在切削铸、锻件时，工件表面凹凸不平，且表面有一层硬皮，为保护近刀尖段刀刃不受冲击和不与硬皮接触摩擦，第一次走刀的切削深度应使近刀尖段刀刃能在硬皮内进行切削。

(2) 精加工时或半精加工时，为了保证工件的尺寸精度、形位精度和粗糙度要求，切削厚度应取小些，一般精加工可小于 0.8mm，半精加工也不超过 3mm。

2）进给量的选择

(1) 粗加工时，因切削深度选择大，进给量受切削力的限制不宜选择过大，但在刀具和工件的刚度和机床走刀机构强度允许的情况下，也可选择较大的进给量。

(2) 半精加工和精加工时，进给量主要受表面粗糙度的限制。表面粗糙度值的大小与进给量的大小基本上成正比例关系，所以一般取较小的进给量。若刀尖处磨有过渡刃、修光刃以及切削速度偏高或偏低时，也可适当增大进给量。

(3) 断续加工时，为减小冲击，应适当减小进给量。

(4) 当切屑连续不断流出影响操作或影响已加工面粗糙度时，应加大进给量以利于断屑。

3）切削速度的选择

在背吃刀量和进给量选定之后，为了提高加工质量和切削效率，充分发挥刀具的切削性能和利用机床的功率，应相应选择较大的切削速度。

(1) 粗加工时，切削速度受刀具耐用度和机床功率的限制，应适当降低切削速度。

(2) 精加工时，在刀具材料允许的条件下，一般采用较高的切削速度。只有在受工艺条件限制而不能采用高速的情况下采用低速。

(3) 工件材料的强度和硬度较高及塑性太大或太小时，应采用低速。例如与切削中碳钢相比，加工合金钢、不锈钢、高锰钢、铸铁等材料时，平均切削速度要降低 20%～30%，而加工有色金属材料时，切削速度一般可提高 1～3 倍。

(4) 连续切削时或者加工大型的、细长的及薄壁工件时，应采用较低速度。

4）提高切削用量的主要途径

(1) 工艺上采用热处理等方法改进工件材料的切削性能。

(2) 选择合理的刀具结构和刀具几何参数。

(3) 选用耐热性和耐磨性更好的刀具材料。

(4) 提高刀具的刃磨质量。

(5) 正确选择和使用冷却润滑液。

8.2 金属切削刀具及几何角度测量

切削刀具种类很多，如车刀、刨刀、铣刀和钻头等。它们几何形状各异，复杂程度不等，但它们切削部分的结构和几何角度都具有许多共同的特征，其中车刀是最常用、最简单和最基本的切削刀具，因而最具有代表性。其他刀具都可以看做是车刀的组合或变形（图 8.4）。因此，在研究金属切削刀具时，通常以车刀为例进行研究和分析。

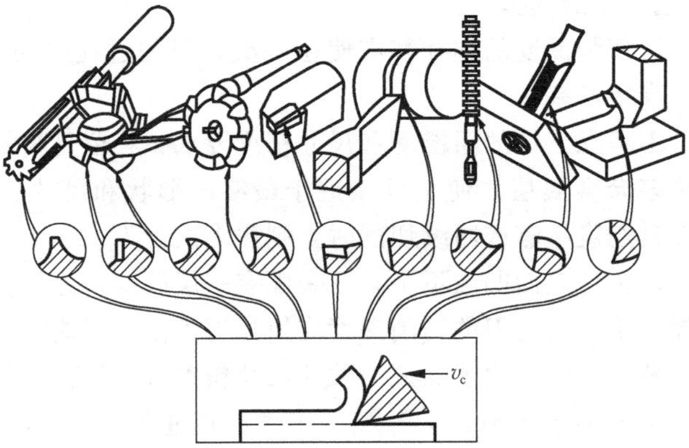

图 8.4　各种刀具切削部分的形状

8.2.1　刀具的组成

一般刀具由夹持部分和切削部分组成，如图 8.5 所示的外圆车刀。而切削部分又由前刀面、主后刀面、副后刀面、主切削刃、副切削刃（即三面两刃）及刀尖组成。

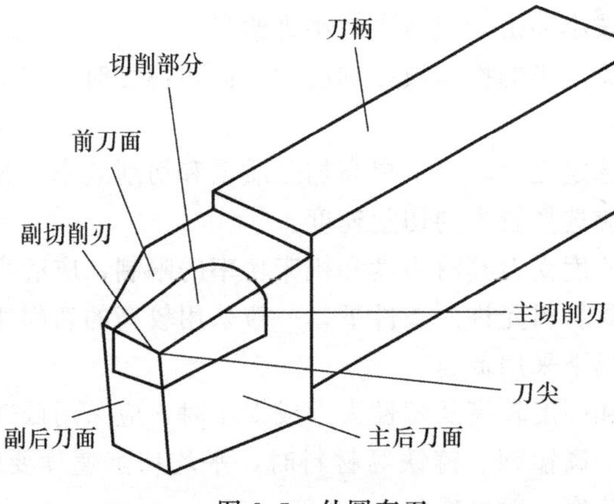

图 8.5　外圆车刀

（1）前刀面：切下的切屑流出时经过的表面。

（2）主后刀面：切削时刀具上与工件加工表面相对的表面。

（3）副后刀面：切削时刀具上与工件已加工表面相对的表面。

（4）主切削刃：前刀面与主后刀面的交线，起着主要切削作用。

（5）副切削刃：前刀面与副后刀面的交线，起着辅助切削的作用。

（6）刀尖：主切削刃和副切削刃的交点。为了增强刀尖的强度和耐磨性，常将刀尖磨成圆角或直角，形成过渡刃。

8.2.2　车刀切削部分的主要几何角度

为了确定车刀的三面、二刃的空间位置，必须建立起由三个辅助平面组成的参考坐标系。

1. 参考系

参考系是用于定义和规定刀具角度的各基准坐标平面。参考系有刀具静止参考系和刀具工作参考系。前者用于定义刀具设计、制造、刃磨和测量时的几何参数；后者用于确定刀具切削时的几何参数。

刀具静止参考系的主要基准坐标平面（图 8.6）如下。

(1) 基面 P_r：通过切削刃选定点的平面，它平行或垂直于刀具，在制造、刃磨及测量时适合于安装或定位的一个平面或轴线，一般来说其方位要垂直于假定的主运动方向。

(2) 假定工作平面 P_f：通过切削刃选定点并垂直于基面，它平行或垂直于刀具，在制造、刃磨及测量时适合于安装或定位的一个平面或轴线，一般来说其方位要平行于假定的进给运动方向。

(3) 主切削平面 P_s：通过主切削刃选定点与主切削刃相切并垂直于基面的平面。

(4) 副切削平面 P_s'：通过副切削刃选定点与副切削刃相切并垂直于基面的平面。

(5) 正交平面 P_o：通过切削刃选定点并同时垂直于基面和切削平面的平面。

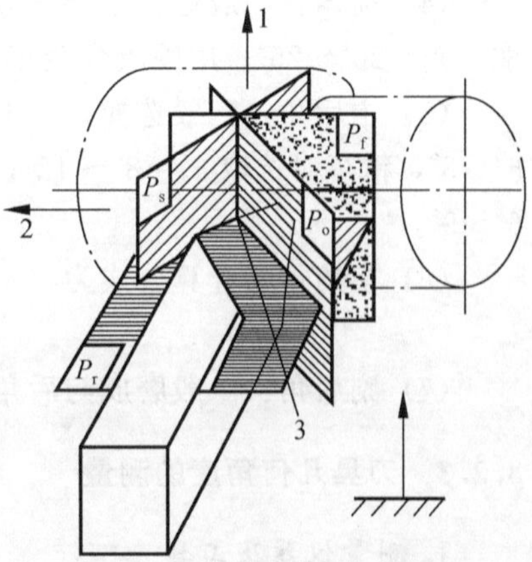

图 8.6　刀具静止参考系

1-假定主运动方向；2-假定进给运动方向；3-切削刃选定点

2. 刀具切削部分的主要角度

车刀的切削部分共有 6 个独立的基本角度（图 8.7）。

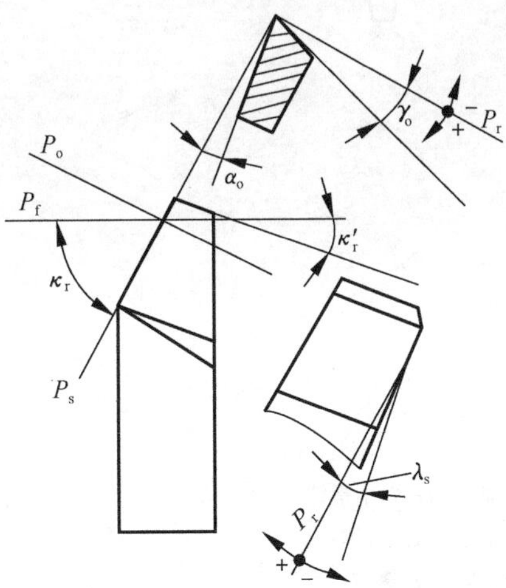

图 8.7　刀具切削部分的主要角度

(1) 前角 γ_o：前面与基面间的夹角，在正交平面中测量。前角表示刀具前面的倾斜程度，可以是正值、负值或为零，根据工件材料、刀具切削部分材料及加工要求选择。

(2) 主后角 α_o：主后面与主切削平面间的夹角，在主正交平面中测量。主后角表示刀具主后面倾斜的程度。

(3) 副后角 α_o'：副后面与副切削平面间的夹角，在副正交平面中测量。副后角表示刀具副后面倾斜的程度。

(4) 主偏角 κ_r：主切削平面与假定工作平面间的夹角，在基面中测量。

(5) 副偏角 κ_r'：副切削平面与假定工作平面间的夹角，在基面中测量。

(6) 刃倾角 λ_s：主切削刃与基面间的夹角，在主切削平面中测量。

3. 刀具主要角度的选择原则

(1) 主偏角：选择主偏角应首先考虑工件的形状，如加工工件的台阶时，必须选取 $\kappa_r \geqslant 90°$，加工中间切入的工件表面时，一般选用 $\kappa_r=45°\sim60°$。

（2）副偏角：一般采用 $\kappa_r'=6°\sim8°$，精车时，如果在副切削刃上刃磨修光刃，则取 $\kappa_r'=0°$，加工中间切入的工件表面时，副偏角应取 $\kappa_r'=45°\sim60°$。

（3）刀尖角：其计算公式为

$$\varepsilon=180°-(\kappa_r+\kappa_r')$$

（4）前角：一般选择 $\gamma_o=-5°\sim35°$。车削中碳钢（如 45 钢）工件，用高速钢车刀时选取。$\gamma_o=20°\sim25°$；用硬质合金车刀时，粗车选取 $\gamma_o=10°\sim15°$；精车选取 $\gamma_o=13°\sim18°$。

（5）主后角：一般选择 $\alpha_o=4°\sim12°$。车削中碳钢工件，用高速钢车刀时，粗车选取 $\alpha_o=6°\sim8°$，精车时选取 $\alpha_o=8°\sim12°$；用硬质合金车刀时，粗车选取 $\alpha_o=5°\sim7°$，精车选取 $\alpha_o=6°\sim9°$。

（6）楔角：其计算公式为

$$\beta_o=90°-(\gamma_o+\alpha_o)$$

（7）副后角：一般磨成与后角 α_o 相等。

8.2.3 刀具几何角度的测量

1. 测量仪器及工具

1）BR-CLY 车刀量角仪（图 8.8）

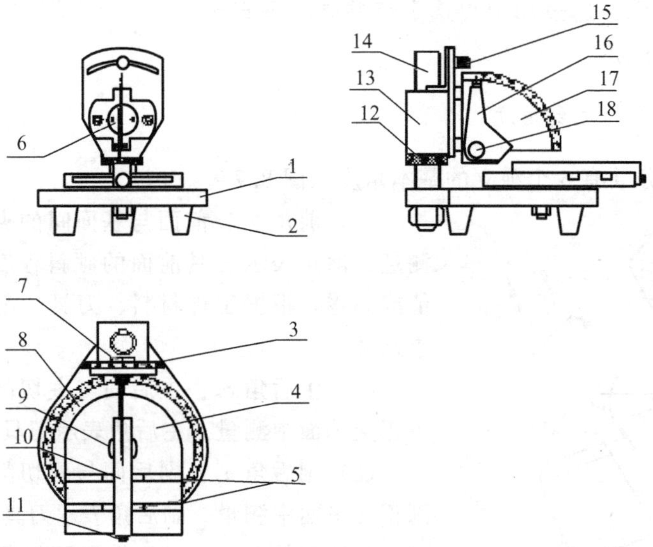

图 8.8　BR-CLY 车刀量角仪

1-底盘；2-支脚；3-小刻度盘；4-工作台；5-导条；6-摇臂轴；7-小指针；8-指针；9-转动轴；10-定位块；11-定位螺钉；12-立柱；13-滑体；14-升降螺母；15-螺钉轴；16-大指针；17-大刻度盘；18-螺钉

2）量角台的主要测量参数及其范围

车刀量角台能够测量主剖面和法剖面内的前角、后角、主偏角、副偏角及刃倾角。

测量范围：前角测量范围 0°～45°；后角测量范围 0°～30°；刃倾角测量范围 0°～45°；主（副）偏角测量范围 0°～45°。外形尺寸（mm^3）185×250×240。

2. 车刀量角仪的使用方法（以 40°外圆车刀为例）

1）测量主偏角

主偏角是在基面上测量的主切削刃与车刀进给方向之间的夹角。测量时，车刀放在工作台上，用刀台的侧面和底面定位。此时刀台底面表示基面，刀台侧面表示车刀轴线，量刀板正面表示车刀进给方向。以顺时针方向旋转矩形工作台，同时推动车刀沿刀台侧面（紧贴）前进，使主切削刃与量刀板正面密合。此时工作台指针指向盘形工作台上的刻度值即为主偏角，如图 8.9 所示。

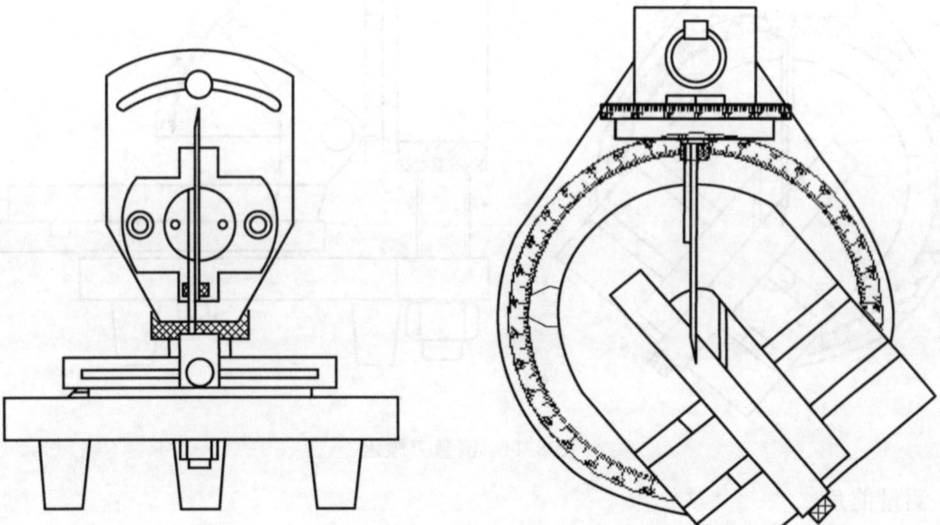

图 8.9　测量主偏角

2）测量副偏角

副偏角是在基面上副切削刃与车刀进给方向之间的夹角。测量时逆时针方向旋转盘形工作台，同时推进车刀使副切削刃与量刀板正面贴紧，读出的刻度值即为副偏角，如图 8.10 所示。

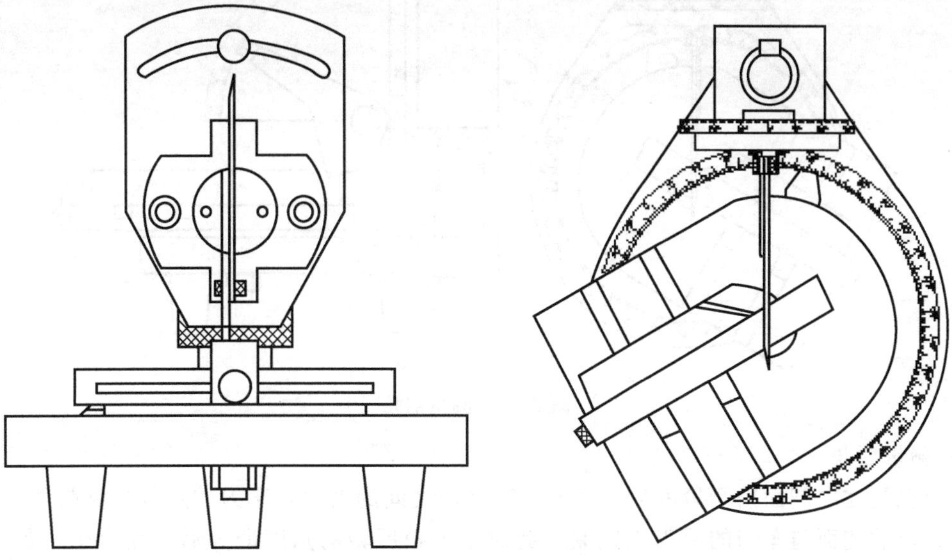

图 8.10　测量副偏角

3）测量刃倾角

刃倾角是在切削平面上测量的主切削刃与基面间的夹角。量出主偏角后，工作台位置不变，旋松定位螺钉，逆时针方向旋转升降螺母，微升量角器，并微推进车刀，使量刀板底面对准并紧贴在主切削刃上，量刀板指针在量角器刻度上读数即为刃倾角，如图 8.11 所示。

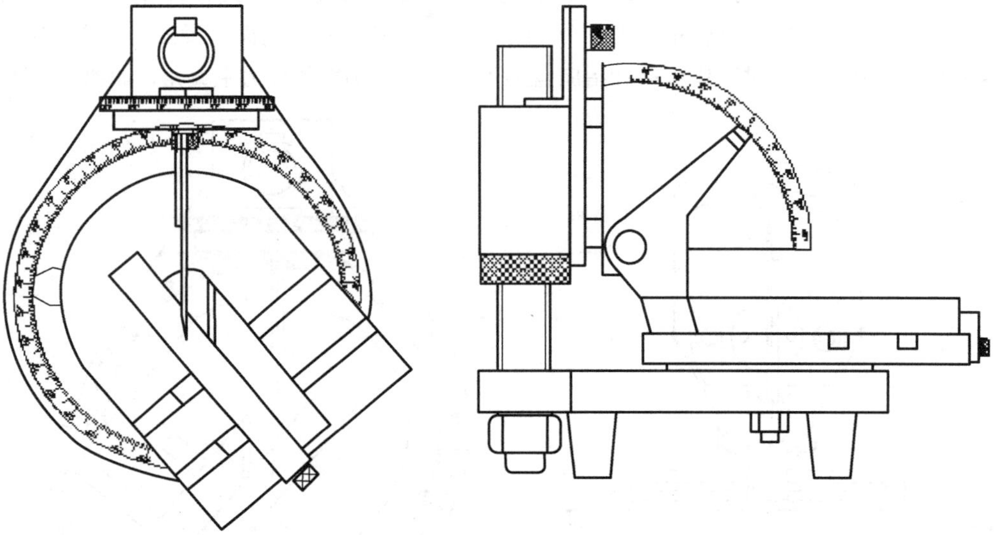

图 8.11　测量刃倾角

4）测量前角

前角是在主剖面内测量两前刀面与基面之间的夹角。测量时，在滑移刀台上定好位的车刀随盘形工作台逆时针方向选择主偏角值 κ_r，此时量刀板在前刀面上的投影即表示主剖面的方向，量刀板底面与前刀面贴紧时所转过的度数即为前角角度值，如图 8.12 所示。

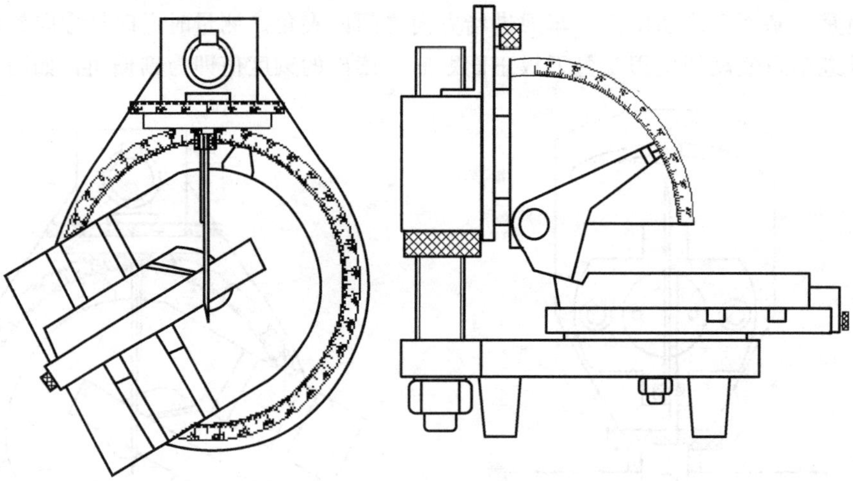

图 8.12　测量前角

5）测量后角

后角也是在主剖面内测量的后刀面与切削平面之间的夹角，车刀的定位与测前角相同，只是使量刀板的侧面与车刀的后刀面贴紧，此时量刀板所转的角度即为后角角度值，如图 8.13 所示。

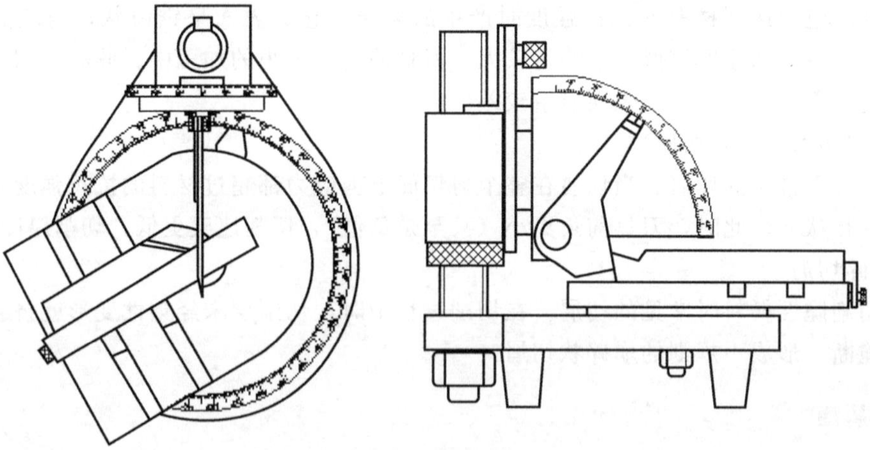

图 8.13　测量后角

8.3　切削过程中的物理现象

金属切削过程实质上就是产生切屑和形成已加工表面的过程，而切削过程中会产生一系列的物理现象，如切削变形、切屑的形成、切削力、切削温度、刀具磨损等。影响物理现象的主要因素包括工件材料、刀具材料和刀具几何参数、切削用量、切削液等。只有合理考虑这些因素，才能提高切削加工的生产率，保证加工质量，降低生产成本。

8.3.1　切削变形

在金属切削过程中，由于工件、刀具几何形状和切削用量的不同，会出现不同形态的切屑。常见的切屑大致分为 4 种，图 8.14 所示为切屑的基本形态。

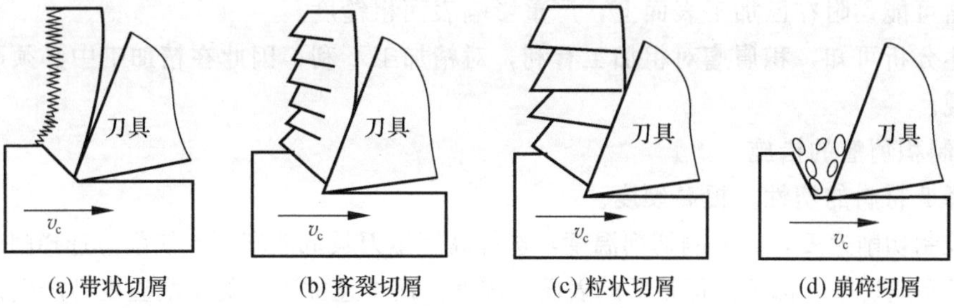

图 8.14　切屑的基本形态

1）带状切屑

这是一种切削塑性材料时最常见的切屑。切屑呈连续状，与前刀面接触的底面光滑，背面呈毛茸状。一般出现在切削塑性金属、切削厚度较小、切削速度较高、刀具前角较大的加工中。此时，切削力波动小，切削过程比较平稳，加工表面质量较高。但是会产生切屑缠绕现象，易损坏刀具，严重时可造成人身伤害，因此必须注意采取有效的断屑、排屑措施。

2）挤裂切屑（节状切屑）

这是一种切削塑性材料时较常见的切屑，是在切削过程中，当切削层变形和加工硬化大，使某一局部的应力达到材料的抗拉强度时产生的切屑。它的表面呈锯齿状，内表面有时有裂纹。一般出现在切削速度较低、进给量较大、刀具的前角较小的加工中。此时，切削力波动较大，切削过程不太平稳，加工表面质量较差。

3）粒状切屑（单元切屑）

这是一种不常见的切屑。当切屑在整个剪切面上剪应力都超过材料的抗拉强度时，形成的切屑就是颗粒状的。此时，刀具前角更小（甚至是负值），切削速度更低，切削厚度更大。

4）崩碎切屑

这是切削脆性材料时常见的切屑。在切削过程中时，切削层未经塑性变形就挤裂或在拉应力状态下脆断，形成不规则的崩碎状切屑。

8.3.2 积屑瘤

1）定义

在某一切削速度范围内，加工钢料、有色金属等塑性材料时，在切削刃附近的前刀面会出现一块高硬度的金属，它包围着切削刃，且覆盖着部分前刀面。这块硬度很高的金属叫积屑瘤。研究表明，刀具前刀面的温度在200～500℃范围内才会产生积屑瘤。

2）特点

在切削过程中积屑瘤的高度和大小是不断变化的，时高时矮，时大时小，可能被切屑带走，也可能黏附在已加工表面上，周而复始。

3）作用

积屑瘤能增大实际前角、保护刀刃，使切削轻快、省力。

由于积屑瘤的不断变化引起实际工作前角的不断变化，也就引起切削力的不断变化，会引起振动，影响加工表面质量。

积屑瘤凸出于刀刃外，会增大背吃刀力，造成过量切削，影响尺寸精度。由于形状的不规则，会在工件表面上形成沟纹，影响表面粗糙度。在成形刀具中影响零件的形状精度。

积屑瘤可能黏附在已加工表面上，严重影响表面粗糙度。

由上述分析可知，积屑瘤对粗加工有利，对精加工不利，因此在精加工中必须严格控制积屑瘤的出现。

4）控制积屑瘤的措施

（1）降低材料的塑性，提高硬度。

（2）控制切削速度，以控制切削温度，选择高速钢刀具低速车削或铰削，选择耐热性好的刀具材料进行高速切削，都可获得较低的表面粗糙度。而中速加工时的切削温度易产生积屑瘤。

（3）增大前角，可降低切削力，降低切削温度，从而减小积屑瘤的产生。

（4）减小进给量，降低前刀面的表面粗糙度，合理使用切削液等都可控制积屑瘤的产生。

8.3.3 切削力和切削功率

切削力是金属切削过程中的基本物理现象之一，是分析工艺与选择机床、刀具、夹具时的主要技术参数。

1）切削力

金属切削时刀具与工件之间的相互作用力称为切削力。切削时作用在刀具上的力来源于3个变形区的变形抗力和切屑与前刀面、工件与后刀面的摩擦力。切削合力也称为总切削力 $\boldsymbol{F}$。

一般可分解为 3 个相互垂直的分力 $\boldsymbol{F}_c$、$\boldsymbol{F}_p$、$\boldsymbol{F}_f$，如图 8.15 所示为车削时的切削分力。

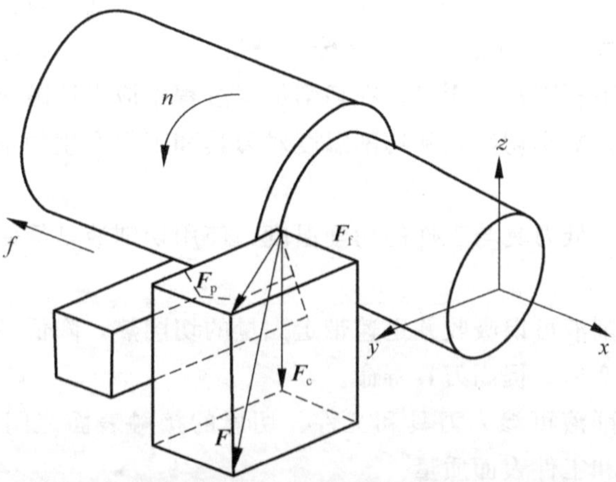

图 8.15　车削时的切削分力

(1) 主切削力 $\boldsymbol{F}_c$，是指在主运动方向上的分力，垂直于基面。主切削力是计算机床主运动机构的强度与刀杆、刀片的强度，设计机床夹具，选择切削用量等的主要依据。也是消耗机床功率最多的切削力。

(2) 背向力 $\boldsymbol{F}_p$，是指在基面上垂直于进给运动方向上的分力。纵向车削时不消耗功率，但容易使工件产生变形而影响加工精度，并容易引起振动。背向力是校验机床刚度的必要依据。

(3) 进给力 $\boldsymbol{F}_f$，是指在基面上进给运动方向上的分力。进给力作用于机床进给机构上，$\boldsymbol{F}_p$ 是校验进给机构强度的主要依据。

2) 切削功率

切削功率是指切削时消耗的功率，它是主切削力 $\boldsymbol{F}_c$ 与进给力 $\boldsymbol{F}_f$ 消耗的功率之和。但由于 $\boldsymbol{F}_f$ 消耗功率所占比例很小、可忽略不计。因此，切削功率主要是 $\boldsymbol{F}_c$ 消耗的功率。

3) 影响切削力的因素

影响切削力的因素很多，归纳起来主要有工件材料、切削用量、刀具几何角度等。

8.3.4　切削热、切削温度、切削液

1) 切削热和切削温度

切削过程中所消耗的切削功率产生大量的热，这些热称为切削热。切削热主要有三个，来源于切削时的三个变形区，如图 8.16 所示。

切削热主要来源于切削变形、切屑与前刀面的摩擦、工件与刀具后刀面的摩擦三个方面。切削热产生以后，由切屑、工件、刀具及周围介质传出。各部分传出的比例取决于工件材料、切削速度、刀具材料及刀具几何形状等因素。

传入切屑和介质中的热越多，对切削加工越有利。

传入刀具的热量虽不多，但由于刀具切削部分体积很小，刀具在切削过程中温度可达到很高，

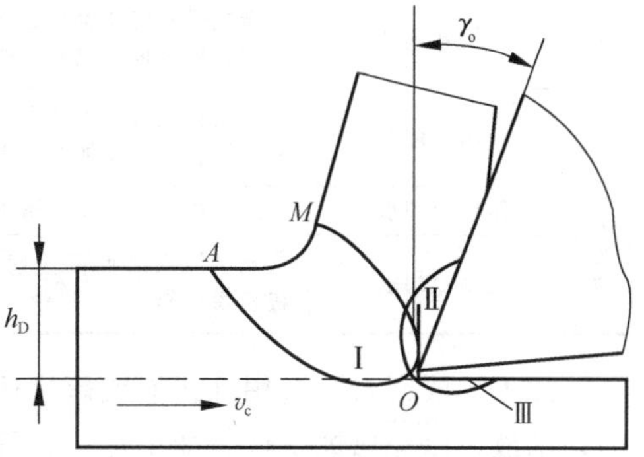

图 8.16　切削时的三个变形区

从而加速刀具磨损，缩短刀具使用寿命。

传入工件的热量使工件发生变形，从而影响加工精度和表面质量。

切削温度的高低取决于切削热的产生和传出情况。工件、刀具温度过高，由上述分析可知，都会带来一系列的不利因素。所以，在切削加工过程中应设法减小切削热的产生，改善散热条件，降低切削温度，减小切削热和切削温度对刀具和工件产生的不良影响。

2）切削液

为了减小切削热，降低刀具与工件的切削温度，使用切削液是简便有效的方法。使用切削液有下列作用：

（1）冷却作用。切削液可以吸收并迅速带走大量的切削热，降低刀具和工件的温度，改善切削条件，减小工件热变形，提高刀具寿命。

（2）润滑作用。切削液可渗入刀具和工件、切屑的接触表面之间，形成润滑膜，减少摩擦，从而提高刀具寿命和工件表面质量。

（3）清洗作用。切削过程中，会产生细小切屑和磨削微粒，它们常黏附在工件、工具和机床上，影响工件表面质量。使用一定压力的切削液可以迅速冲洗掉这些微粒，防止工件已加工表面受到损伤，以保证加工质量。

（4）防锈作用。使用加有防锈添加剂的切削液能在金属表面形成保护膜，起防锈作用。

切削液的品种很多，性能各异，应根据具体加工条件来选择合适的切削液，才能收到良好的效果。

表 8.2 列出了常用切削液的主要成分和特点。粗加工时，主要要求是冷却，应选用冷却作用较好的切削液，如水溶液或低浓度的乳化液。精加工时，主要希望提高表面质量和减少刀具磨损，应选用润滑作用好的切削液，如高浓度的乳化液和切削油等。

表 8.2　常用的切削液

类别		主要成分	特点
切削油	矿物油、植物油或复合油	全损耗系统用油（原标准称“机械油”）、豆油、菜油、棉籽油或全损耗系统用油与植物油的复合油	润滑性能好，冷却性能差，常用于铰孔、攻螺纹、拉削和齿轮加工
	极压切削油	全损耗系统用油中加入油性、极压添加剂和防锈添加剂	润滑性能良好，可替代植物油，用于铰孔、拉削、螺纹加工等
乳化液	普通乳化液	全损耗系统用油中加入乳化剂、防锈添加剂，用水稀释成乳化液	清洗性良好，适用于磨削加工
	防锈乳化液	全损耗系统用油中加入乳化剂和较多防锈添加剂，用水稀释成乳化液	防锈性能和冷却性能良好，清洗性能稍差，适用于防锈性能要求较高的工序
	极压乳化液	全损耗系统用油中加入乳化剂、防锈添加剂和油性、极压添加剂，用水稀释成乳化液	润滑性能良好，可替代植物油用于攻螺纹及一些难切削材料的加工
水溶液	防锈冷却水	水中加入水溶性防锈添加剂	冷却性能好，适用于粗磨
	透明冷却水	水中加入表面活性剂、防锈添加剂和油性、极压添加剂	冷却性能和清洗性能好，透明性较好，适用于精磨

加工一般钢材，选用乳化液或硫化切削油。加工铜合金和有色金属时，不宜采用含硫化油的切削液，以免腐蚀工件。加工铸铁、青铜、黄铜等脆性材料时，为避免崩碎切屑进入机床运动部件，一般不用切削液，但在低速精加工中，为提高表面质量，可用煤油作为切削液。

高速钢刀具耐热性差，为了提高刀具耐用度，一般要根据具体切削条件选择合适的切削液。硬质合金刀具由于耐热性、耐磨性较好，一般情况下不用切削液。如果要用，必须连续、充分地加切削液，以免硬质合金刀片因骤冷骤热而开裂。

8.3.5 刀具磨损与耐用度

1）刀具磨损的定义

刀具磨损是指切削过程中，前刀面、后刀面上的刀具材料被切削或工件带走的现象，这是正常磨损。刀具崩刃、破裂称为非正常磨损。

2）刀具正常磨损的形式

刀具正常磨损的形式一般为 3 种，如图 8.17 所示。

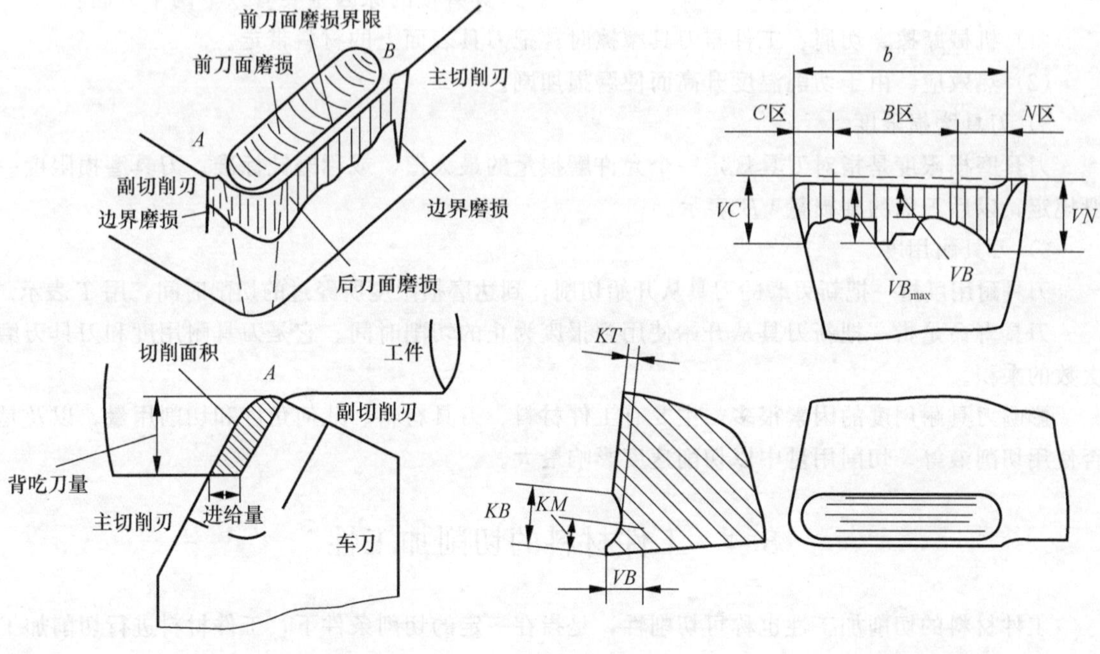

图 8.17 刀具正常磨损的形式

（1）前刀面磨损。当切削塑性材料，切削厚度 h_D 和切削速度 v_c 都较大时，切屑在前刀面上磨损出月牙洼。月牙洼产生的地方是切削温度最高的地方。磨损量用月牙洼的深度 KT 和宽度 KB 表示。

（2）后刀面磨损。在切削刃的下方磨损出一条后角为零的沟痕，就是后刀面磨损。在切削脆性材料或以较低切削速度、较小切削厚度 h_D 切削塑性材料时产生。磨损量用 VC、VN、VB、VB_{max} 等表示。

（3）前、后刀面同时磨损。这是在切削塑性材料，采用大于中等切削速度和中等进给量时的前、后刀面常同时出现磨损。

3）刀具磨损的过程

一般刀具后刀面磨损过程分为 3 个阶段，如图 8.18 所示。

（1）初期磨损阶段。图中 AB 阶段磨损较快。由于新刃磨的刀具表面粗糙不平、表层组织

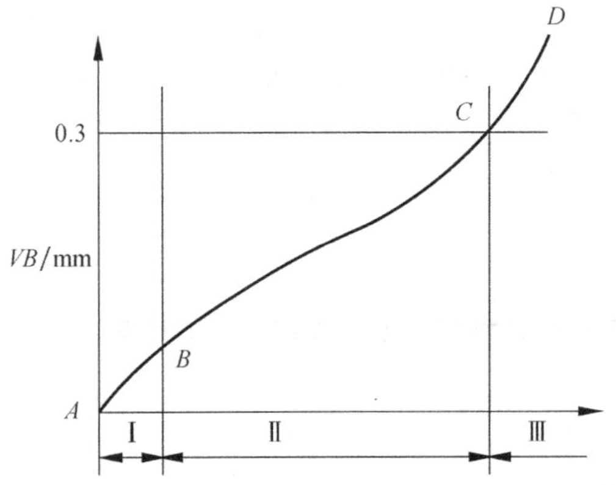

图 8.18　刀具磨损过程

不耐磨所致。此阶段磨损速度取决于刀具的刃磨和研磨质量。

(2) 正常磨损阶段。图 8.18 中 BC 阶段磨损稳定，这是刀具工作的有效区域。

(3) 急剧磨损阶段。图 8.18 中 CD 阶段刀具磨损加剧。主要是因为刀具已经磨损到一定程度，刀具与工件接触情况恶化，切削力、切削温度急剧上升造成的。应在本阶段到来之前重磨刀刃或更换刀具。

4) 刀具磨损的原因

刀具磨损的原因主要有以下两个方面：

(1) 机械摩擦。切屑、工件与刀具摩擦时，把刀具表面上的材料带走。

(2) 热效应。由于切削温度升高而使磨损加剧。

5) 刀具磨损限度

刀具磨损限度是指对刀具规定一个允许磨损量的最大值，或称磨钝标准。刀具磨损限度一般规定，以后刀面的磨损量 VB 表示。

6) 刀具耐用度

刀具耐用度指一把新刃磨的刀具从开始切削，到达磨损限度所经过的切削时间，用 T 表示。

刀具寿命是指一把新刀具从开始使用到报废为止的切削时间。它是刀具耐用度和刀具刃磨次数的乘积。

影响刀具耐用度的因素很多，主要有工件材料、刀具材料、几何角度和切削用量，以及是否使用切削液等。切削用量中以切削速度影响最大。

8.4　工件材料的切削加工性

工件材料的切削加工性也称可切削性，是指在一定的切削条件下，工件材料进行切削加工的难易程度。某种材料加工的难易，要看具体的加工要求和切削条件。一般从刀具耐用度允许的切削速度、表面质量、断屑效果等几方面综合分析。

8.4.1　衡量工件材料切削加工性的指标

一般地说，良好的切削加工性是指：刀具耐用度 T 较高或一定耐用度下的切削速度 v_T 较高；在相同的切削条件下切削力较小，切削温度较低；容易获得好的表面质量；切屑形状容易控制或容易断屑。

由于切削加工性是对材料多方面的分析和综合评价，所以很难用一个简单的物理量来精确规定和测量它。在生产和实验中，常取某一项指标来反映材料切削加工性的某一个方面，最常用的是 v_T 和 K_r，对各种加工条件都适用。

v_T 的含义是当刀具耐用度为 T 时，切削某种材料所允许的最大切削速度。v_T 越高表示材料的切削加工性越好。通常取 $T=60\text{min}$，则 v_T 记为 v_{60}。

切削加工性的概念具有相对性，在判别材料的切削加工性时，一般选取切削正火状态 45 钢的 v_{60} 为基准，记为 $(v_{60})\text{j}$，而把其他各种材料的 v_{60} 同它相比，其比值 $K_r=v_{60}/(v_{60})\text{j}$ 称为相对加工性。当 $K_r>1$ 时，该材料比 45 钢容易切削。反之，则难切削。

8.4.2 影响材料切削加工性的因素

一般来讲，材料的硬度、强度越高，则切削力越大，消耗切削功率越多，切削温度越高，刀具磨损越快。因此，切削加工性能差。

材料的韧性、塑性越大，则切削变形越大，刀具越容易发生磨损。在较低切削速度下加工塑性材料还容易出现切削瘤，使加工表面粗糙度值变大，同时断屑也比较困难，切削加工性不好。但材料塑性太差时，得到崩碎切屑，切削力和切削热都集中在刀刃附近，使刀具磨损加快，切削加工性也不好。

硫、硒、铅、铋、碲等元素能改善切削加工性，常在钢中适量添加用来生产易切削钢。利用热处理可改善低碳钢和高碳钢的切削加工性。例如，对低碳钢进行正火处理，适当降低塑性，提高硬度，可使精加工的表面质量提高；对高碳钢和工具钢进行球化退火，使网状、片状的渗碳体组织变为球状渗碳体，从而降低硬度，改善加工性能；对于出现白口组织的铸件，可在 950～1000℃下进行长时间退火，降低硬度，使切削加工较易进行。

8.5 金属切削机床的分类与型号

金属切削机床是切削加工使用的主要设备。为了满足不同类型的工件和不同的加工需要，机床的品种和规格繁多，为了便于区别、使用和管理，必须对机床进行分类和编制型号。

8.5.1 机床分类

机床主要按加工性质和所用刀具进行分类。根据国家制定的机床型号编制方法，机床共分为 11 类：车床、钻床、镗床、磨床、齿轮加工机床、螺纹加工机床、铣床、刨插床、拉床、锯床及其他机床等。每一类机床中，又按工艺特点、布局形式、结构性能等不同，分为若干个组，每一个组又可分为若干个系（系列）。

按适用性程度分，机床可分为通用机床、专门化机床和专用机床。

按加工精度不同，同一种机床可分为普通精度级、精密级和高精度级三种精度等级。

按自动化程度不同，可分为手动、机动、半自动和自动机床。

按机床的质量和尺寸不同，可分为仪表机床、中型机床、大型机床（重量达到 10t）、重型机床（重量在 30t 以上）和超重型机床（重量在 100t 以上）。

8.5.2 机床型号的编制方法

机床型号是机床产品的代号，用以简明地表示机床的类型、主要技术参数、性能和结构特点等。我国的机床型号现在是按 1994 年颁布的《金属切削机床型号编制方法》（GB/T 15385—1994）编制的。机床型号用汉语拼音字母和数字按一定的规律组合而成，它适用于新设计的各类通用机床、专用机床和回旋体加工自动线（不包括组合机床、特种加工机床）。这里只简单介绍通用机床的编制方法。

1）型号表示方法

通用机床的型号由基本部分和辅助部分组成，中间用“/”隔开。基本部分需统一管理，辅助部分纳入型号由生产厂家自定，型号的构成如下：

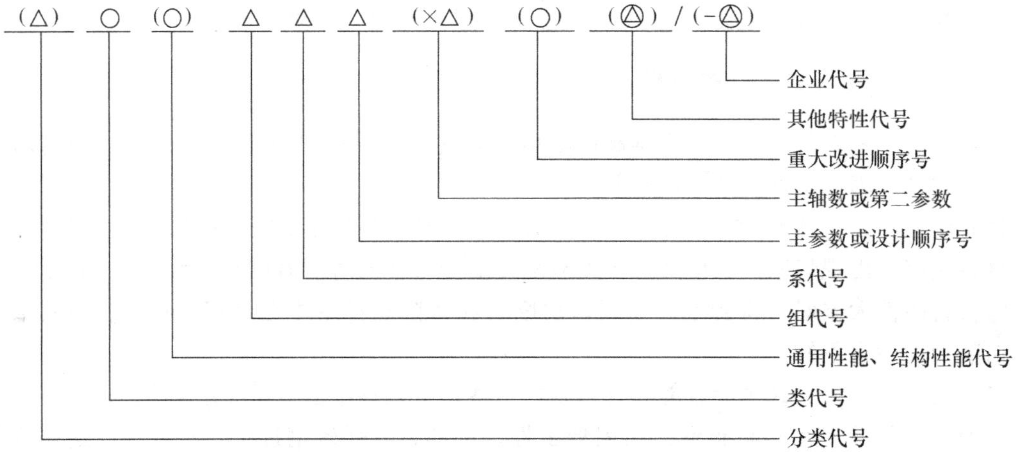

注：有“( )”的代号或数字，当无内容时，则不表示；若有内容，则不带括号。

有“○”者，为大写的汉字拼音字母。

有“△”者，为阿拉伯数字。

有“◬”者，为大写的汉字拼音字母，或阿拉伯数字，或者两者兼有之。

2）机床类、组、系的划分及其代号

机床的类代号，用大写的汉语拼音字母表示。必要时，每类可分为若干分类，分类代号用阿拉伯数字代表，作为型号的首位。例如，磨床分为 M、2M、3M 三个分类。机床类别的代号如表 8.3 所示。

表 8.3　普通机床类别代号

类别	车床	钻床	镗床	磨床			齿轮加工车床	螺纹加工车床	铣床	刨插床	拉床	锯床	其他机床
代号	C	Z	T	M	2M	3M	Y	S	X	B	L	G	Q
读音	车	钻	镗	磨	二磨	三磨	牙	丝	铣	刨	拉	割	其他

每类机床划分为十个组，每组又划分为十个系（系列）。在同类机床中，主要布局或使用范围基本相同的机床，即为同一组；在同一组机床中，其主要参数相同，主要结构及布局形式相同的机床，即为同一系。

机床的组用一位阿拉伯数字表示，位于类代号或通用代号、结构特性代号之后；机床的系，用一位阿拉伯数字表示，位于组代号之后。

各类机床组的代号及划分如表 8.4 所示。

表 8.4　金属切削机床类、组划分表

类别＼组别	0	1	2	3	4	5	6	7	8	9
车床 C	仪表车床	单轴自动车床	多轴自动、半自动车床	回轮、转塔车床	曲轴及凸轮轴车床	立式车床	落地及卧式车床	仿行及多刀车床	轮、轴、辊、锭及铲齿车床	其他车床
钻床 Z		坐标镗钻床	深孔钻床	摇臂钻床	台式钻床	立式钻床	卧式钻床	铣钻床	中心孔钻床	其他钻床
镗床 T			深孔镗床		坐标镗床	立式镗床	卧式铣镗床	精镗床	汽车、拖拉机修理用镗床	其他镗床

续表

类别 \ 组别		0	1	2	3	4	5	6	7	8	9
磨床	M	仪表磨床	外圆磨床	内圆磨床	砂轮机	坐标磨床	导轨磨床	刀具刃磨床	平面及端面磨床	曲轴、凸轮轴、花键轴及轧辊磨床	工具磨床
	2M		超精机	内圆珩磨机	外圆及其他珩磨机	抛光机	砂轮抛光及磨削机床	刀具刃磨及研磨机床	可转位刀片磨削机床	研磨机	其他磨床
	3M		球轴承套圈沟磨床	滚子轴承套圈滚道磨床	轴承套圈超精机		叶片磨削机床	滚子加工机床	钢球加工机床	气门、活塞及活塞环磨削机床	汽车、拖拉机修磨机床
齿轮加工机床 Y		仪表齿轮加工机		锥齿轮加工机	滚齿机及铣齿机	剃齿及珩齿机	插齿机	花键轴铣床	齿轮磨齿机	其他齿轮加工机	齿轮倒角及检查机
螺纹加工机床 S					套丝机	攻丝机		螺纹铣床	螺纹磨床	螺纹车床	
铣床 X		仪表铣床	悬臂及滑枕铣床	龙门铣床	平面铣床	仿形铣床	立式升降台铣床	床身铣床	工具铣床	其他铣床	
刨插床 B			悬臂刨床	龙门刨床			插床	牛头刨床		边缘及模具刨床	其他刨床
拉床 L				侧拉床	卧式外拉床	连续拉床	立式内拉床	卧式内拉床	立式外拉床	键槽、轴瓦及螺纹拉床	其他拉床
锯床 G				砂轮片锯床		卧式带锯床	立式带锯床	圆锯床	弓锯床	锉锯床	
其他机床 Q		其他仪表机床	管子加工机床	木螺钉加工机		刻线机	切断机	多功能机床			

3）通用特性代号、结构特性代号

通用特性代号有统一的固定含义，它在各类机床型号中所表示的意义相同。当某类机床除有普通型外，还有某种通用特性，则在类代号之后加通用特性代号予以区别。通用特性代号如表 8.5 所示，如某类机床仅有某种通用特性，而无普通型者，则通用特性不予表示。

表 8.5　通用特性代号

通用特性	高精度	精度	自动	半自动	数控	加工中心（自动换刀）	仿形	轻型	加重型	简式或经济型	柔性加工中心	数显	高速
代号	G	M	Z	B	K	H	F	Q	C	J	R	X	S
读音	高	密	自	半	控	换	仿	轻	重	简	柔	显	速

对主参数相同而结构、性能不同的机床，在型号中加结构特性代号予以区分。它在型号中没有统一的含义。结构特性代号用汉语拼音字母表示，排在类代号之后。当型号中有通用特性

代号时，应排在通用特性代号之后。

4）主参数、主轴数和第二主参数的表示方法

机床主参数代表机床规格大小，用折算值表示，位于系代号之后。某些通用机床，当无法用一个主参数表示时，则在型号中用设计顺序号表示。

机床的主轴数应以实际数值列入型号，置于主参数之后，用乘号“×”分开。主轴数是必须表示的。

第二主参数（多轴机床的主轴数除外）一般不予表示，它是指最大模数、最大工件长度等。在型号中表示的第二主参数，一般折算成两位数为宜。

5）机床的重大改进顺序号

当机床的结构、性能有更高的要求，需按新产品重新设计、试鉴定时，按改进的先后顺序选用A、B、C、…汉语拼音字母加在基本部分的尾部，以区别原机床型号。

6）其他特性代号

其他特性代号，置于辅助部分之首。其中同一型号机床的变型代号，一般应放在其他特性代号之首。

其他特性代号主要用以反映各类机床的特性。例如，对于数控机床，可以用它来反映不同控制系统；对于一般机床，可以反映同一型号机床的变型等。

其他特性代号可用汉语拼音字母表示，也可用阿拉伯数字表示，还可用两者结合表示。

7）企业代号及其表示方法

企业代号包括机床生产厂及机床研究所单位代号，置于辅助部分尾部，用“-”分开，若辅助部分仅有企业代号，则不可加“-”。

通用机床型号示例：

例1　北京机床研究所生产的精密卧式加工中心，其型号为：THM6350/JCS。

例2　沈阳第二机床厂生产的最大钻孔直径为40mm，最大跨距为1600mm的摇臂钻床，其型号为：Z3040/S2。

例3　某机床厂生产的最大磨削直径为320mm的半自动万能外圆磨床，其型号为：MBE1432。

新标准颁布实施以前的机床型号，仍沿用JB1838—1985标准，如CA6140型卧式车床。

复习思考题

8-1　什么是切削运动？切削运动可分成几种？

8-2　切削用量包括哪些要素？

8-3　对刀具材料的基本要求是什么？

8-4　车刀的主要标注角度有哪些？各在什么平面内测量？

8-5　切屑是怎样形成的？可分为几种？

8-6　积屑瘤对切削加工有何影响？

8-7　切削力是怎样产生的？

8-8　切削热是怎样产生的？

8-9　切削液的作用是什么？

8-10　什么是刀具耐用度？

第 9 章　车　　削

车削是工件旋转做主运动，车刀做进给运动（纵向、横向、斜向）的切削加工方法。车削的切削运动由车床提供。车削是最基本和应用最广的切削方法，其切削特点是刀具沿着所要形成的工件表面，以一定的切削深度 a_p 和进给量 f，对回转的工件进行切削加工。

9.1　车削加工范围及特点

9.1.1　车削加工范围

用车削方法可以进行车外圆（圆柱、圆锥）、车平面、车孔（圆柱孔、圆锥孔）、车槽、车螺纹、车成形面等加工。此外，还可以完成钻孔、铰孔、滚花等工作。表 9.1 所示为车削的主要内容。

其加工精度为 IT11～IT7，最高可达 IT6 级，表面粗糙度 Ra 值为 12.5～0.9μm。

表 9.1　车削加工主要内容

车外圆	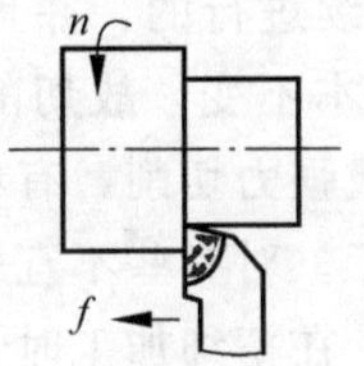	铰孔	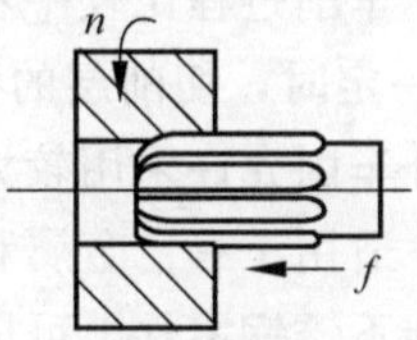
车端面	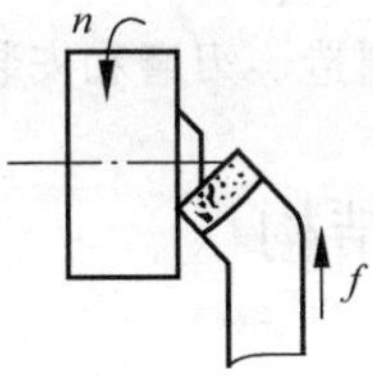	钻孔	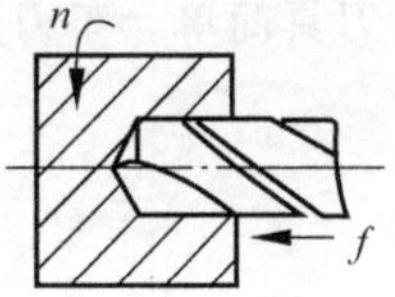
钻中心孔	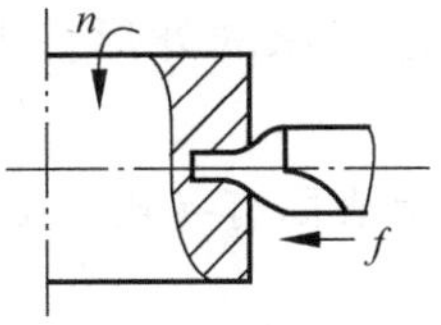	车孔	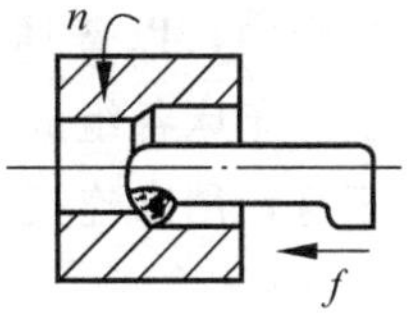
车锥体	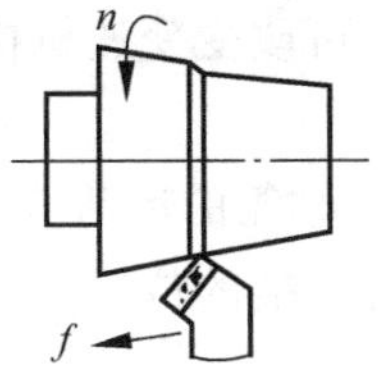	车螺纹	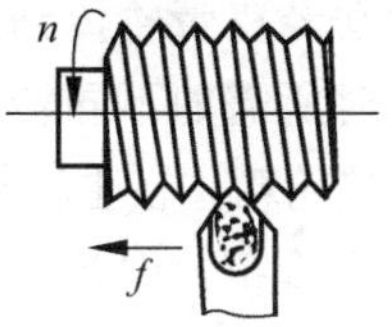

续表

车特形面	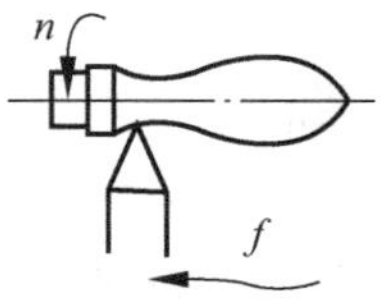	滚花	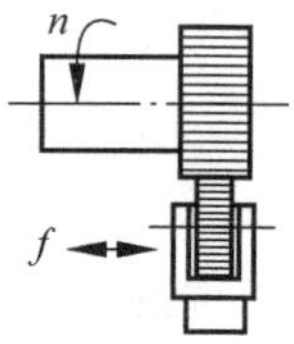
攻螺纹	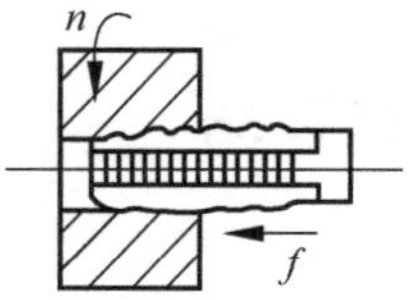	切槽和切断	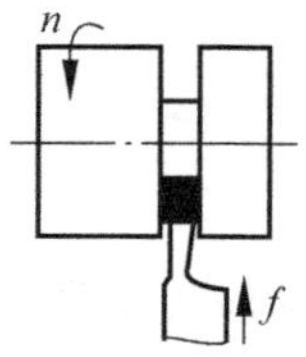

9.1.2 车削加工工艺特点

车削加工工艺的主要特点有：

(1) 易于保证各加工表面的位置精度。车削时，工件绕某固定轴线回转，各个表面具有统一的回转轴线，故易于保证加工表面的同轴度要求。

(2) 车削过程比较平稳。一般情况下车削过程是连续进行的，并且当刀具几何形状以及 a_p 和 f 一定时，切削层的截面尺寸稳定不变，切削力基本不变，故切削过程比铣削、刨削稳定。另外车削允许采用较大的切削用量，进行高速切削或强力切削，有利于生产率的提高。

(3) 适用于有色金属和有些低碳不锈钢零件的精加工。对有些不宜采用磨削加工的有色金属和低碳不锈钢零件，可以采用车削的方法进行精加工。在精细加工时，加工精度可达 IT6～IT5，表面粗糙度可达 0.4～0.1μm。

(4) 刀具简单。车刀是机床刀具中最简单的一种，制造、刃磨和安装都比较方便。

9.2 车床的基本结构

9.2.1 普通车床的主要部件及其功用

各种车床中，以普通车床应用最为普遍。各种普通车床的外形基本相似，车床外形如图 9.1 所示。车床各组成部分的名称和作用介绍如下。

(1) 床身：用来连接车床上的各个主要部件，床身上表面有导轨，用来引导大拖板和尾架的移动。

(2) 床头箱：又称主轴变速箱，内装变速机构和主轴，床头箱的正面有变速操作手柄。电动机的运动经皮带轮传到主轴箱，通过变速手柄的操作，可改变变速机构的传动路线，使主轴获得加工时所需的不同转速。

(3) 挂轮箱：在主轴箱的左侧，内有挂轮架和挂轮，主轴箱的运动通过挂轮箱传到进给箱。

(4) 进给箱：内装进给变速机构，通过改变进给箱上手柄的位置，可使丝杠、光杠得到不同的转速，从而使车刀的移动获得不同的进给量或螺距。

图 9.1　C6132 车床示意图

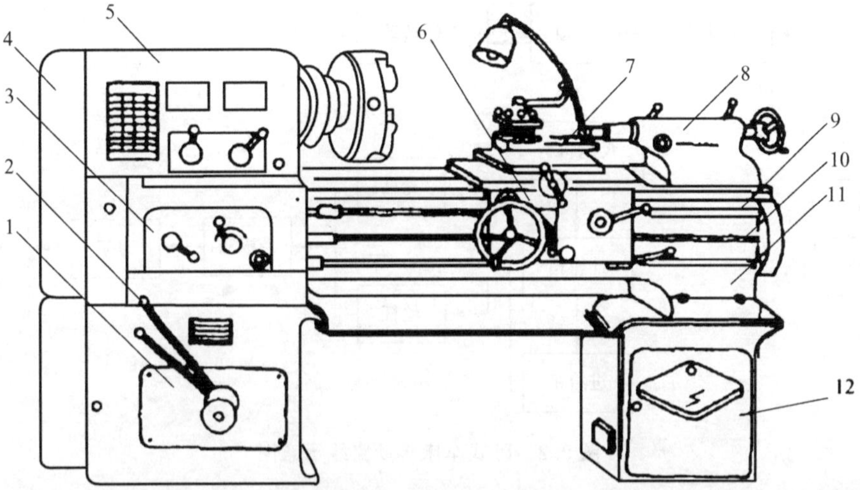

图 9.1　C6132 车床示意图

1-变速箱；2-变速手柄；3-进给箱；4-挂轮箱；5-主轴箱；6-溜板箱；
7-刀架；8-尾座；9-丝杆；10-光杆；11-床身；12-床腿

(5) 光杠、丝杠：将进给箱的运动传给溜板箱。光杠用于自动走刀，丝杠用于车螺纹。有些车床的下方有一操纵杆，操纵杆上的手柄用来操作车床的正、反转与停车。

(6) 溜板箱：可把光杠或丝杠的运动传给刀架。合上横向或纵向自动进给手柄，可将光杆的运动传到进给丝杠上，实现横向或纵向自动的进给；合上开合螺母手柄，可接通丝杠，实现螺纹车削运动。自动进给手柄和开合螺母手柄是互锁的，不能同时合上。溜板箱上装有手轮，转动手轮，可带动大拖板沿导轨移动。

(7) 大拖板：与溜板箱相连接，可带动车刀沿床身上的导轨做纵向移动。

(8) 中拖板：与大拖板相连接，可带动车刀沿大拖板上的导轨做横向移动。

(9) 转盘：与中拖板相连接，松开前后的两个锁紧螺母，可将小拖板扳转一定角度，转盘上有指示扳转角度大小的刻度。

(10) 小拖板（又称小刀架）：用转盘与中拖板相连接，可沿转盘上的导轨做短距离的移动。当转盘扳有角度时，转动小拖板上的刻度盘手柄，可带动车刀做斜向的移动。小拖板常用于纵向微量进给和车削锥度。

(11) 方刀架：用于安装车刀，它有四个装刀位置，松开方刀架上的锁紧手柄后，可调整方刀架的位置与角度。

(12) 尾架：安装在车床导轨上。松开尾架上的锁紧螺母或锁紧机构后，可推动尾架沿导轨纵向移动；旋转尾架体上的调节螺钉，可使尾架相对于导轨做横向偏置移动，移动距离很短，用于调整尾架的横向位置。尾架套筒内孔有锥度，可安装顶尖及用钻夹头或锥套安装钻头、铰刀等。

(13) 床腿：用于支承床身，并与地基相连。

9.2.2　车床两类运动的产生与传递

卧式车床的两类运动如图 9.2 所示。

1) 主运动

主轴的回转运动。电动机回转运动经带传动机构（V 带及带轮）传递到主轴箱，在箱内经

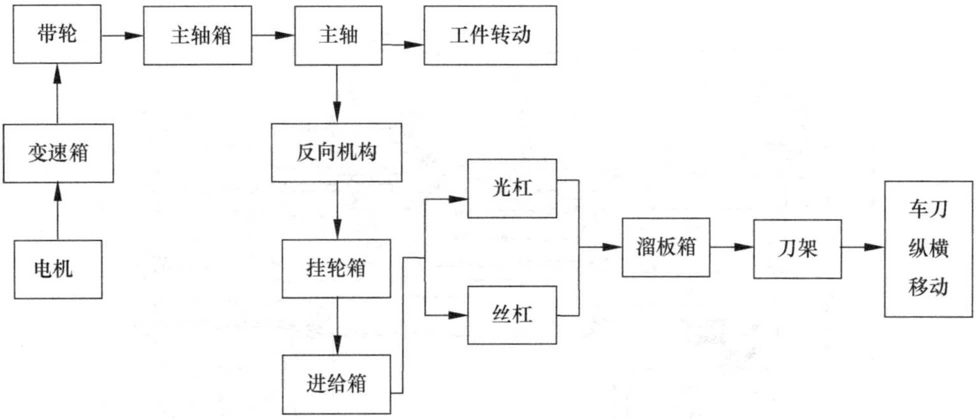

图 9.2　卧式车床传动路线示意图

变速、变向机构再传到主轴，使主轴获得 24 级正向转速（转速为 10～1400r/min）和 12 级反向转速（转速为 14～1580r/min）。

2）进给运动

刀具的纵向、横向移动。主轴的回转运动从主轴箱经挂轮箱、进给箱传递给光杆或丝杆，使它们回转，再由溜板箱将光杆或丝杆的回转转变为滑板、刀架的直线运动，使刀具做纵向进给运动。CA6132 型车床的纵向进给速度共有 64 级（进给量为 0.08～1.59mm/r），横向进给速度共有 64 级（进给量为 0.04～0.79mm/r）。

9.2.3　车床的常用附件

为了满足各种车削工艺的需要，车床上常配备各种附件。车床上常用的附件如表 9.2 所示。

表 9.2　车床上常用的附件

附件名称	结构简图	结构特点
三爪卡盘	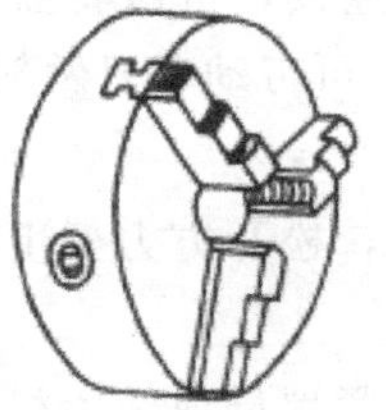	为自动定心卡盘，用锥齿轮传动。适宜于夹持圆形、三角形或正六边形等工件。其重复定位精度高、夹持范围大、夹紧力大、调整方便、应用比较广泛
四爪卡盘		由于四个卡爪是用扳手分别调整的，故不能自动定心，需在工件上划线进行找正，装夹比较费时。主要用来夹持方形、椭圆或不规则形状的工件。同时由于四爪卡盘夹紧力较大，也用来夹持尺寸较大的圆形工件

续表

附件名称	结构简图	结构特点
花盘		安装形状复杂的工件。在花盘上安装工件时，找正比较费时。同时，要用平衡铁平衡工件和弯板等，以防止花盘旋转时发生振动
顶尖	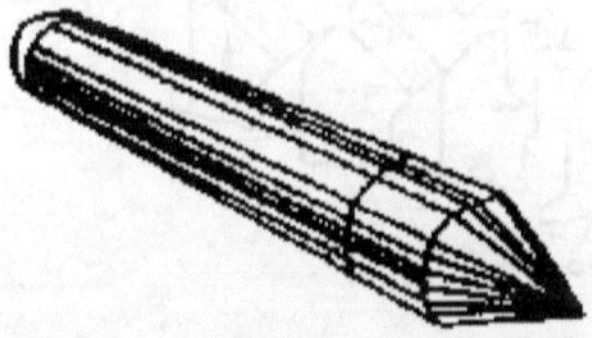	较长或加工工序较多的轴类工件，常采用两顶尖安装。工件装在前、后顶尖之间，由卡箍、拨盘和卡签署代替拨盘带动工件转动，前顶尖装在主轴上，和工件一起旋转，后顶尖装在尾座上固定不转
心轴	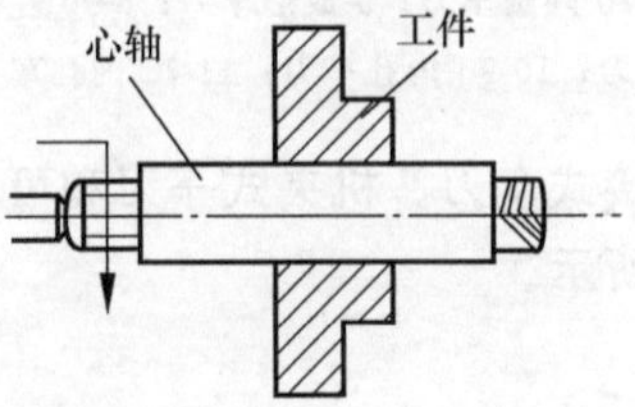	安装形状复杂和同心度要求较高的套筒类零件。先加工孔，然后以孔定位，安装在心轴上加工外圆，以保证外圆和内孔的同轴度以及端面和孔的垂直度
中心架		中心架是固定在床身导轨上的，用以车削有台阶或需要调头车削的细长轴，以增加轴的刚度，避免加工时由于刚度不够而产生的形状误差
跟刀架	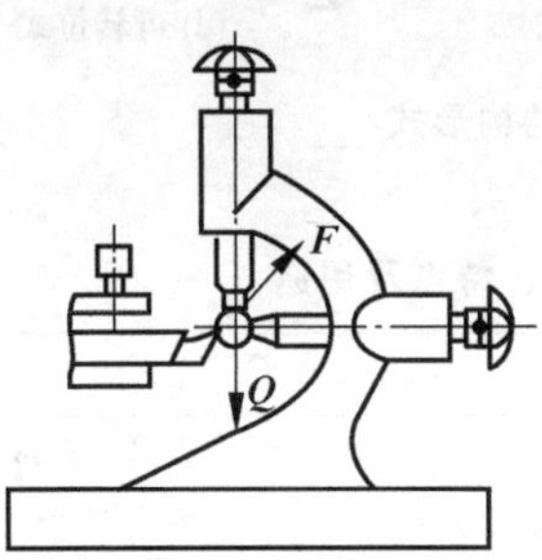	跟刀架装在车床刀架的大拖板上，与整个刀架一起移动，用来车削细长的光轴，以增加轴的刚度，避免加工时由于刚度不够而产生的形状误差

9.3　车刀的种类及应用

9.3.1　车刀的种类

车刀可根据不同的要求分为很多种类。

(1) 按用途不同可分为外圆车刀、端面车刀、镗孔车刀、切断车刀、螺纹车刀和成形车刀等。

(2) 按其形状不同可分为直头车刀、弯头车刀、尖刀、圆弧车刀、左偏刀和右偏刀等，如图 9.3 所示。

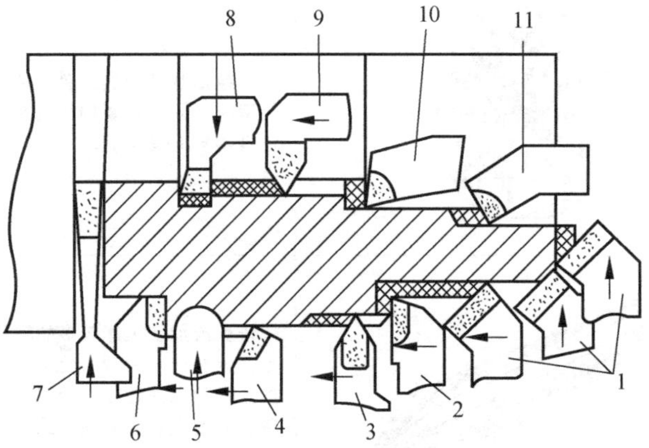

图 9.3　常用车刀的种类及用途

1-45°端面车刀；2-90°外圆车刀；3-外螺纹车刀；4-70°外圆车刀；5-成形车刀；6-90°左切外圆刀；7-切断车刀；8-内孔车槽车刀；9-内螺纹车刀；10-90°内孔车刀；11-75°内孔车刀

(3) 按其结构的不同可分为整体式车刀、焊接式车刀、机夹式车刀和可转位式车刀等，如图 9.4 所示。车刀结构类型特点及用途如表 9.3 所示。

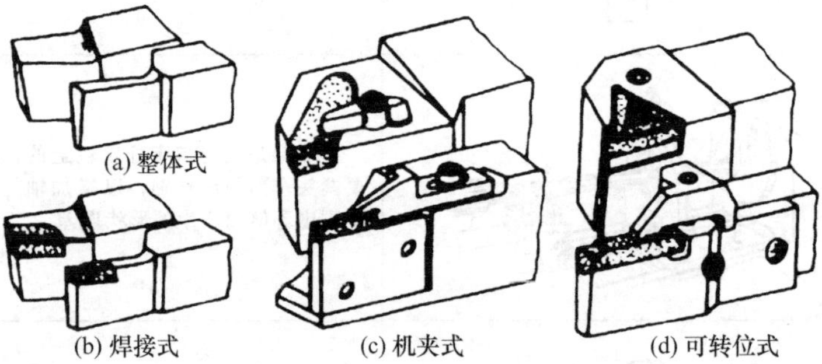

图 9.4　车刀的结构形式

表 9.3　车刀结构类型、特点及用途

名　称	简　图	特　点	适用场合
整体式	图 9.4 (a)	用整体高速钢制造、刃口可磨时较锋利的	小型车床或加工有色金属
焊接式	图 9.4 (b)	焊接硬质合金或高速钢刀片，结构紧凑，使用灵活	各类车刀，特别是小刀具
机夹式	图 9.4 (c)	避免了焊接产生的应力、裂纹等缺陷，刀杆利用率高。刀片可集中刃磨获得所需参数，使用灵活方便	外圆、端面、镗孔、切断、螺纹车刀等
可转位式	图 9.4 (d)	避免了焊接刀的缺点，刀片可快速转位，生产率高。断屑稳定，可使用涂层刀片	大、中型车床加工外圆、端面、镗孔，特别适用于自动线、数控机床

9.3.2　车刀的运用

车刀的运用主要有：

(1) 用外圆车刀、弯头车刀和左、右偏刀车外圆。车外圆是最基本的车削加工方法。工件做旋转主运动，车刀做纵向直线运动。

(2) 用弯头车刀，左、右偏刀车端面。工件旋转做主运动，车刀做横向直线进给运动。

(3) 用车槽刀进行切槽或切断。工件做旋转主运动，车刀做横向直线进给运动。切槽时，车槽刀刀头的长度应略大于工件槽深；切断时刀头长度应略大于工件半径。车槽、切断时，切削条件较差，应采用较小的切削用量。

(4) 用中心钻、钻头、扩孔钻、铰刀进行钻中心孔、钻孔、扩孔、铰孔。它们的共同特点是把孔加工刀具安装在尾架套筒内的锥孔中，转动尾座手柄使刀具手动纵向做直线进给运动。

(5) 用车孔刀车内孔。常用的车孔刀有镗刀头和镗刀块。车孔时的切削条件较差，刀杆细长，刚性差，排屑困难，又不便观察，所以车孔的切削量比车外圆时低，可达到的加工精度和表面质量要比车外圆低。

(6) 用内外螺纹车刀或板牙、丝锥加工螺纹。因为螺纹的种类很多，所以在车床上车削各种螺纹时，采用的螺纹车刀的截面形状应与被加工螺纹的截面形状相同。工件旋转做主运动，并且工件旋转一周时，车刀纵向直线移动一个导程，可完成螺纹的加工。

(7) 用外圆车刀、弯头车刀车削圆锥面。工件旋转做主运动，将小滑板转过一定的角度，手摇小滑板手轮，使小滑板带动车刀做斜向直线进给运动，即可加工出所需的圆锥。此种加工方法主要适用于加工锥度大而长度短的内外锥面。

(8) 用成形车刀加工成形面或用外圆车刀加工成形面。用成形法加工成形面的时候，车刀做横向直线进给运动；用外圆车刀加工成形面时，可用双手分别操纵中滑板和小滑板的手柄，使车刀按所需轮廓做纵向和横向进给运动。

(9) 用滚花刀进行滚花。滚花的特点是用滚花刀对工件表面施加压力，使其产生塑性变形而成。

9.4 车削加工基本方法

9.4.1 车削外圆

车削加工最基本的是车削外圆。车外圆常须经过粗车与精车两个步骤。粗车的目的是尽快从毛坯上切去大部分加工余量，使工件接近最后形状和尺寸。为了保护刀刃，提高刀具的耐用度，减少基本工艺时间，粗车时第一刀的背吃刀量应尽量取大些，并尽可能将粗车余量在一次或两次进给中切去。车削铸件、锻件时，因表面有硬皮，可先车端面，或者先倒角，然后选择大于硬皮厚度的背吃刀量，以免刀刃被硬皮过快磨损。

粗车时在机床及刀具的强度及工件刚度许可的情况下，进给量也应该取大一些（0.3～1.2mm/r），以提高生产率。而采用中等或中等偏低的切削速度，以提高刀具的耐用度。

精车时主要考虑保证加工精度和表面粗糙度的要求，一般采用较小的背吃刀量和进给量，采用较高的切削速度。

车削外圆的步骤如下：

(1) 工件安装。应使工件安装正确，即应使工件轴线与车床主轴轴线重合。同时工件应尽量夹紧。

(2) 车刀安装。应使车刀安装正确，即刀尖应与工件回转轴线等高。车刀刀杆应与车床主轴轴线垂直。车刀在方刀架伸出的长度，一般以刀体高度的1.5～2倍为宜。刀杆下垫片应平整，以少为宜。

(3) 机床调整。用变速手柄调整主轴转速和刀架进给量。

(4) 试切。通过试切来确定背吃刀量，以准确控制尺寸。

(5) 车削外圆。

9.4.2 车削端面

车削端面时，常用偏刀或弯头车刀，如图 9.5 所示。车刀安装时，刀尖应准确对准工件中心，以免车出的端面留有凸台。

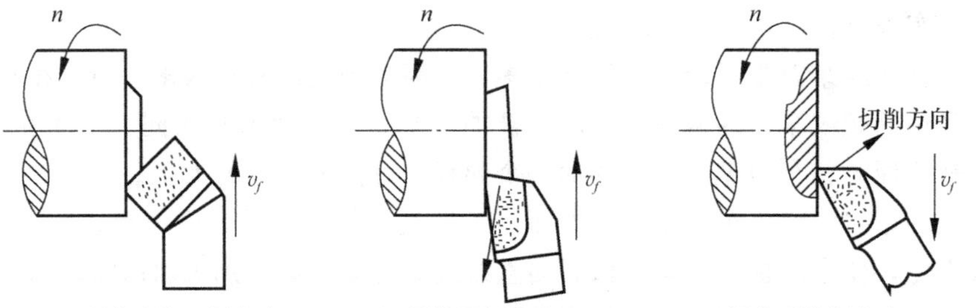

(a) 用弯头车刀车端面　(b) 用偏刀车端面　(c) 用偏刀精车端面

图 9.5 车削端面

9.4.3 车削锥面

锥面分外锥面和内锥面。锥面车削的方法有以下几种。

(1) 宽刀法（又称样板刀法）[图 9.6 (a)]。仅适用于车削较短的内、外圆锥面。优点是生产率高，能加工任意角度的圆锥面。缺点是加工的圆锥面长度较小且要求机床与工件系统有较好的刚度。

(2) 转动小拖板法 [图 9.6 (b)]。将刀架小拖板绕转盘轴线转 α 角（α 为锥面的斜角），然后用螺钉紧固。加工时，转动小拖板手柄，使车刀沿锥面的母线移动，从而加工出所需的圆锥面。这种方法的优点是调整方便，操作简单，可以加工斜角为任意大小的内外圆锥面，因而应用广泛。缺点是所切圆锥面的长度受小拖板行程长度的限制，且不能自动进给。

(3) 偏移尾座法 [图 9.6 (c)]。把尾座顶尖偏移一个距离 S，使工作的旋转轴线与机车主轴线相交一个 α 角，利用车刀的纵向进给，车出所需的圆锥面。

这种方法的优点是能自动进给车削较长的圆锥面。缺点是不能加工锥孔和锥角较大的圆锥面（一般 $\alpha<9^\circ$），而且精确调整尾座偏移量较费时。

根据图 9.6 (c) 可以方便地计算出尾座偏移量和锥角的关系。

(4) 靠模法 [图 9.6 (d)]。适宜于大量生产，可加工内外圆锥面，自动进给，加工精度较高。

9.4.4 车成形面

对带有表面轮廓为曲面的成形面，如手柄、手轮等零件加工，称成形面加工。一般可采用双手控制法、成形刀法和靠模法加工。

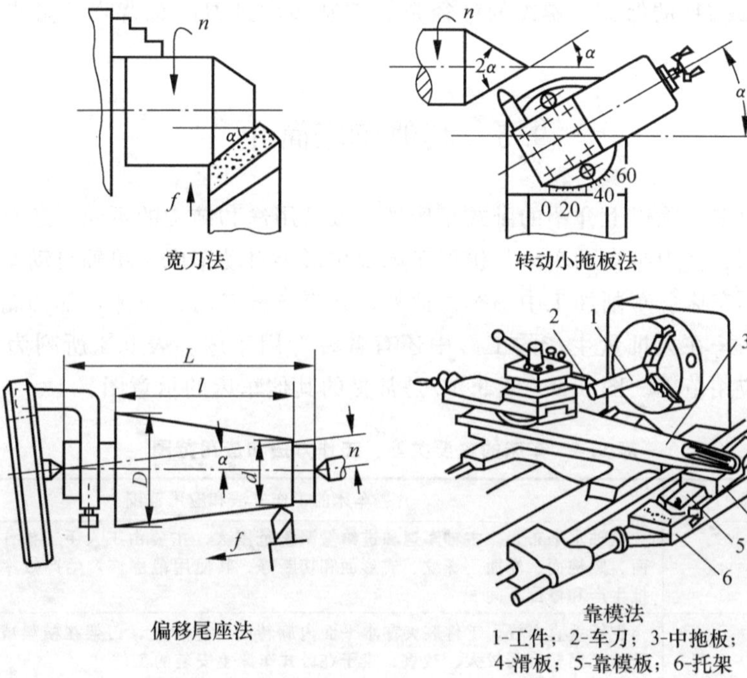

图 9.6　圆锥面的车削方法

9.4.5　车螺纹

车削是最常用的螺纹加工方法。在车螺纹应注意以下几点：

（1）牙形角 α 的保证。牙形角 α 取决于车刀的刃磨和安装（图 9.7）。普通公制螺纹车刀刀尖角应为 60°，车刀前角 $\gamma_0=0°$。安装螺纹车刀时，应使刀尖与工件轴线等高，刀头中心线应与工件轴线垂直，可用角度样板对刀。

（2）螺距 P 的保证。为了获得准确的螺距，必须用丝杠带动刀架进给，使工件每转一周，刀具移动的距离等于工件的螺距。此时，主轴至丝杠的传动路线如图 9.8 所示。由图可见，更换交换齿轮或改变进给箱手柄位置，即可改变丝杠的转速，从而车出不同螺距的螺纹。

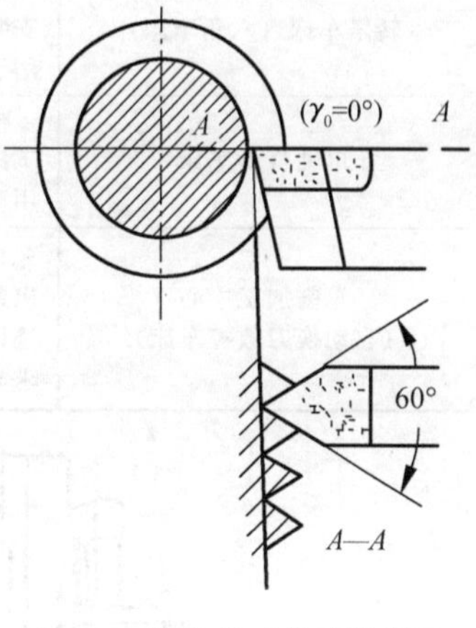

图 9.7　螺纹车刀的刃磨角度

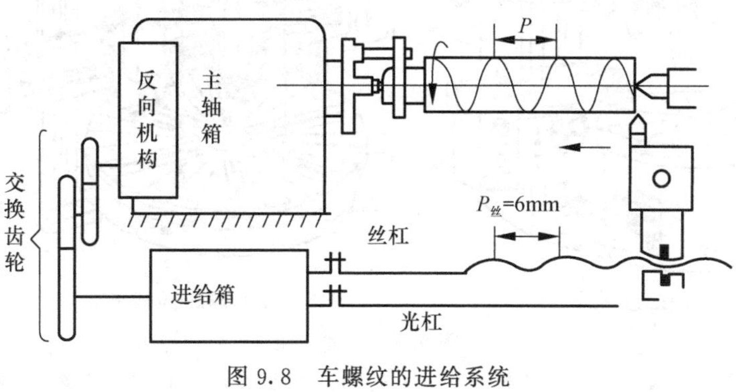

图 9.8　车螺纹的进给系统

（3）中径 d_2 或 D_2 的保证。螺纹的中径是靠控制多次进刀的总背吃刀量来保证的，并用螺纹量规等进行检验。

9.5 其他车床简介

车床的种类很多，除以上介绍的卧式车床外，按其用途和结构的不同，还有落地车床、立式车床、转塔车床、多刀半自动车床、仿形车床及仿形半自动车床、单轴自动车床、多轴自动车床及多轴半自动车床、车削加工中心等。此外，还有各种专门化车床，如凸轮轴车床、曲轴车床、铲齿车床……在大批量生产的工厂中还有各种专用车床。表 9.4 所列为车床的主要类型、工作方法和应用范围。图 9.9～图 9.12 是常见的其他车床的示意图。

表 9.4　车床的主要类型、工作方法和应用范围

车床的主要类型	车床的工作方法和应用范围
卧式车床	主轴水平布置，主轴车速和进给量调整范围大。主要由工人手工操作，用于车削圆柱面、圆锥面、端面、螺纹、成形面和切断等。其使用范围广，生产效率低，适于单件小批生产和修配车间
立式车床	主轴垂直布置，工件装夹在水平面内旋转的工作台上，刀架在横梁或立柱上移动，适于加工回转直径较大、较重、难于在卧式车床上安装的工件
回轮车床	机床上有回转轴线与主轴线平行的多工位回轮刀架，刀架上可安装多把刀具，并能纵向移动。在工件一次装夹中，由工人依次用不同刀具完成多种本削工序，适用于成批生产中加工尺寸不大且形状较复杂的工件
转塔车床（六角车床）	机床上具有回转轴线与主轴轴线垂直或倾斜的转塔刀架，另外还带有横刀架。刀架上安装多把刀具，在工件一次装夹中，由工人依次使用不同刀具完成多种车削工序。它适用于成批生产中加工形状较复杂的工件
单轴自动车床	机床只有一根主轴，经调整和装料后，能按一定程序自动上下料、自动完成工件的多工序加工循环，重复加工一批同样的工件。它主要用于对棒料或盘状线材进行加工，适用于大批量生产
车削加工中心（自动换刀数控车床）	机床具有刀库。它对一次装夹的工件，能按加工要求预先编制的程序，由控制系统发出数字信息指令，自动选择更换刀具，自动改变车削切削用量和刀具相对工件的运动轨迹以及其他辅助机能，依次完成多工序的车削加工。它适用于工件形状较复杂、精度要求高、工件品种更换频繁的中小批量生产

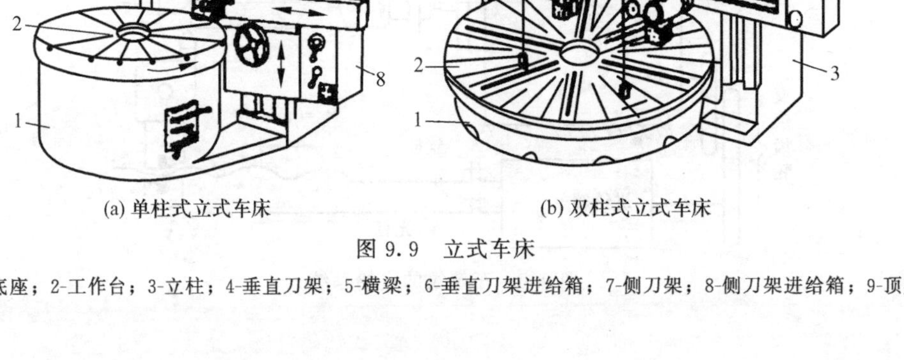

(a) 单柱式立式车床　　(b) 双柱式立式车床

图 9.9　立式车床

1-底座；2-工作台；3-立柱；4-垂直刀架；5-横梁；6-垂直刀架进给箱；7-侧刀架；8-侧刀架进给箱；9-顶梁

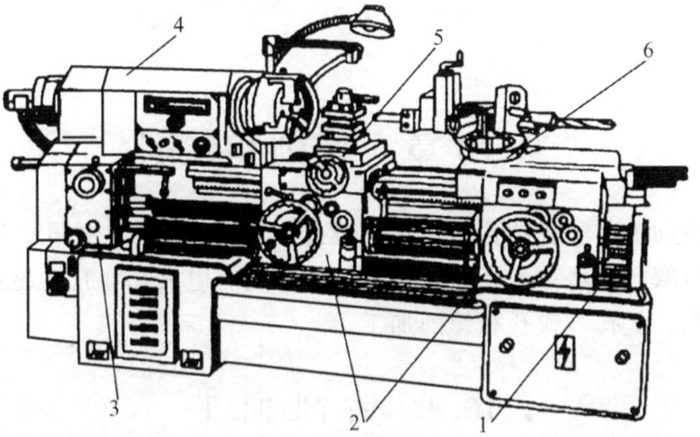

图 9.10　转塔车床

1-床身；2-溜板箱；3-进给箱；4-主轴箱；5-前刀架；6-转塔刀架

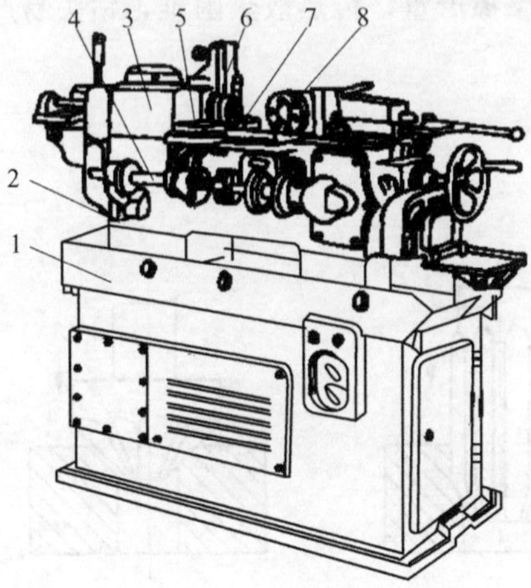

图 9.11　单轴六角自动车床

1-底座；2-床身；3-主轴箱；4-分配轴；5-前刀架；6-上刀架；7-后刀架；8-六角回转刀架

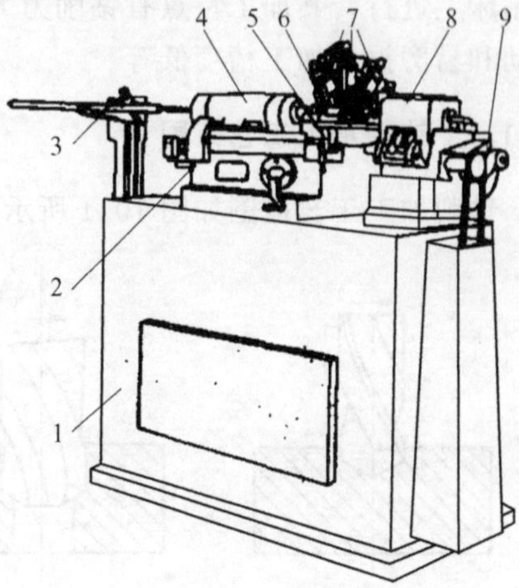

图 9.12　单轴纵切自动车床外形图

1-底座；2-床身；3-送料装置；4-主轴箱；5-天平刀架；6-中心架；7-上刀架；8-钻铰附件；9-分配轴

复习思考题

9-1　常用的车床类型有哪些？在车床上能够完成哪些工作？

9-2　车削能达到的经济精度和表面粗糙度范围为多少？

9-3　C6132 型车床传动系统由几条传动链组成？哪条传动链的两端有严格的传动比要求？

9-4　车削锥面有哪些方法，各有什么特点？

第 10 章　钻削和镗削

加工内圆的切削加工方法有钻孔、扩孔、铰孔、车孔、镗孔、拉孔、磨孔、金刚镗、精密磨削、超精加工、珩磨、研磨和抛光等；特种加工方法有电火花穿孔、超声波穿孔和激光打孔等。本章将介绍钻孔、扩孔、铰孔和镗削加工。

10.1　钻 削 加 工

用钻头在实体工件上加工出孔的方法称为钻孔。钻孔只能加工精度要求不高的孔或进行孔的粗加工，公差等级一般为 IT11～IT9 级，表面粗糙度值一般为 $Ra50 \sim 12.5\mu m$。钳工钻孔多在钻床上进行，其加工特点有钻削力大，切削温度高，摩擦严重，传热散热困难，钻头易产生振动和易磨损，加工精度低等。

10.1.1　钻削加工工艺范围

钻削加工工艺范围如图 10.1 所示。

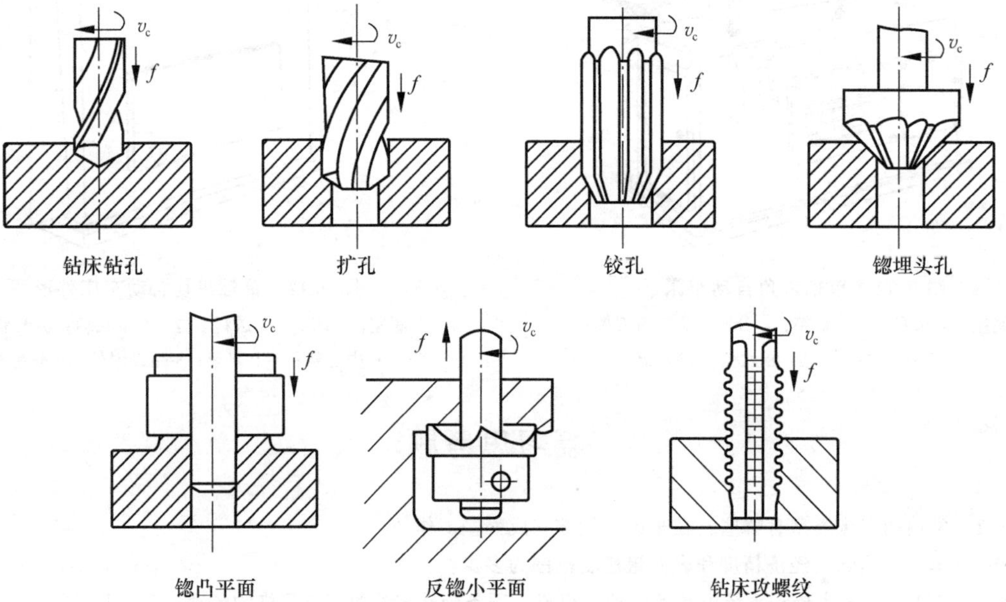

图 10.1　钻削加工工艺范围

10.1.2　钻削加工设备

单件、小批量生产的，中小型工件上的小孔（一般 $D<13$mm），常用台式钻床加工；中小型工件上直径较大的孔（一般 $D<50$mm），常用立式钻床加工；大中型工件上的孔，则采用摇臂钻床加工。

立式钻床、摇臂钻床分别如图 10.2、图 10.3 所示。

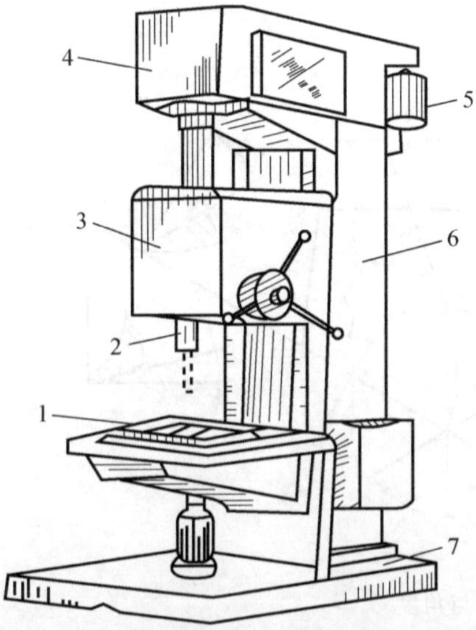

图 10.2　立式钻床

1-工作台；2-主轴；3、4-本体；

5-电机；6-立柱；7-底座

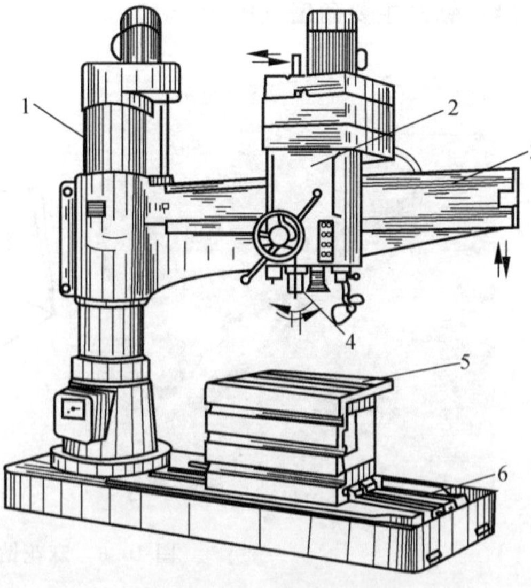

图 10.3　摇臂钻床

1-外立柱；2-主轴箱；3-摇臂；

4-主轴；5-工作台；6-底座

数控钻床如图 10.4 所示。

图 10.4　数控钻床

10.1.3　麻花钻结构

1）麻花钻的结构要素（图 10.5）

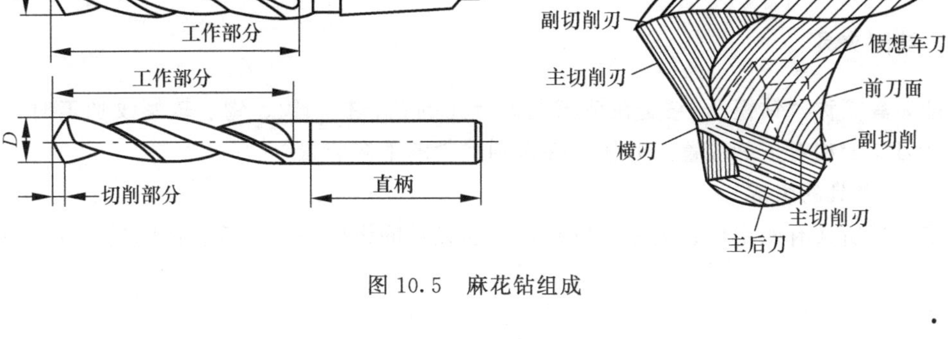

图 10.5　麻花钻组成

2）麻花钻的主要角度（图 10.6）

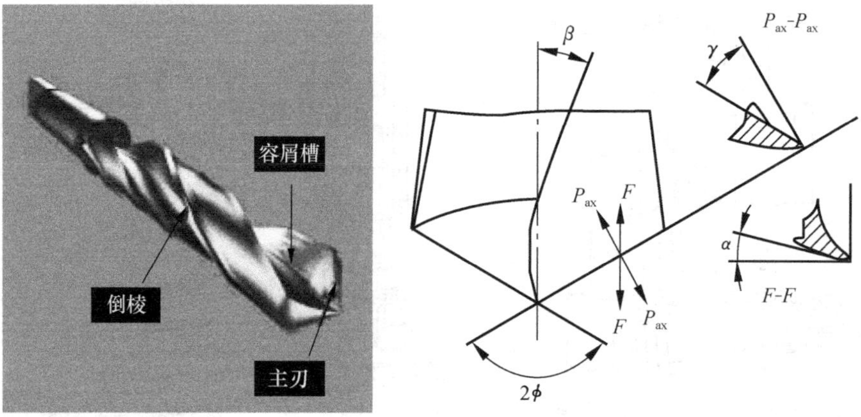

图 10.6　麻花钻结构与角度

麻花钻：直柄麻花钻（ϕ0.5～ϕ20）、锥柄麻花钻（ϕ8～ϕ80）。

钻头材料：钻头一般为高速钢材料。

钻头结构：两主两副一横刃，两前刀面（螺旋面）、两后刀面、两副后刀面等。

前角 γ：为正交平面内前刀面与基面的夹角，由于钻头的前刀面为螺旋面，故越靠近中心，前角越小，横刃为负前角。

后角 α：为轴向圆柱剖面内后刀面与切削平面的夹角。故越靠近中心，后角越大。

顶角 2ϕ：两主切削刃在中心截面上投影的夹角。标准钻头顶角为 118°。

横刃斜角 ψ：主切削刃与横刃在钻头端面上投影的夹角。

螺旋角 β：最外缘螺旋线切线与轴线的夹角。

3）其他钻头

标准麻花钻存在切削刃长、前角变化大、螺旋槽排屑不畅、横刃部分切削条件很差等结构问题，生产中为了提高钻孔的精度和效率，常将标准麻花钻按特定方式刃磨成“群钻”使用。

（1）群钻。群钻的基本特征为：“三尖七刃锐当先，月牙弧槽分两边，一侧外刃开屑槽，横刃磨得低窄尖”，如图 10.7 所示。

（2）中心钻。中心钻用于加工轴类工件的中心孔。钻孔时，先打中心孔，也有利于钻头的导向，可防止孔的偏斜。

（3）深孔钻。深孔钻是专门用于钻削深孔的钻头。为解决深孔加工中的断屑、排屑、冷却润滑和导向等问题，人们先后开发了外排屑深孔钻、内排屑深孔钻、喷吸钻和套料钻等多种深孔钻，如图 10.8、图 10.9 所示。

10.1.4　钻削夹具

钻削夹具简称“钻模”。它是在钻床上进行孔的钻、扩、铰、锪、攻螺纹加工时，用以确定工件和刀具的相对正确位置，并使工件得到夹紧的工艺装置。

1）钻削夹具的组成

除了夹具所共有的定位、夹紧装置外，钻削夹具的组成还有钻套、钻模板、分度装置，如图 10.10 所示。

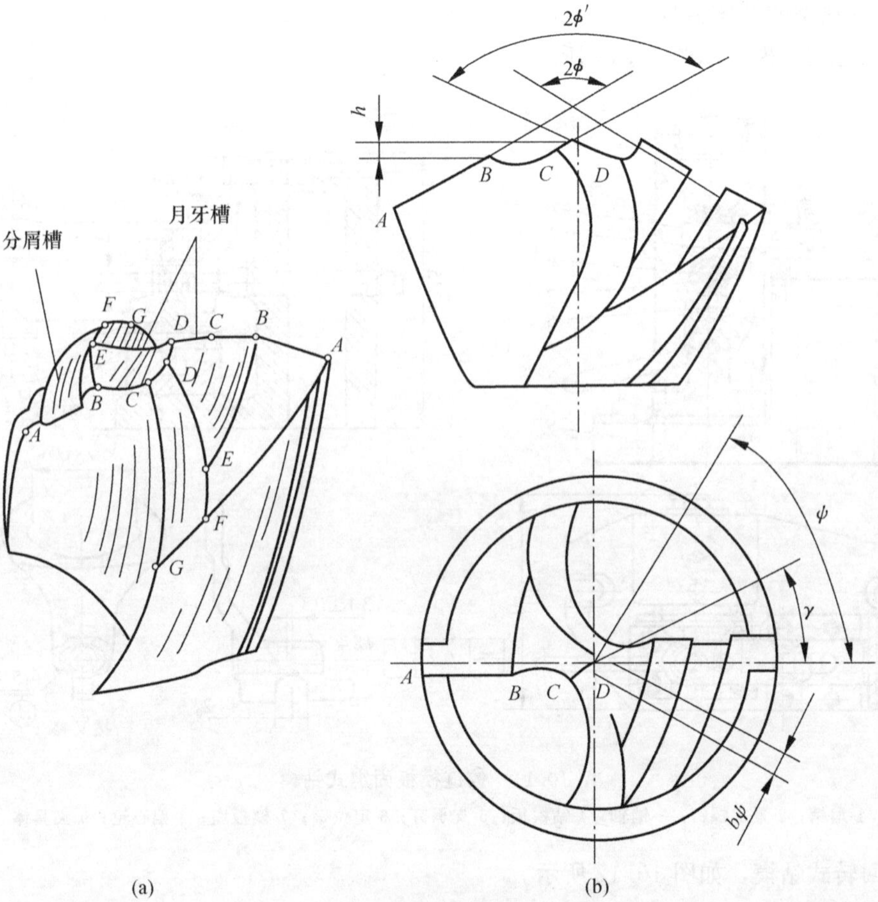

图 10.7 群钻的结构与角度

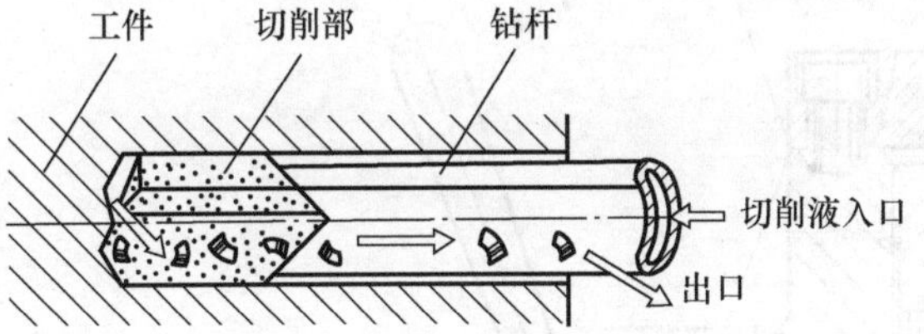

图 10.8 深孔钻工作示意图

图 10.9 深孔钻

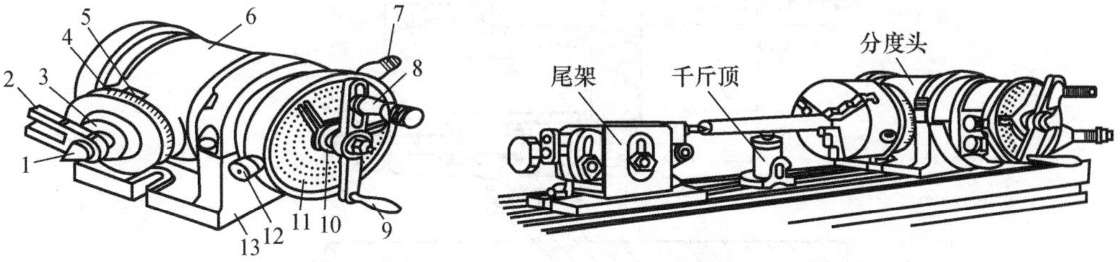

(a) 外观图

(b) 分度头在铣床上的安装位置

图 10.10 万能分度头

1-前顶尖；2-拨盘；3-主轴；4-刻度盘；5-游标；6-回转体；7-挂轮轴；

8-定位销；9-手柄；10-分度叉；11-分度盘；12-锁紧螺钉；13-底座

2）几种典型的钻床夹具

（1）固定式钻模，如图 10.11 所示。

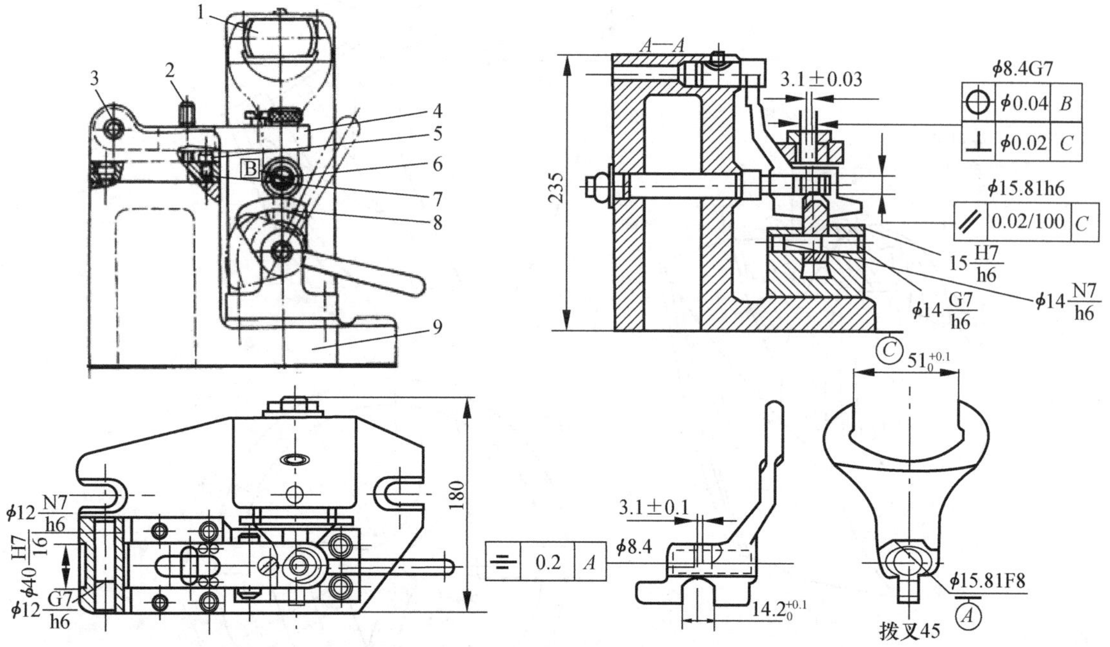

图 10.11　铰链模板固定式钻模

1-扁销；2-紧定螺钉；3-销轴；4-钻模板；5-支承钉；6-定位销；7-模板座；8-偏心轮；9-夹具体

（2）回转式钻模，如图 10.12 所示。

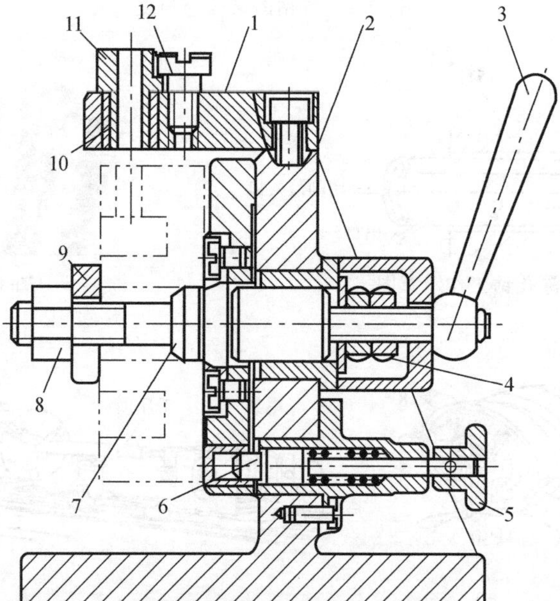

图 10.12　轴向分度回转式钻模

1-模板座；2-夹具体；3-手柄；4-螺母；5-把手；6-对定销；7-圆柱销；

8-螺母；9-快换垫圈；10-衬套；11-钻套；12-螺钉

(3) 翻转式钻模，如图 10.13 所示。

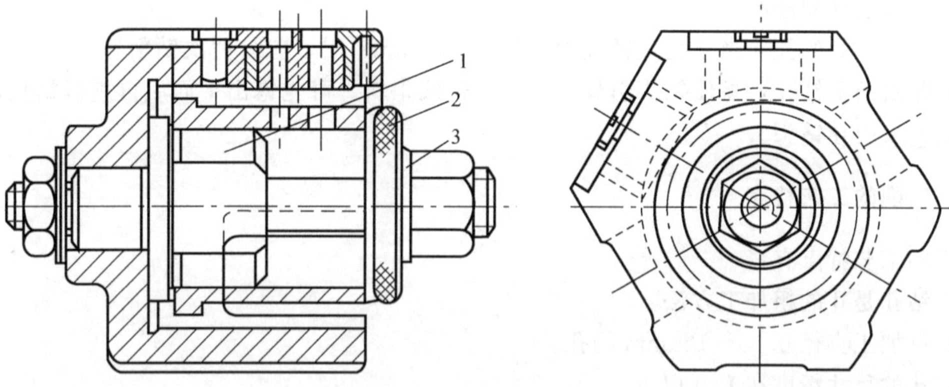

图 10.13　60°翻转式钻模

1-台肩销；2-快换垫圈；3-螺母

(4) 滑柱式钻模，如图 10.14 所示。

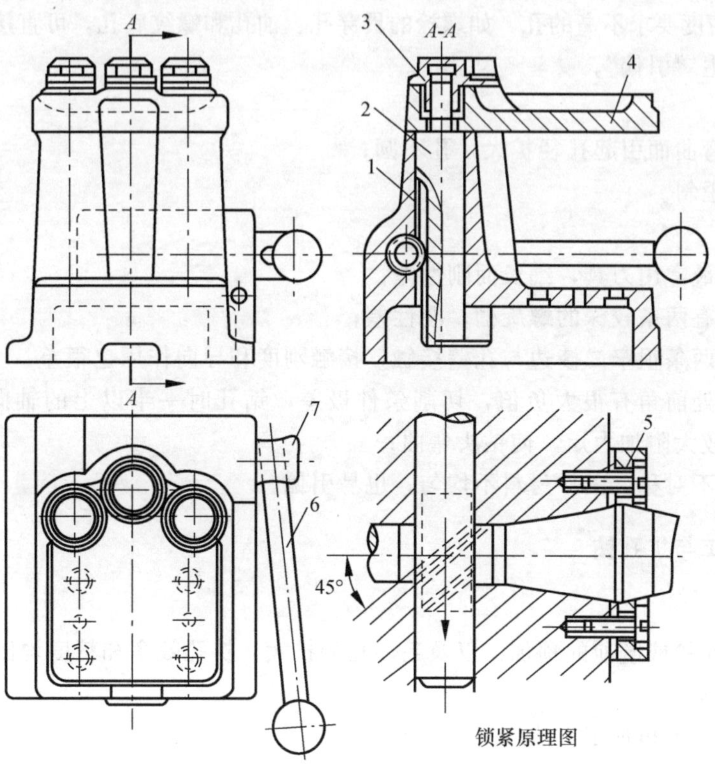

图 10.14　滑柱式钻模

1-夹具体；2-滑柱；3-锁紧螺母；4-钻模板；5-套环；6-手柄；7-螺旋齿轮轴

10.1.5　麻花钻钻孔的方法

麻花钻钻孔的方法主要有以下几种。

(1) 找正和引导方式：单件小批，按划线位置钻孔。

(2) 批量生产：采用专用钻床夹具利用钻套引导。

(3) 钻深孔：当孔的深度超过孔径三倍时，钻孔时要经常退出钻头及时排屑和冷却。

(4) 在硬材料上钻孔：钻孔速度不能过高，手动进给量要均匀，特别是孔将要钻透时，应注意适当降低速度和进给量。

(5) 钻削较大的孔：当钻孔直径较大（通常＞30mm）时，应分两次钻削。

(6) 在斜面上钻孔：易使钻头引偏，造成孔轴线歪斜。可先锪出平面后再进行钻孔，或采用特殊钻套来引导钻头。

10.1.6 钻削的工艺特点

钻削的工艺特点有：

(1) 钻孔是孔的粗加工方法。

(2) 可加工直径 0.05～125mm 的孔。

(3) 孔的尺寸精度在 IT9 以下。

(4) 孔的表面粗糙度一般只能控制为 $Ra12.5\mu m$。钻孔主要用来加工外形复杂、没有对称回转轴线、直径不大、精度不太高的孔，如连杆、盖板、箱体、机架等零件上的单孔和孔系。也可以通过钻孔-扩孔-铰孔的工艺手段加工精度要求较高的孔。利用夹具还可加工有一定相互位置关系的孔系。对于精度要求不高的孔，如螺栓的贯穿孔、油孔和螺纹底孔，可直接采用钻孔。

(5) 容易产生“引偏”。

引偏：

①由于钻头弯曲而引起孔径扩大，孔不圆；

②孔的轴线歪斜。

引偏原因：

① 麻花钻是最常用刀具，细长而刚性差；

② 麻花钻上有两条较深的螺旋槽，刚性差；

③ 钻头仅有两条很窄二棱边与孔壁接触，接触刚度和导向作用也很差；

④ 钻头横刃处前角有很大负值，切削条件极差，钻孔时一半以上的轴向力由横刃产生，稍有偏斜将产生较大附加力矩，使钻头弯曲；

⑤ 两切削刃不对称，工件材料不均匀，也易引偏。

10.1.7 扩孔加工与扩孔钻

1) 扩孔钻

扩孔钻常用作铰或磨前的预加工以及毛坯孔的扩大，扩孔效率和精度均比麻花钻高。

(1) 工艺特点：

① 扩孔是孔的半精加工方法；

② 一般加工精度为 IT10～IT9；

③ 孔的表面粗糙度可控制在 $Ra6.3\sim3.2\mu m$。

当钻削 $d_w>30mm$ 直径的孔时，为了减小钻削力及扭矩，提高孔的质量，一般先用 $(0.5\sim0.7)d_w$ 大小的钻头钻出底孔，再用扩孔钻进行扩孔，则可较好地保证孔的精度并控制表面粗糙度，且生产率比直接用大钻头一次钻出时还要高。

(2) 扩孔钻的结构如图 10.15 所示。

主要特点有：

① 齿数多（3、4 齿）；

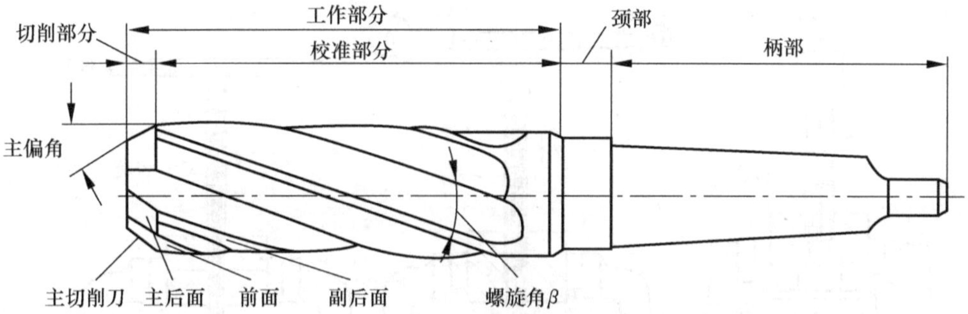

图 10.15 扩孔钻结构

② 不存在横刃；

③ 切削余量小，排屑容易。

2）扩孔

扩孔常用于已铸出、锻出或钻出孔的扩大。扩孔可作为铰孔、磨孔前的预加工，也可以作为精度要求不高的孔的最终加工。扩孔比钻孔的质量好，生产效率高。扩孔对铸孔、钻孔等预加工孔的轴线的偏斜，有一定的校正作用。

10.1.8 铰削加工与铰刀

铰孔是孔的精加工方法之一，在生产中应用很广。对于较小的孔，相对于内圆磨削及精镗而言，铰孔是一种较为经济实用的加工方法。

铰刀是精加工刀具，加工精度可达 IT7～IT6。铰刀可分为手用铰刀与机用铰刀。手用铰刀有做成整体式的，也有做成可调式的，在单件小批和修配工作中常使用尺寸可调的铰刀。直径小的机用铰刀做成带直柄或锥柄的，直径较大的常做成套式结构。

根据加工孔的形状不同铰刀可分为柱形铰刀和锥度铰刀。它由工作部分、颈部及柄部三部分组成，如图 10.16 所示。

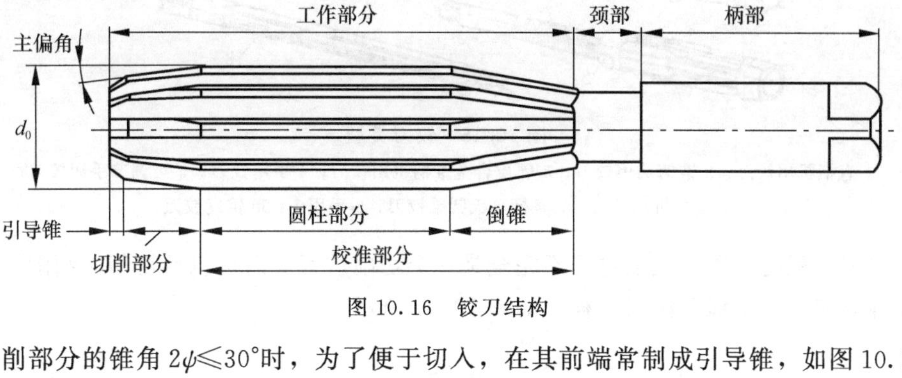

图 10.16 铰刀结构

当切削部分的锥角 $2\psi \leqslant 30°$时，为了便于切入，在其前端常制成引导锥，如图 10.17 所示。

1）铰削工艺特点

(1) 铰孔余量小（粗铰 0.15～0.35mm），切削速度低，切削力小，发热少，铰刀导向好，切削平稳，加工质量好；

(2) 加工精度 IT8～IT6，$Ra=1.6\sim0.4\mu m$；

(3) 铰孔的适应性较差，一把铰刀只能加工一种尺寸精度的孔，不宜加工非标孔、台阶孔、盲孔、非连续表面（如轴向有键槽等），不能加工硬材料工件；

(4) 铰孔可纠正孔的形状误差，不能纠正位置误差；

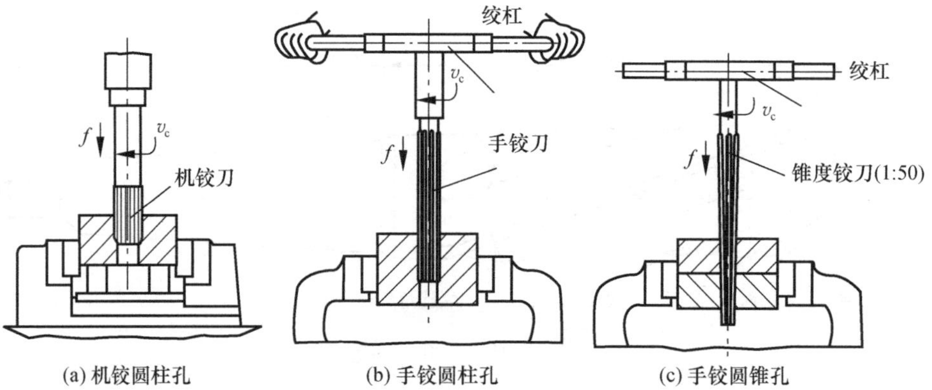

图 10.17　铰孔加工示意图

（5）铰刀是定尺寸刀具；

（6）切削液在铰削过程中起着重要的作用。

2）铰孔的应用

铰孔用于软材料零件孔的精加工，不能加工硬材料。铰孔孔径 $\phi1\sim\phi80$。

3）铰刀的结构参数

（1）铰刀的类型，如图 10.18 所示。

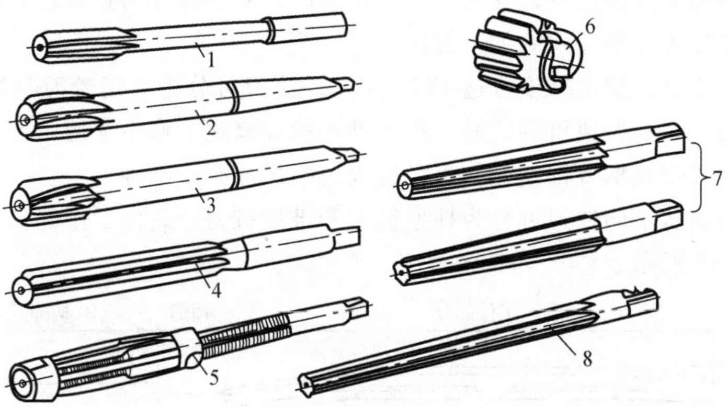

图 10.18　铰刀类型

1-直柄机用铰刀；2-锥柄机用铰刀；3-硬质合金锥柄机用铰刀；4-手用铰刀；5-可调节手用铰刀；6-套式机用铰刀；7-直柄莫氏圆锥铰刀；8-手用 1∶50 锥度铰刀

（2）铰削过程的实质。铰削过程不完全是一个切削过程，而是包括切削、刮削、挤压、熨平和摩擦等效应的一个综合作用过程，如图 10.19 所示。

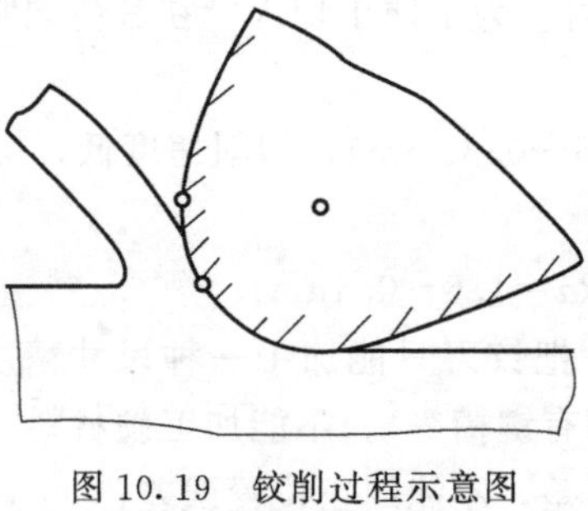

图 10.19　铰削过程示意图

10.2 镗削加工

镗孔是在预制孔上用切削刀具使之扩大的一种加工方法，镗孔工作既可以在镗床上进行，也可以在车床上进行。

10.2.1 镗削加工工艺范围

镗削加工工艺范围如图 10.20 所示。

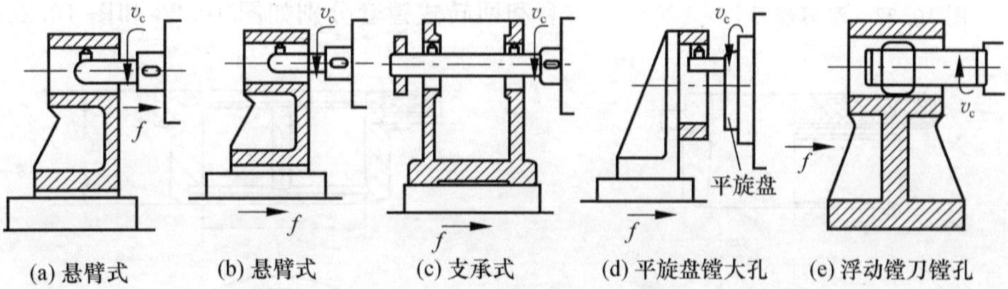

图 10.20 镗削加工工艺

10.2.2 镗刀

按不同结构，镗刀可分为单刃镗刀和双刃镗刀。

镗刀多用于箱体孔的粗、精加工，一般分为单刃镗刀和双刃镗刀，或微调镗刀和浮动镗刀。

在镗床上使用钻头、扩孔钻、铰刀等钻床所用的各种孔加工刀具时，可把刀具直接安装在镗杆主轴的莫氏锥孔中。

镗床上使用各种铣刀时，可把刀具直接安装在镗杆上。

1）单刃镗刀

单刃镗刀切削部位与普通车刀相似，刀体较小，安装在镗杆的孔中，如图 10.21 所示。

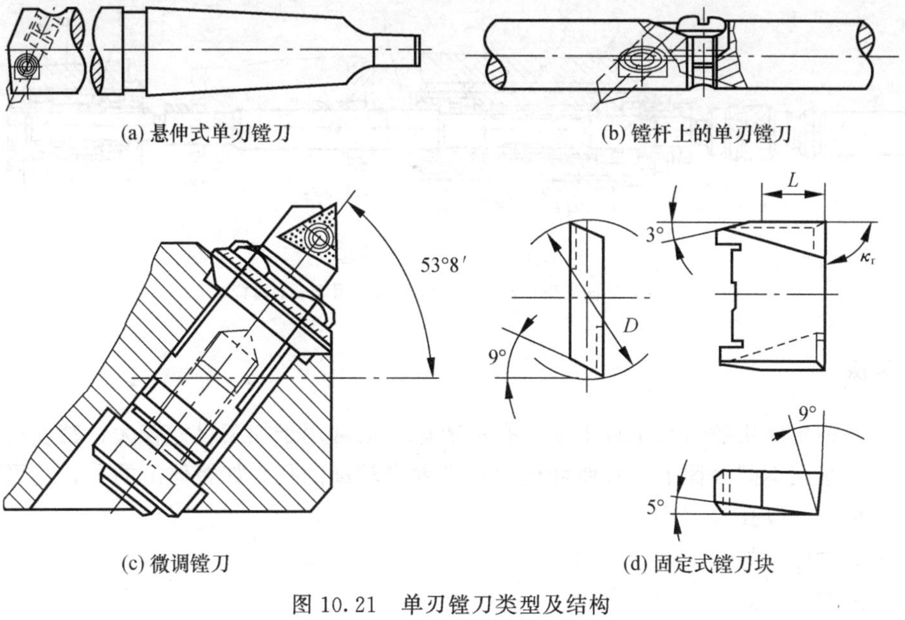

图 10.21 单刃镗刀类型及结构

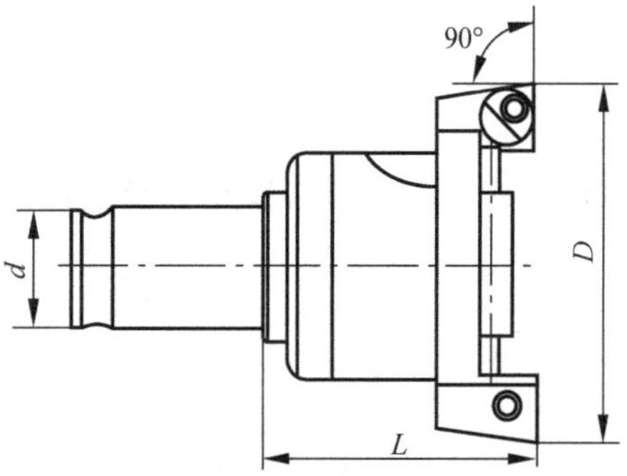

图 10.22　双刃镗刀

2）双刃镗刀与浮动镗刀片

双刃镗刀如图 10.22 所示。

10.2.3　镗床夹具

镗床夹具：主要用于加工箱体、支架、支座等零件上的孔或孔系，保证孔的尺寸精度、几何形状精度、孔距及位置精度，由夹具体、定位元件、夹紧装置、镗模架（镗模板）、镗套等组成。固定式镗套和回转式镗套分别如图 10.23 和图 10.24 所示。

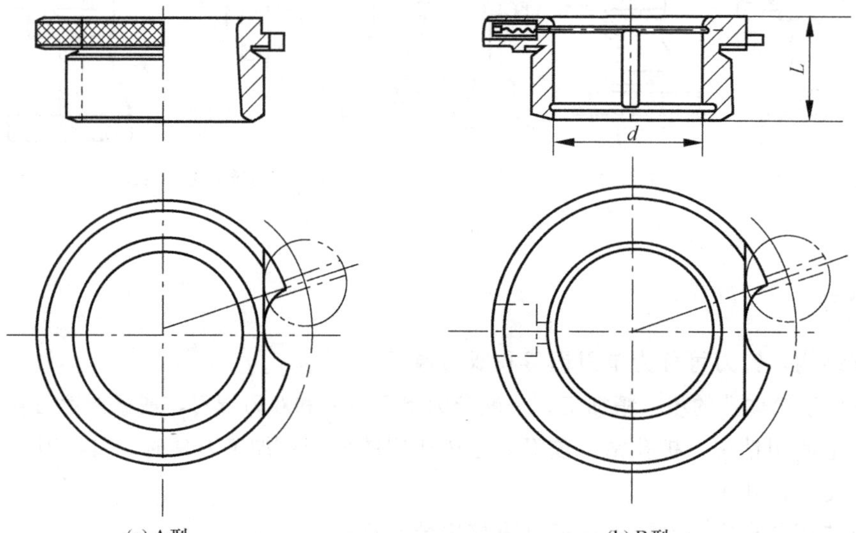

(a) A型　　(b) B型

图 10.23　固定式镗套

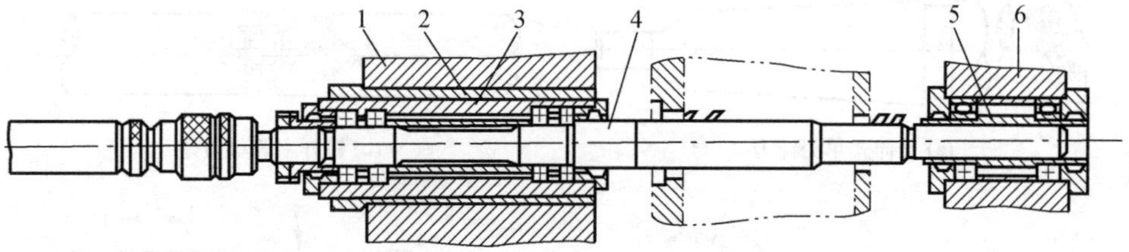

图 10.24　回转式镗套

1、6-导向支架；2、5-镗套；3-导向滑套；4-镗杆

10.2.4　镗床

镗床是一种主要用镗刀在工件上加工孔的机床。通常用于加工尺寸较大、精度要求较高的孔，特别是分布在不同表面上，孔距和位置精度要求较高的孔。如箱体上的孔，还可以进行铣削、钻孔、扩孔、铰孔等工作。

（1）卧式镗床，如图 10.25 所示。

（2）坐标镗床，如图 10.26 所示。

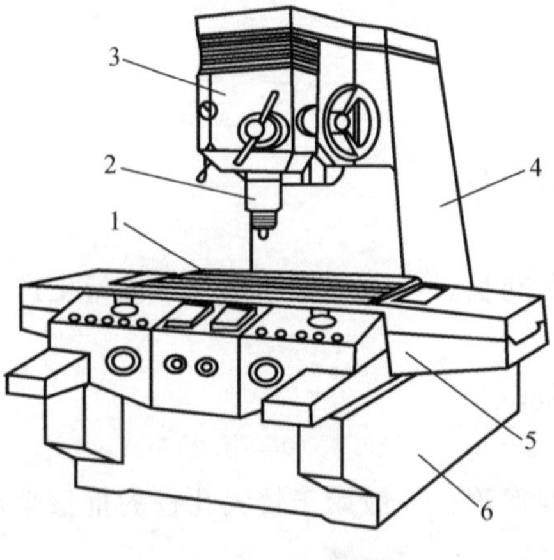

图 10.25　卧式镗床

1-工作台；2-主轴；3-主轴箱；4-立柱；5-床鞍；6-床身

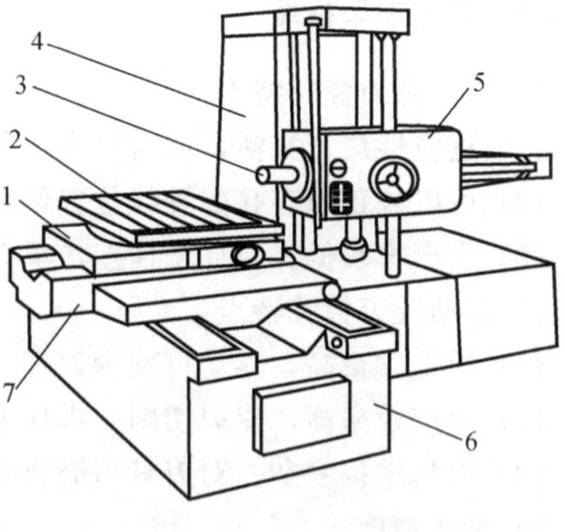

图 10.26　坐标镗床

1-上滑座；2-回转工作台；3-主轴；4-立柱；5-主轴箱；6-床身；7-下滑座

坐标镗床是一种高精度的机床。其主要特点是具有坐标位置的精密测量装置；有良好的刚性和抗振性。它主要用来镗削精密孔（IT5 级或更高），如钻模、镗模上的精密孔。

工艺范围：可以镗孔、钻孔、扩孔、铰孔，以及精铣平面和沟槽；还可以进行精密刻线和划线，以及进行孔距和直线尺寸的精密测量工作。

(3) 数控镗床，如图 10.27 所示。

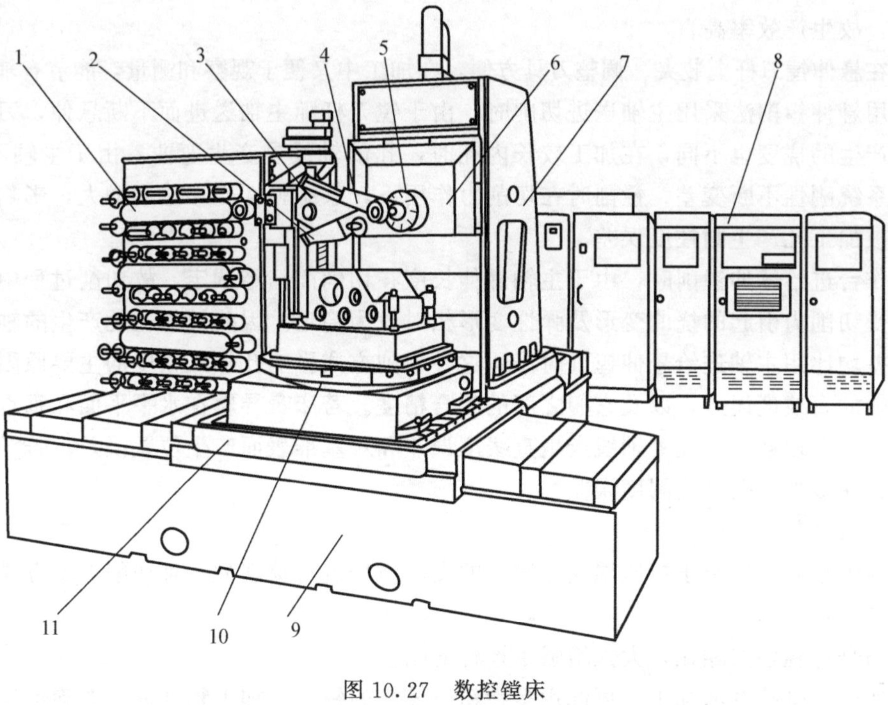

图 10.27　数控镗床

1-刀库；2-装刀机械手；3-机械手架；4-卸刀机械手；5-主轴头；6-垂直移动式主轴箱；7-横向移动式立柱；8-数控装置；9-床身；10-可旋转工作台；11-纵向移动式工作台

10.2.5 镗削加工特点

1）单刃镗刀镗孔特点

（1）适应性广，灵活，但对操作工人技术水平要求较高；

（2）可以校正原有孔的轴线位置偏差；

（3）生产率较低，镗杆刚性差，单刃切削，调整时间长，一般用于单件、小批量生产。

2）浮动镗刀镗孔特点

（1）加工质量高，浮动可减少刀杆、刀具安装偏差；

（2）生产效率高，双刃切削，操作方便；

（3）刀具结构复杂，对刀具刃磨要求较高，刃口要对称，一般用于较大孔径的批量生产。

3）镗孔精度

（1）普通机床镗孔精度 IT8～IT7，$Ra=1.6\sim0.8\mu m$；

（2）坐标镗床镗孔精度 IT7～IT6，$Ra=0.04\mu m$。

10.2.6 镗削加工方法

镗削加工方法主要有悬伸镗削法和支承镗削法。

1）悬伸镗削法

使用悬伸的单镗刀杆，对中等孔径和不穿通的同轴孔进行镗削加工，这种加工方法称为悬伸镗削法。悬伸镗削法的主要特点有：

（1）由于悬伸镗削所使用的镗刀杆一般均较短、粗，刚性较好，切削速度的选择可高于支承镗刀杆，故生产效率高。

（2）在悬伸镗刀杆上装夹、调整刀具方便，在加工中又便于观察和测量，能节省辅助时间。

（3）用悬伸镗削法采用主轴送进切削时，由于镗刀杆随主轴送进而不断悬伸，刀杆系统因自重变化产生的挠度也不同，在加工较长内孔时，孔的轴线易产生弯曲。由于主轴不断伸出，整个刀杆系统刚性不断变差，镗削时在切削力作用下，系统弹性变形逐渐增大，影响孔的镗削精度，使被加工孔产生圆柱度误差。

用工作台进给悬伸镗削时，由于主轴悬伸长度在切削前已经调定，故切削过程中由刀杆系统自重和受切削力引起的挠曲变形及弹性变形相对较为稳定。因此被加工孔产生的轴线弯曲和圆柱度误差均比用主轴进给悬伸镗削时小。这种镗削方式影响孔加工精度的主要原因是床身和工作台导轨的直线度误差，以及它们之间的配合精度。若床身导轨在水平平面和垂直平面内有直线度误差，会使被加工孔的轴线产生直线度误差和对基准表面产生位置误差；若导轨配合精度差，将会使被加工孔产生圆度误差。

2）支承镗削法

支承镗削法是采用架于镗床尾座套筒内的支承镗杆进行镗削的一种切削加工方式。支承镗削法的特点是：

（1）与悬伸镗削法相比，大大增强了镗杆的刚性。

（2）适合同轴孔系的加工。可配用多种精度较高的镗刀，加工精度高，能确保加工质量。

（3）装夹和调整镗刀较麻烦、费时，不易观察加工情况，试镗、测量等操作没有悬伸镗削法那样直观、方便。

采用镗杆进给支承镗削法镗孔，镗杆伸出长度随主轴进给而不断变化，但镗杆和主轴在两支承点之间的距离不变。而且与工作台进给支承镗孔方式相比，其两支承点之间的距离较短。因此，由切削力所产生的镗杆挠曲变形比工作台进给支承镗孔方式小，所以抗振性好，可以采用宽刀加工。但是，由于是镗杆进给，故镗刀在支承间的位置是变化的，因而镗杆自重造成的弯曲会影响工件孔轴线的直线度误差。

若采用工作台进给支承镗削法，这种镗削方式，由于采用工作台进给，所以镗杆两支承间的距离很长，一般要超过孔长的2倍。镗杆受力后产生的挠曲变形量相对要大。用这种方法镗孔，由于刀具调整后，其到镗杆两端支承间的距离不变，因此孔径尺寸只均匀减小一个定值。孔的直线度误差主要与机床导轨的直线度及机床导轨和工作台导轨间的配合精度有关。被镗孔的直线度误差较小。

复习思考题

10-1　钻床与镗床有哪些类型？试说明各自的功用。

10-2　用标准麻花钻钻孔，为什么精度低且表面粗糙度低？

10-3　镗床镗孔与车床镗孔有何不同？各自用于什么场合？

10-4　镗孔与钻、扩、铰孔相比有何特点？

10-5　钻床夹具有哪些类型？各自有什么特点？

10-6　镗床夹具有哪些类型？各自有什么特点？

第 11 章　刨削和铣削

11.1　刨 削 加 工

在刨床上用刨刀对工件进行切削加工的过程称为刨削加工。刨削时，刨刀的直线往复运动为主运动，工件的间歇移动为进给运动。

11.1.1　刨削加工工艺范围

刨削主要用来加工平面、各种沟槽和成形面，如图 11.1 所示。

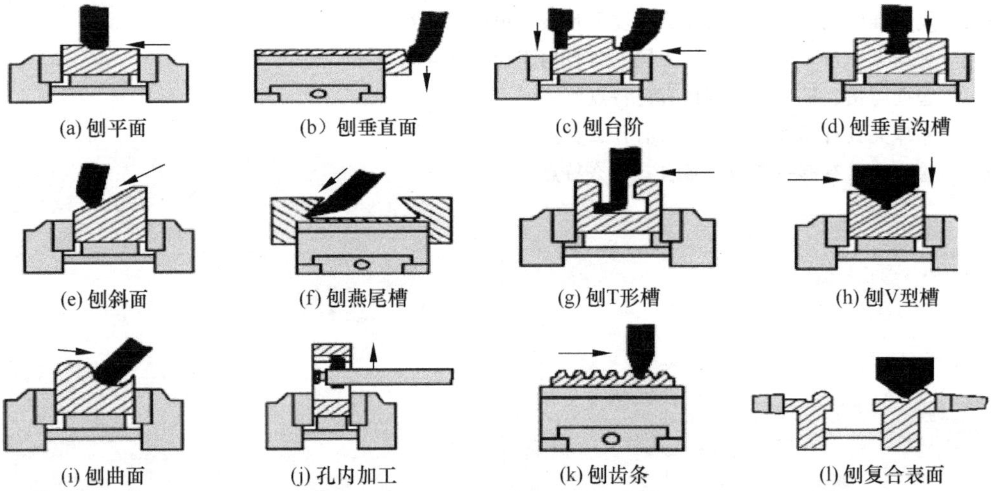

图 11.1　刨削加工工艺

11.1.2　刨刀

1）刨刀的结构和安装

刨刀的结构、几何形状均与车刀相似，一般做成弯头增强刀具强度。常用的刨刀有平面刨刀、偏刀、角度偏刀、切刀、弯切刀、成形切刀等，如图 11.2 所示。

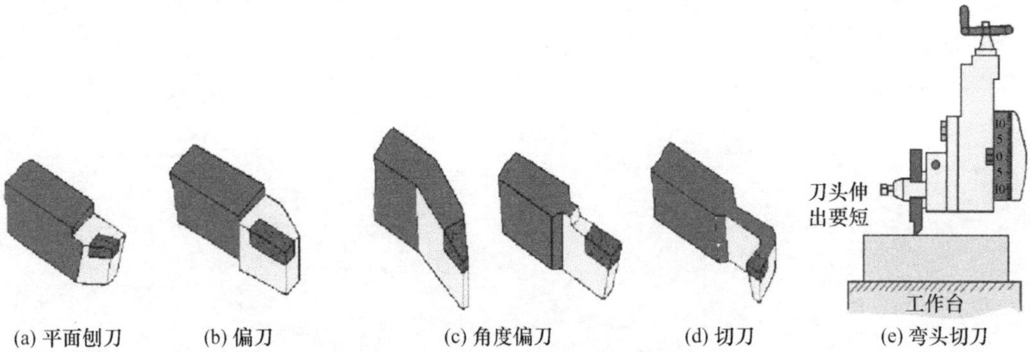

图 11.2　刨刀类型及在刨床上的安装位置

2）工件的装夹

刨床常用的工件装夹有平口钳装夹、压板螺栓装夹及专用夹具装夹，如图 11.3、图 11.4 所示。

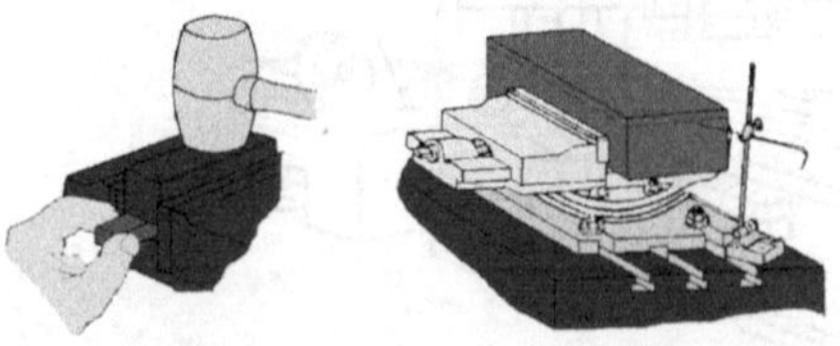

图 11.3　用平口钳装夹工件

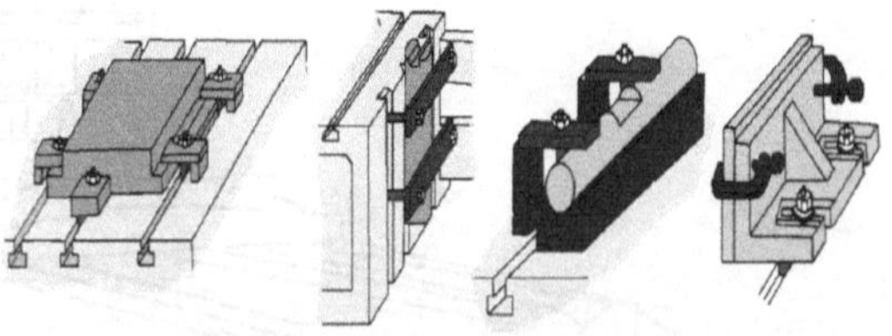

图 11.4　用压板螺栓装夹工件

11.1.3　刨床

刨床类机床主要有牛头刨床、龙门刨床和插床三种类型。

(1) 牛头刨床：牛头刨床主要用于加工小型零件，如图 11.5 所示。

(2) 插床：插床又称立式刨床，其主运动是滑枕带动插刀所做的上下往复直线运动，如图 11.6 所示。

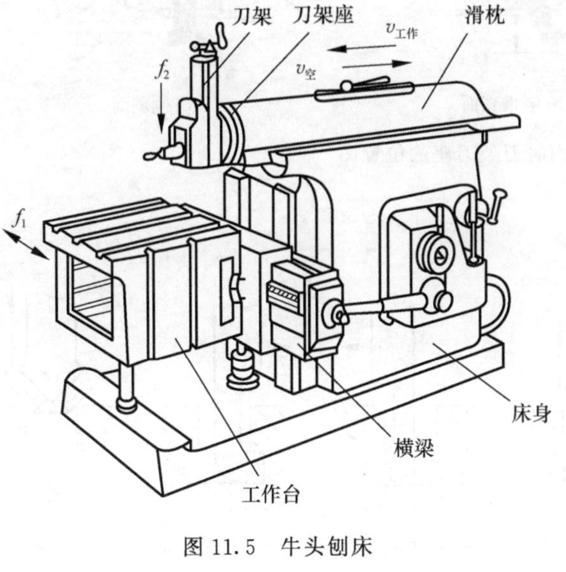

图 11.5　牛头刨床

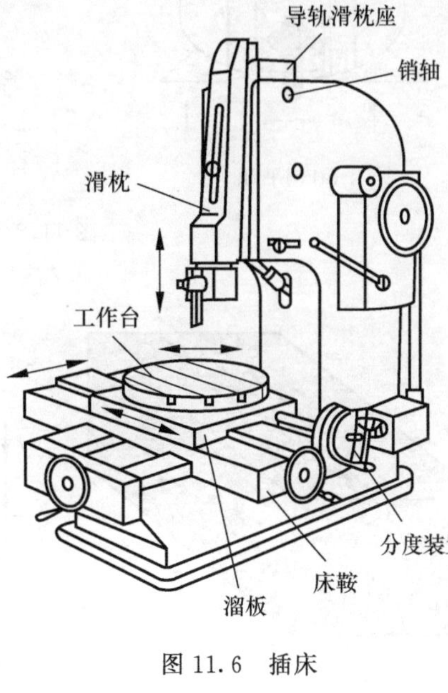

图 11.6　插床

(3) 龙门刨床：龙门刨床主要用于加工大型或重型零件上的各种平面、沟槽和各种导轨面，如图 11.7 所示。

11.1.4　基本刨削工作

基本刨削工作如图 11.8、图 11.9 所示。

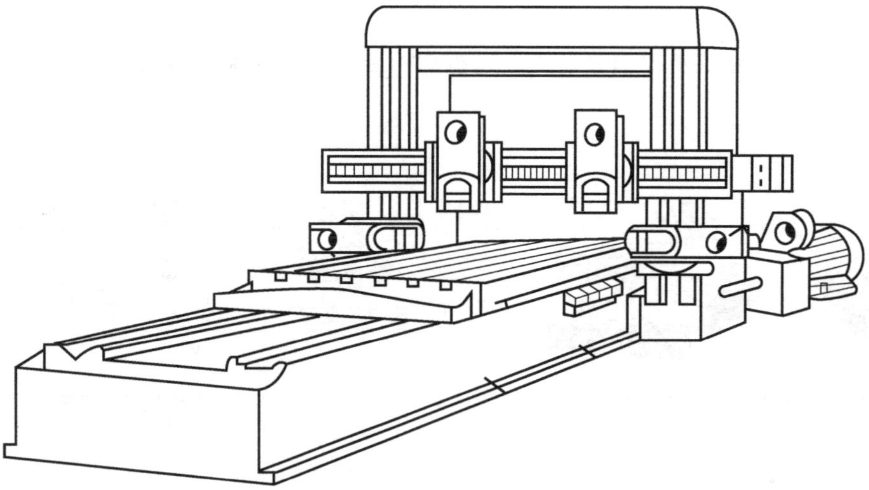

图 11.7　龙门刨床

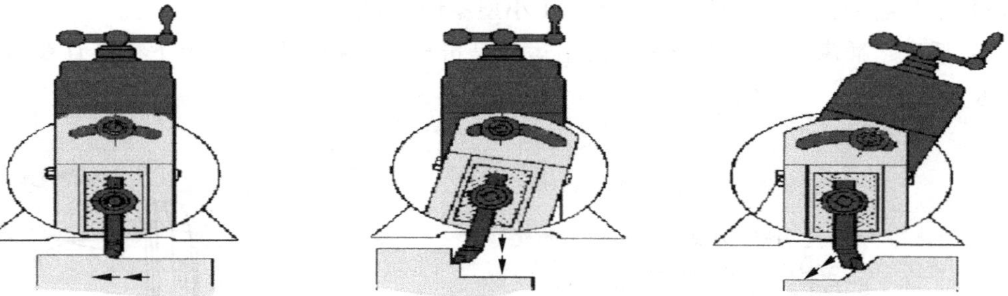

(a) 刨平面　　(b) 刨垂直面　　(c) 刨斜面

图 11.8　刨平面时刀架刀座的位置图

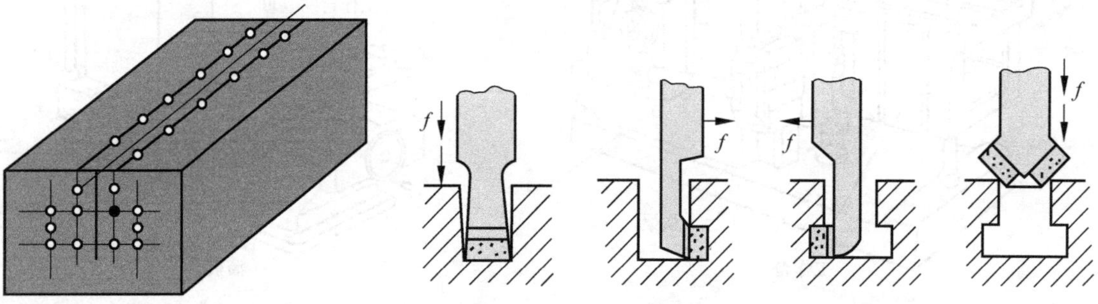

(a) 工件　　(b) 刨直槽　　(c) 刨右侧凹槽　　(d) 刨左侧凹槽　　(e) 倒角

图 11.9　T 形槽刨削步骤

11.1.5　刨削加工特点

刨削加工的主要特点有：

(1) 刨削的进给运动是间歇运动，工件或刀具进行主运动时无进给运动，故刀具的角度不因切削运动变化而发生变化。

（2）刨削加工的切削过程是断续切削，刀具在空行程中能得到自然冷却。

（3）刨削加工的主运动是往复运动，因而限制了切削速度的提高。

（4）刨削过程中有冲击，冲击力的大小与切削用量、工件材料、切削速度等有关。

11.2 铣削加工

机械加工中，铣削加工是除了车削加工之外用得较多的一种加工方法。铣削加工是在铣床上使用旋转多刃刀具，对工件进行切削加工的方法。铣削加工时，铣刀的旋转是主运动，铣刀或工件沿坐标方向的直线运动或回转运动是进给运动。

11.2.1 铣削加工特点

铣削主要用于加工平面、斜面、垂直面、各种沟槽以及成形表面，如图 11.10 所示。

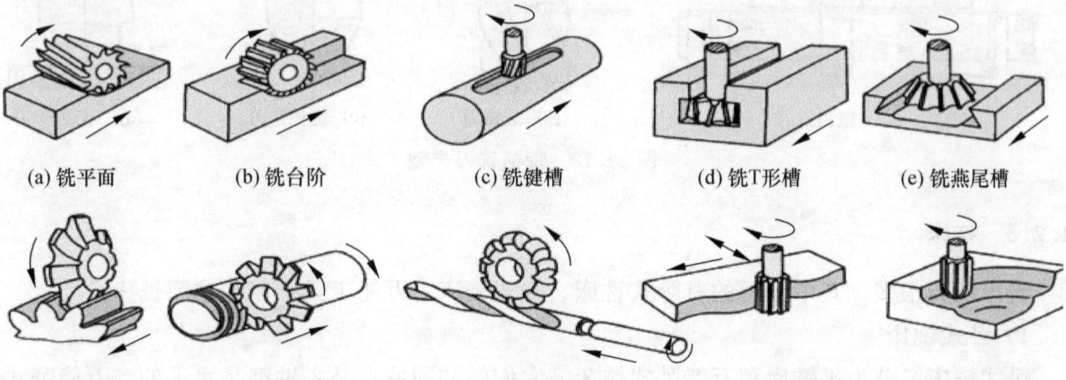

(a) 铣平面　(b) 铣台阶　(c) 铣键槽　(d) 铣T形槽　(e) 铣燕尾槽

(f) 铣齿　(g) 铣螺纹　(h) 铣螺旋槽　(i) 铣外曲面　(j) 铣内曲面

图 11.10 铣削加工工艺

11.2.2 铣刀

铣刀可分为带孔铣刀和带柄铣刀两大类。

1）带孔铣刀

带孔铣刀有圆柱铣刀、三面刃铣刀、锯片铣刀、角度铣刀、成形铣齿轮铣刀等，多用于卧式铣床上。带孔铣刀安装在刀杆适当部位。刀杆一端为锥体，装入机床主轴锥孔中由拉杆拉紧，使刀轴与工作台平行。为了提高刀杆的刚度，刀杆另一端由机床横梁上的吊架支撑。刀具则套在刀杆上，它的轴向位置由套筒来定位。刀杆旋转中通过键带动铣刀旋转进行铣削加工，如图 11.11 所示。

2）带柄铣刀

带柄铣刀有端铣刀、立铣刀、键槽铣刀、T 形槽铣刀、燕尾槽铣刀，多用在立式铣床上，按刀柄形状不同可分为直柄和锥柄两种。锥柄铣刀安装时先选用过渡锥套，再用拉杆将铣刀及过渡锥套一起拉紧在立轴端部的锥孔内；直柄铣刀一般直径不大，多用弹簧夹头进行安装。带柄铣刀类型如图 11.12 所示。

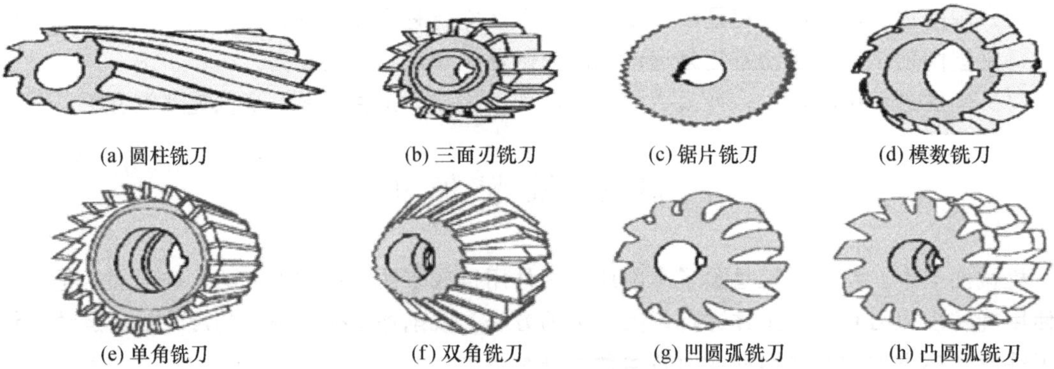

(a) 圆柱铣刀　(b) 三面刃铣刀　(c) 锯片铣刀　(d) 模数铣刀

(e) 单角铣刀　(f) 双角铣刀　(g) 凹圆弧铣刀　(h) 凸圆弧铣刀

图 11.11　带孔铣刀类型

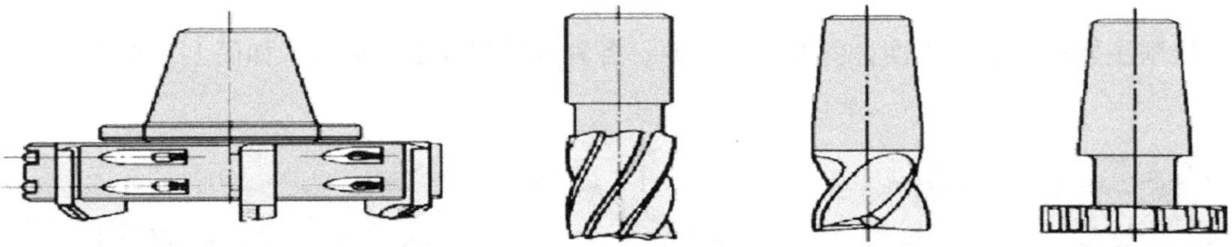

(a) 镶齿铣刀　(b) 立铣刀　(c) 键槽铣刀　(d) T形槽铣刀

图 11.12　带柄铣刀类型

11.2.3　铣床

铣床种类很多，其中常用的有卧式铣床、立式铣床、万能工具铣床和龙门铣床。

1）卧式铣床

卧式铣床又分为平铣床和万能卧式铣床，它们的共同特点是主轴都是水平的。万能卧式铣床与平铣床的主要区别是，它的工作台能在水平面内作±45°范围内的旋转调整，以便铣削螺旋槽类工作，而平铣床的工作台不能作旋转调整，如图 11.13 所示。

图 11.13　卧式铣床

2）立式铣床

立式铣床又称立式升降台式铣床，其主轴是垂直的，其他与卧式升降台式铣床相同。

3）万能工具铣床

万能工具铣床用得比较多，在工模具制造车间需要加工具有各种角度的表面以及一些比较复杂的型面时使用。万能工具铣床有两个主轴，垂直方向的主轴用以完成立铣工作，水平方向的主轴用以完成卧铣工作。当装上万向工作台后，工作台还能在三个相互垂直的平面内旋转一定的角度。

4）龙门铣床

龙门铣床在龙门式的框架两侧各有垂直导轨，其上安装有横梁及两个侧铣头；在横梁上又安装有两个铣头。这样，铣床上有四个独立的主轴，都可以安装一把刀具。加工时，工作台带动工件作纵向移动，几把刀具同时对几个表面，进行粗铣或半精铣，生产效率较高，如图 11.14 所示。

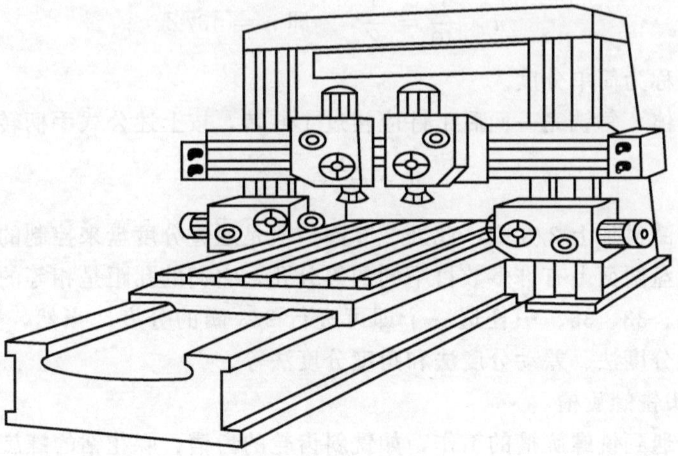

图 11.14　龙门铣床

11.2.4 铣床附件及应用

常用铣床附件有万能分度头、万能铣头、平口钳、回转工作台。

1. 分度头

1）分度头的组成及作用

分度头是一种分度的装置。它由底座、转动体、分度盘、主轴、自定心三爪卡盘及顶尖等组成。主轴装在转动体内，并可随转动体在垂直平面内扳动成水平、垂直或倾斜位置。例如在铣六方、齿轮、花键等工作时，要求工件在铣完一个面或一条槽之后转过一个角度，再铣下一个面或一条槽，这种使工件转过一定角度的工作即称为分度。分度时摇动手柄，通过蜗杆、蜗轮带动分度头主轴，再通过主轴带动安装在主轴上的工件旋转，如图 11.15 所示。

2）简单分度法

分度头蜗杆蜗轮的传动比为 1∶40，即当与蜗杆同轴的手柄转过一圈时，单头蜗杆前进一个齿距，并带动与它相啮合的蜗轮转动一个轮齿；这样当手柄连续转动 40 圈后蜗轮正好转过一整转。由于主轴与蜗轮相连，故主轴带动工件也转过一整转。例如，使工件 Z 等分分度，

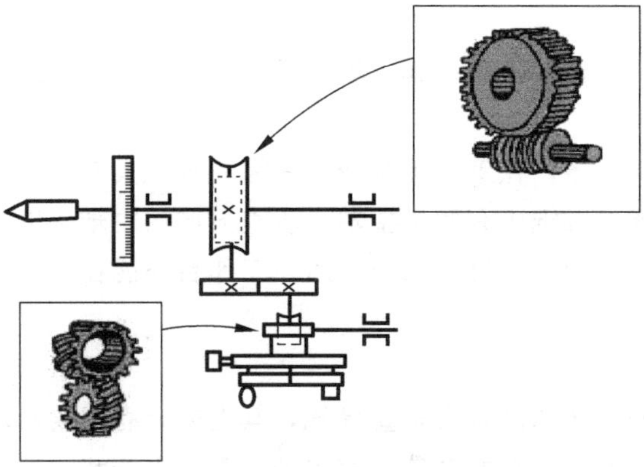

图 11.15　万能分度头的传动示意图

每分度一次，工件（主轴）应转动 $1/Z$ 转，则分度头手柄转数 n 与 Z 的关系为

$$n \times \frac{1}{40} = \frac{1}{Z}, \quad 即\ n = 40/Z$$

这种分度方法称为简单分度。

例：铣一六面体，每铣完一面后工件应转过 1/6 转，按上述公式手柄转动转数应为

$$n = \frac{40}{6} = 6\,\frac{2}{3}$$

即手柄要转动 6 整圈再加上 2/3 圈；此处 2/3 圈一般是通过分度盘来控制的。分度头一般备有两块分度盘，分度盘两面上有许多数目不同的等分孔，它们的孔距是相等的，只要在上面找到 3 的倍数孔，如 30、33、36、…任选一个即可进行 2/3 圈的分度。当然，这是最普通的分度法；此外尚有直接分度法、差动分度法和角度分度法等。

3）利用分度头铣螺旋槽

铣削中经常会遇到铣螺旋槽的工作，如铣斜齿轮的齿槽、麻花钻的螺旋槽、立铣刀和螺旋圆柱铣刀的沟槽等，在万能卧式铣床上利用分度头就能完成此项工作。铣削时工件一面随工作台纵向直线移动，同时又被分度头带动做旋转运动。当工件纵向移动一个欲加工螺旋槽的导程 L 时，被加工工件刚好转一转，其运动是通过工作台的纵向丝杆与分度头之间的交换齿轮搭配来完成的，如图 11.15 所示。其运动关系式可写成

$$1_{工件} \cdot 40 \cdot \frac{Z_4}{Z_3} \cdot \frac{Z_2}{Z_1} \cdot P = L$$

交换齿轮的传动比

$$i = \frac{Z_1}{Z_2} \cdot \frac{Z_3}{Z_4} = \frac{40P}{L}$$

式中，P 为工件台丝杆螺距；L 为欲加工工件螺旋槽导程；Z_1、Z_2、Z_3、Z_4 为交换齿轮齿数。

用成形盘铣刀在万能卧式铣床上铣螺旋槽时，槽的法向截面形状必须和铣刀断面形状一致，为此在加工螺旋槽时应将工作台旋转一个工件的螺旋角。加工左螺旋时，工作台应顺时针转；加工右螺旋时，工作台逆时针转。在立式铣床上铣螺旋槽时，工作台不必转角度。

2. 万能铣头

万能铣头是一种扩大卧式铣床加工范围的附件，利用它可以在卧式铣床上进行立铣工作。使用时卸下卧式铣床横梁、刀杆，装上万能铣头，根据加工需要，其主轴在空间可以转至任意

方向，如图 11.16 所示。

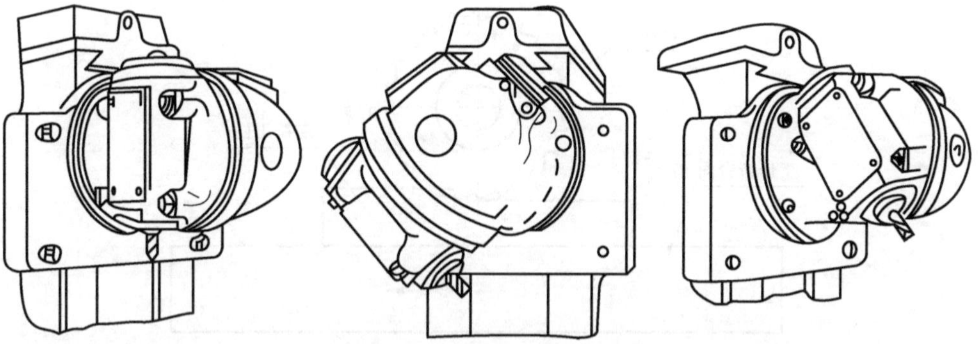

图 11.16　万能铣头

3. 平口钳

平口钳适宜装夹小型的六面体零件，也可以装夹轴类零件铣键槽等。

4. 回转工作台

回转工作台又称圆形工作台，内部为蜗轮蜗杆传动，转台安装在蜗轮上。转动装在蜗杆上的手轮时，转台带动工件作缓慢的圆周进给。它一般用于较大零件的分度工作和非整周圆弧的铣削加工。

11.2.5　铣削方法

铣削加工最主要的工作是铣削平面及沟槽。加工时除了采用专用附件和夹具外，常用的装夹方法有平口钳装夹、压板和螺栓装夹、V 形架装夹等。

1）周铣

顺铣：铣削时，铣刀切出工件时的切削速度方向与工件的进给运动方向相同称为顺铣，如图 11.17 所示。

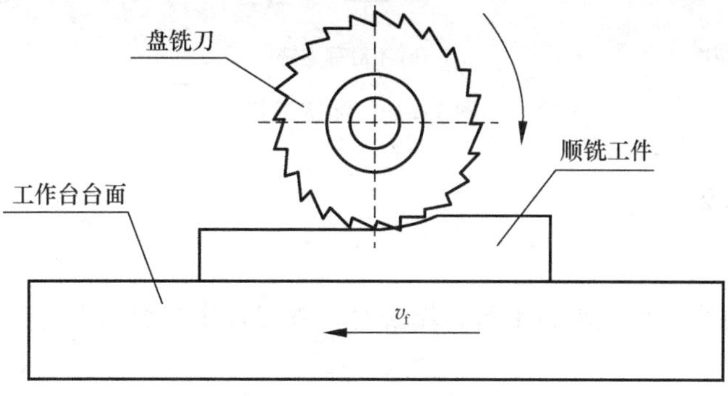

图 11.17　顺铣

铣削时，铣刀刀齿的切削厚度从最大逐渐递减至零，没有逆铣时刀齿的滑行现象，加工硬化程度大为减轻，已加工表面质量也较高，刀具耐用度也比逆铣时高。

逆铣：铣削时，铣刀切入工件时的切削速度方向和工件的进给运动方向相反称为逆铣，如

图 11.18 所示。

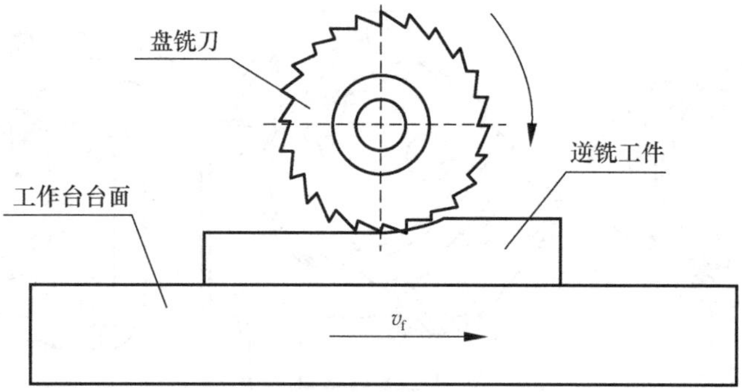

图 11.18　逆铣

逆铣时，铣刀刀齿的切削厚度从零逐渐增大至最大值。刀齿在开始切入时，刀齿在工件表面上打滑，产生挤压和摩擦，这样将使刀齿容易磨损，工件表面产生严重的冷硬层。下一个刀齿又在前一个刀齿所产生的冷硬层上重复一次滑行、挤压和摩擦的过程，加剧刀齿磨损，增大了工件表面粗糙度值。

2）端铣

（1）对称铣：铣削过程中，面铣刀轴线始终位于铣削弧长的对称中心位置，上面的顺铣部分等于下面的逆铣部分。

（2）不对称铣：当面铣刀轴线偏置于铣削弧长对称中心的一侧时，这种铣削方式称为不对称铣，如图 11.19 所示。

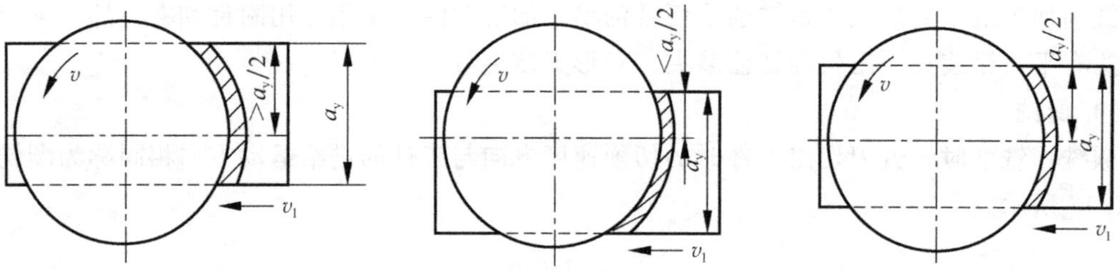

(a) 不对称顺铣　　(b) 不对称逆铣　　(c) 对称铣

图 11.19　端铣工艺

11.2.6　铣削加工工艺

1）铣平面

周铣时，铣刀轴线与加工平面平行；端铣时，铣刀轴线与加工平面垂直。

2）铣沟槽

在铣床上可以铣直角槽、键槽、T 形槽、燕尾槽等。

3）铣齿轮

铣齿轮属于成形法加工，采用与被切齿轮的齿槽形状相似的成形铣刀在铣床上利用分度头逐槽加工而成。

由于渐开线形状与齿轮的模数 m、齿数 Z 和压力角 α 有关，常用 $\alpha=20°$，是标准值，因此，从理论上讲每一种模数和齿数的渐开线形状都是不一样的，故在加工某一种模数和齿数的齿形时，都需要一把相应的成形模数铣刀。

生产中若每个齿数和模数都用一把专用铣刀加工齿形是非常不经济的，所以齿轮铣刀在同一模数中分成 n 个号数，每号铣刀允许加工一定范围齿数的齿形，铣刀的形状是按该号范围中最小齿数的形状来制造的。最常用的是一组八把的模数铣刀。下表是一组八把铣刀号数及适用的齿数范围。选刀时，先选择与工件模数相同的一组铣刀，再按欲铣齿轮齿数从表中查得铣刀号数即可，如表 11.1 所示。

表 11.1　模数铣刀的刀号及铣削齿数的范围

刀　号	1	2	3	4	5	6	7	8
加工齿数范围	12～13	14～16	17～20	21～25	26～34	35～54	55～134	135 以上及齿条

铣齿的特点是：

（1）设备简单，刀具成本低；

（2）生产率低，适用于小批生产；

（3）一般情况下加工精度低，只能达到 IT11～IT9 级。

11.2.7　铣削加工特点

铣削加工的主要特点有：

（1）铣刀是多齿刀具，铣削过程中多个刀齿同时参加切削，无空行程。硬质合金铣刀可以实现高速切削，所以通常情况下生产率高于刨削。

（2）铣削加工范围很广。可加工刨削无法加工或难加工的表面。例如，可铣削周围封闭的内凹平面、圆弧形沟槽、具有分度要求的小平面或沟槽等。

（3）铣削力变动较大，易产生振动，切削不平稳。

（4）铣床、铣刀比刨床、刨刀结构复杂，且铣刀的制造与刃磨比刨刀困难，所以铣削成本比刨削高。

（5）铣削与刨削的加工质量大致相当，经粗、精加工后都可达到中等精度。但在加工大平面时，刨削后无明显的接刀痕，而用直径小于工件宽度的端铣刀铣削时，各次走刀间有明显的接刀痕，影响表面质量。

铣削的加工精度一般为 IT9～IT8，表面粗糙度值 Ra 为 6.3～1.6μm。

复习思考题

11-1　刨床与铣床有哪些类型？试说明各自的功用。

11-2　刨削加工特点有哪些？

11-3　与车削相比，铣削过程有哪些特点？

11-4　试比较圆周铣削时，顺铣和逆铣的优缺点。

11-5　铣平面时，为什么端铣比周铣优越？

第 12 章　磨　　削

12.1　磨削加工概述

在磨床上用砂轮对工件进行切削加工称为磨削。磨削加工从工件上切除的金属层极薄，能经济地获得高的加工精度（IT6～IT5）和小的表面粗糙度（Ra=0.8～0.2μm）。高精度磨削可使表面粗糙度 Ra 小于 0.025μm，尺寸公差达微米级水平，因此磨削加工一般用于精加工。磨削加工的应用范围很广，可磨削内外圆柱面、圆锥面、平面以及螺纹、齿轮、花键等成形面。

磨削加工工艺特点：

（1）不但能够加工软材料，也能加工硬度很高的材料。

（2）能加工出精度较高、表面粗糙度值较小的零件。

（3）磨削温度高。

（4）磨削属于多刃加工，但由于切削深度小，加工效率低。

12.2　砂　　轮

12.2.1　砂轮的种类

砂轮是磨削的主要工具。它是由磨料和黏合剂粘接在一起焙烧而成的疏松多孔体，如图 12.1 所示，可以粘接成各种形状和尺寸。

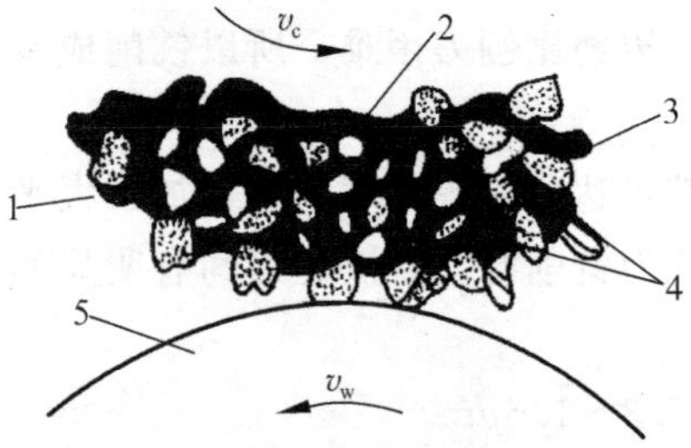

图 12.1　砂轮的结构

1-砂轮；2-黏合剂；3-颗粒磨料；4-磨屑；5-工件

砂轮的磨粒直接担负切削工作，因其具有“自锐性”，所以锋利且坚韧。常用的磨粒有两类：刚玉类（Al_2O_3），适用于磨削钢料及一般刀具；碳化硅类（SiC），适用于磨削铸铁、青铜等脆性材料以及硬质合金材料。

磨粒的大小用粒度表示。粒度号越大，颗粒越小。粗颗粒用于粗加工及磨软料；细颗粒则用于精加工。

砂轮的硬度是指磨削时，在磨削力的作用下，磨料从砂轮表面脱落的难易程度。砂轮硬度的选择，一般是根据工件材料来决定的。

磨粒用黏合剂可以粘接成各种形状和尺寸，以适用于不同表面形状与尺寸的加工。工厂中常用的为陶瓷黏合剂。磨粒粘接越牢，砂轮的硬度就越高。

加工硬材料时，用软砂轮；磨软材料时则用硬砂轮；磨削紫铜和黄铜时，要用粒度小的软砂轮。

为便于选用砂轮，在砂轮的非工作表面上印有特性代号，如：

1-	400	×	100	×	117	-A	60	L	5	B-35	GB2484—1994
（形状）	外径/mm		厚度/mm		孔径/mm	磨料	粒度	硬度	组织号	黏合剂 最高工作线速度 35m/s	

12.2.2 砂轮的安装与维修

砂轮因在高速中工作，安装前须经过外观检查，不应有裂纹，并且经过静平衡试验。

1）砂轮的安装

在磨床上安装砂轮时，要特别注意，因为砂轮的转速很高，如安装不当，就有因为破裂而造成事故的危险。

安装砂轮前，首先要检查所选的砂轮有无裂纹。这可以观察外形或用木棒轻敲，发出清脆声音者为好，发出嘶哑声音者为有裂纹，有裂纹的砂轮应绝对禁止使用。

安装砂轮时，砂轮内孔与砂轮轴或法兰盘外圆之间，不要过紧，否则磨削时受热膨胀，易使砂轮胀裂；也不要过松，否则容易发生偏心，失去平衡，以致引起振动。一般配合间隙为0.1～0.8mm，高速砂轮间隙要小些。

2）砂轮的修整

在磨削过程中，砂轮的磨粒在摩擦、挤压作用下，其棱角逐渐磨圆变钝，或者在磨削韧性材料时，磨屑常常嵌塞在砂轮表面的气孔中，使砂轮表面堵塞，最后砂轮丧失切削能力。这时就需要修整砂轮，以恢复砂轮的切削能力与外形精度，从而保证工件的加工精度。

砂轮常用金刚石笔进行修整。金刚石笔的安装角度如图12.2所示。与水平面的倾角一般取10°，与端面的倾角一般为20°～30°，且金刚石笔的安装角度要低于砂轮中心为1～2mm，以减少振动，避免金刚石钻尖嵌入砂轮。

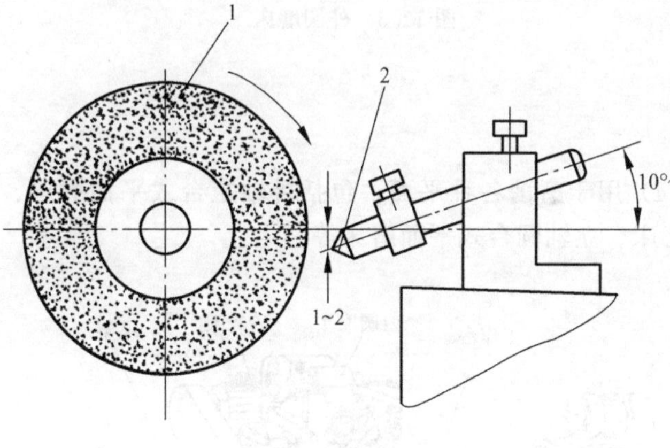

图12.2　金刚石笔的安装

1-砂轮；2-金刚石笔

砂轮的修整用量对砂轮的表面质量影响很大。首先是修整时工作台的速度。工作台的速度低，砂轮的表面就平整光滑，磨出的工件表面粗糙度也较小。一般磨削时工作台速度为0.003～0.006m/s。粗磨时取大值，精磨时取小值。其次，修整时金刚石的横向进给量（切削深度）也很重要，粗磨时取0.01～0.03mm，精磨时取0.005～0.015mm，最后进行无横向进给的光整加工。

修整砂轮时，要用大量的冷却液，以冲掉脱落的碎粒，也可避免金刚石因为温度剧烈升高而引起破裂。

12.3 磨削加工设备

12.3.1 外圆磨床

外圆磨床（图 12.3）主要用于磨削外圆柱表面和外圆锥表面，包括普通外圆磨床、无心外圆磨床、万能外圆磨床等。

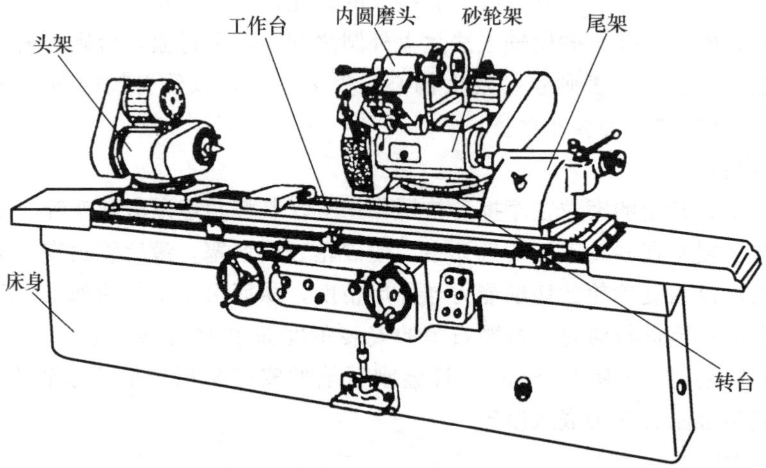

图 12.3 外圆磨床

12.3.2 平面磨床

平面磨床（图 12.4）用于磨削各种平面，包括卧轴矩台式平面磨床、卧轴圆台式平面磨床、立轴矩台式平面磨床、立轴圆台式平面磨床等。

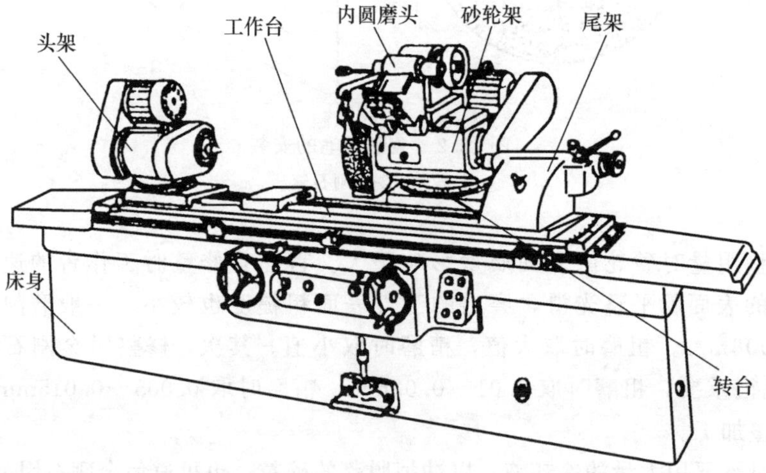

图 12.4 平面磨床

12.4 磨削加工基本方法

12.4.1 磨外圆的基本操作方法

1）纵磨法（图 12.5）

磨削时工件转动（圆周进给）并与工作台一起做直线往复运动（纵向进给），当每一纵向行程或往复行程终了时，砂轮按规定的吃刀深度做一次横向进给运动，每次磨削深度很小。当工件加工到接近最终尺寸时（留下 0.005～0.01mm），无横向进给地走几次至火花消失即可。纵磨法的特点是具有很大的万能性，可用同一砂轮磨削长度不同的各种工件，且加工质量好，但磨削效率低。目前在生产中应用最广，特别是单件、小批量生产以及精磨时均采用这种方法。

2）横磨法（图 12.6）

横磨法又称径向磨削法或切入磨削法。磨削工件无纵向进给运动，而砂轮以很慢的速度连续地或断续地向工件做横向进给运动，直至把磨削余量全部磨掉为止。横磨法的特点是生产效率高，但精度及表面粗糙度较低。它适于磨削长度较短的外圆表面及两侧都有台阶的轴颈。

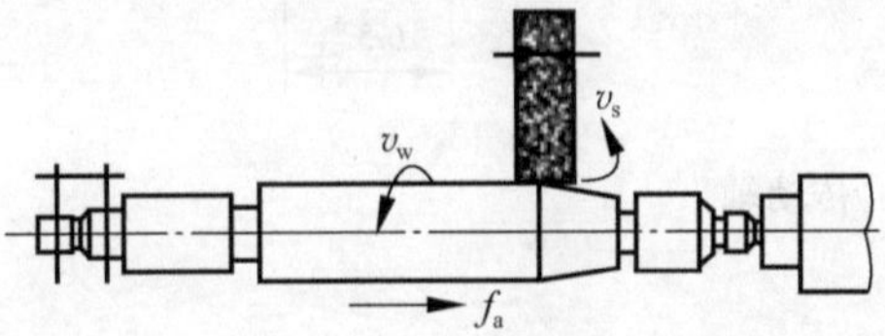

图 12.5　纵磨法

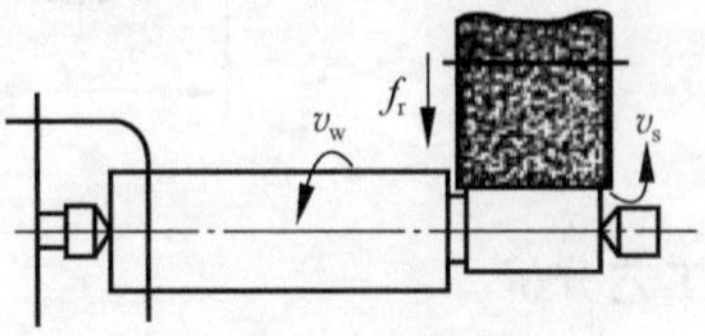

图 12.6　横磨法

12.4.2 磨平面的基本操作方法

平面磨削方法如图 12.7 所示，有周磨和端磨两种方式。

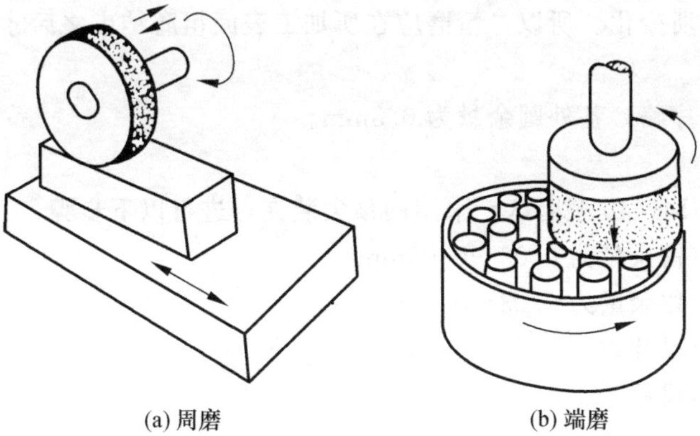

(a) 周磨　　(b) 端磨

图 12.7　平面磨削两种方法

周磨法是用砂轮的周边在卧轴矩形工作台平面磨床上进行的磨削。因砂轮与工件接触面小排屑和冷却条件好，工件发热变形小，而且砂轮圆周表面磨损均匀，所以能获得较好的加工质量，但磨削效率较低，适用于精磨。

端磨法是用砂轮的端面在立轴圆形工作台磨床上进行磨削。刚好与周磨法相反，它的磨削效率较高，但磨削精度较低，适于粗磨。

12.4.3 磨削加工实例

图 12.8 所示为传动轴。

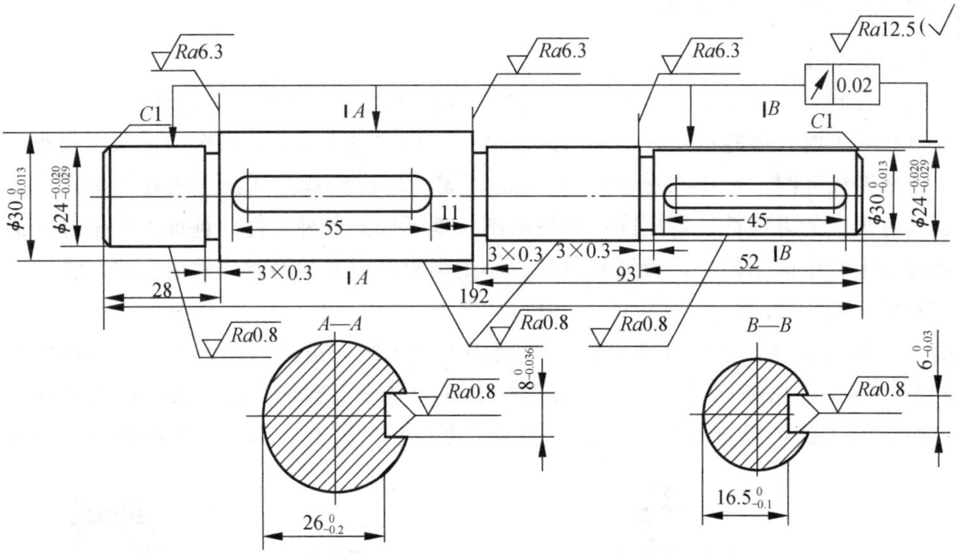

图 12.8 传动轴

1）工艺分析

(1) 总体加工次序为：粗车—精车—铣—热处理—粗磨—精磨。

(2) 同轴度要求高，各工序应统一采用两中心孔作为定位基准。

(3) 经热处理后，两中心孔会随轴产生变形和形成较厚氧化皮。须用两同轴顶尖经研磨予以修正、研光，以保证所磨各表面间的同轴度。

(4) 工艺系统在粗磨阶段，在磨削力与磨削热的影响下，所产生的变形较大，顶尖与中心孔的配合状况也会有所变化。所以，精磨应在所加工表面粗磨结束之后才开始。

2）加工步骤

(1) 车、铣，工序略，各外圆余量为 0.3mm。

(2) 研磨中心孔。

(3) 磨削，选用 M1440 型磨床，采用两顶尖装夹，进行以下步骤：

① 粗磨及外圆（留余量为 0.03～0.05mm）；

② 粗磨及外圆（留余量为 0.03～0.05mm）；

③ 精磨及外圆至尺寸；

④ 精磨及外圆至尺寸。

复习思考题

12-1 什么是磨削？在磨床上加工有哪些特点？

12-2 什么是磨料的粒度？

12-3 砂轮的硬度与磨粒的硬度有何不同？

12-4 平面是怎样进行磨削的？工件如何安装在工作台上？

12-5 以外圆磨为例，说明磨削外圆时的主运动和进给运动。

第 13 章　齿轮齿形加工

13.1　概　　述

齿轮齿形加工的方法很多，但加工原理基本上可以分为两种：一是成形法，即利用与刀刃形状和齿槽形状相同的刀具在普通铣床上切制齿形的方法；二是展成法，即利用齿轮刀具与被切齿轮的互相啮合运动（展成运动）而切出齿形的方法。采用成形法加工齿轮，其齿轮传动精度比展成法加工的齿轮精度低，但是它不需要用专用机床和价格昂贵的展成刀具。

13.2　成形法加工齿轮

在卧式铣床上，利用万能分度头和尾架顶尖装夹工件，用与被切齿轮模数相同的盘状（或指状）铣刀铣削，当一个齿槽铣好后，再利用万能分度头进行一次分度，铣削下一个齿槽，如图 13.1 所示。

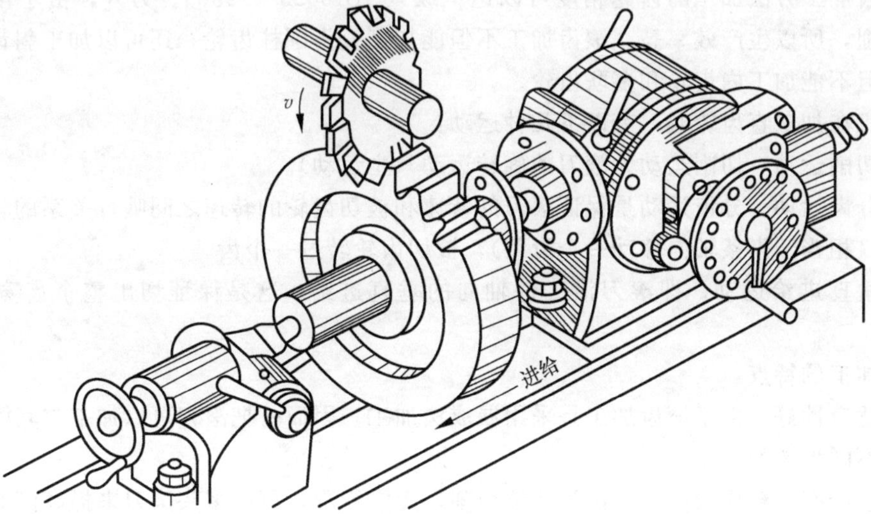

图 13.1　齿轮盘铣刀铣齿轮

13.3　展成法加工齿轮

13.3.1　滚齿

滚齿机是加工齿轮齿形的专用机床，如图 13.2 所示。滚齿机主要由工作台、刀架、支撑架、立柱和床身等组成。滚刀安装在刀架的刀轴上，刀轴可旋转一定的角度，刀架可沿立柱垂直导轨上下移动。齿轮坯安装在工作台的心轴上，而工作台既可带动工件旋转运动，又可沿床身水平导轨左右移动。实际上，滚齿是按一对交错轴斜齿轮啮合的原理进行齿轮加工的。齿轮滚刀相当于一个螺旋角很大、齿数很少的交错轴斜齿轮，在滚齿的过程中，强制滚刀与齿轮坯按一定速比关系保持一对交错轴斜齿轮的啮合运动。

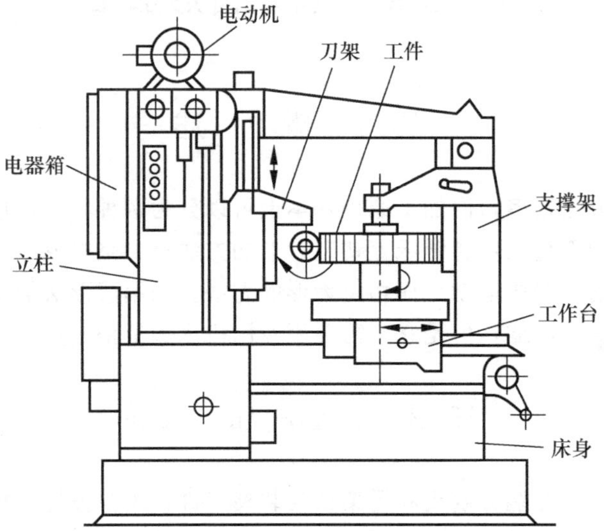

图 13.2　滚齿机示意图

用滚齿加工方法加工的齿轮精度可以达 7 级（GB10095—1988）。另外，由于该加工方法是连续切削，所以生产效率高。滚齿加工不但能加工直齿圆柱齿轮，还可以加工斜齿圆柱齿轮和蜗轮，但不能加工内齿轮和多联齿轮。

滚齿机在加工直齿轮时，有以下几种运动：

（1）切削运动。切削运动为滚刀的旋转运动（主运动）。

（2）分齿运动。分齿运动是保证滚刀的转速和被切齿轮的转速之间啮合关系的。也就是滚刀转一转（相当于齿条轴向移动一个齿距），被切齿轮转过一个齿。

（3）垂直进给运动。即滚刀沿工件轴向的垂直进给，这是保证切出整个齿宽所必需的运动。

滚齿加工的特点：

（1）适应性好。由于滚齿加工是采用展成法加工，因而一把滚刀可以加工与其模数和齿形角相同的不同齿数的齿轮。

（2）生产率一般比较高。滚齿为连续切削，无空行程，可用多头滚刀来提高滚率。所以滚齿生产率一般比插齿高。

（3）滚齿时，一般都使用一周多点的刀齿参与切削，工件上所有齿槽都是这些刀齿加工出来的，因而被切齿轮的齿距偏差小。

（4）被加工齿轮的一齿精度比插齿要低。因为滚齿时，工件转一个齿，滚刀转运 $1/K$ 转（K 为滚刀的头数）。所以在工件上加工出一个完整的齿槽，工件至少需转 $1/Z$ 转（Z 为工件齿数）。刀具则相应转 $1/K$ 转，如果滚刀上开 n 个刀槽，则工件的齿廓将由 $I=n/K$ 个折线组成，由于受滚刀强度所限，对于直径为 50～200mm 的滚刀 n 值一般取 8～13。因而在滚齿加工中所形成工件齿廓的包络线很少，比插齿加工少得多。

（5）滚齿加工适于加工直齿、斜齿圆柱齿轮和蜗轮，但不能加工内齿轮、扇形齿轮和相距很近的多联齿轮。

13.3.2 插齿

插齿加工在插齿机上进行，如图 13.3、图 13.4 所示。插齿机是加工齿轮齿形的专用机床。插齿过程相当于一对齿轮对滚。插齿刀的形状与齿轮类似，只是在齿轮上刃磨出前后角，使其具有锋利的刀刃。插齿时，插齿刀一边上下往复运动，一边与被切齿轮坯之间强制保持一对齿轮的啮合关系，即插齿刀转过一个齿，被切齿轮坯也转过相当一个齿的角度，逐渐切去工件上多余材料，获得所需的齿形。刀齿侧面的运动轨迹所形成的包络线即为渐开线齿形，如图 13.4 所示。

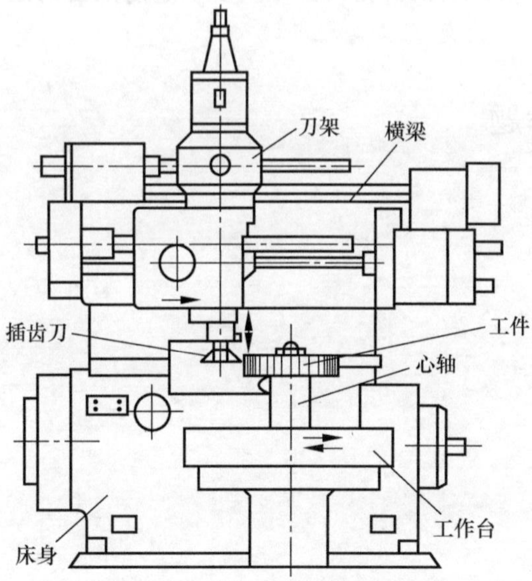

图 13.3　插齿机示意图

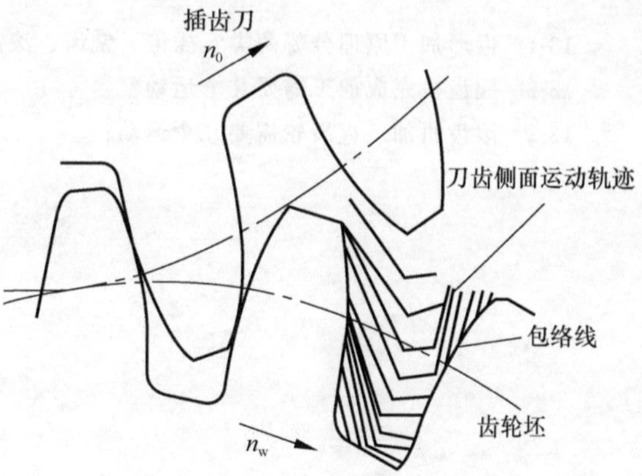

图 13.4　齿轮渐开线的形成

用插齿机加工的方法加工的齿轮精度可达 7 级（GB10095—1988）。因此，该方法应用很广泛。插齿加工不但广泛应用于加工直齿圆柱齿，还可以加工内齿轮和多联齿轮，如果在插齿机上安装螺旋刀轴附件，还可以加工交错轴斜齿内外齿轮。

为完成插齿加工，插齿机需要有以下五种运动：

(1) 切削运动。插齿刀上下往复直线运动（主运动）。

(2) 分齿（展成）运动。插齿刀和齿坯之间强制地保持着一对齿轮传动的啮合关系的运动。

(3) 径向进给运动。为逐渐切至齿的全深，插齿刀必须有径向进给。

(4) 圆周进给运动。圆周进给运动为插齿刀每往复一次在分度圆周上所转过的弧长的毫米数。

(5) 让刀运动（辅助运动）。为避免刀具回程时与工件表面摩擦，以免擦伤已加工表面和减少刀齿的磨损，要求插齿刀在回程时，工作台带着工件让开插齿刀，而在插齿时又要恢复原来的位置，工作台的这个运动就是让刀运动。

插齿加工的应用特点：

(1) 插齿的齿形精度比滚齿高。滚齿时，形成齿形包络线的切线数量只与滚刀容屑槽的数目和基本蜗杆的头数有关，它不能通过改变加工条件而增减；但插齿时，形成齿形包络线的切线数量由圆周进给量的大小决定，并可以选择。此外，制造齿轮滚刀时是近似造型的蜗杆来替代渐开线基本蜗杆，这就有造型误差。而插齿刀的齿形比较简单，可通过高精度磨齿获得精确的渐开线齿形。所以插齿可以得到较高的齿形精度。

（2）插齿后齿面的粗糙度比滚齿细。这是因为滚齿时，滚刀在齿向方向上作间断切削，形成鱼鳞状波纹；而插齿时插齿刀沿齿向方向的切削是连续的。所以插齿时齿面粗糙度较细。

（3）插齿的运动精度比滚齿差。这是因为插齿机的传动链比滚齿机多了一个刀具蜗轮副，即多了一部分传动误差。另外，插齿刀的一个刀齿相应切削工件的一个齿槽，因此插齿刀本身的周节累积误差必然会反映到工件上。而滚齿时，因为工件的每一个齿槽都由滚刀相同的2～3圈刀齿加工出来，故滚刀的齿距累积误差不影响被加工齿轮的齿距精度，所以滚齿的运动精度比插齿高。

复习思考题

13-1　齿形加工原理分哪两类？插齿、铣齿、滚齿各属哪一类？

13-2　插齿机完成加工需要几个运动？

13-3　滚齿机加工直齿轮需要几个运动？

第 14 章　钳　　工

钳工是机械制造中最古老的金属加工技术。19 世纪以后，各种机床的发展和普及，虽然逐步使大部分钳工作业实现了机械化和自动化，但在机械制造过程中钳工仍是广泛应用的基本技术，其原因有三：一是划线、刮削、研磨和机械装配等钳工作业，至今尚无适当的机械化设备可以全部代替；二是某些最精密的样板、模具、量具和配合表面（如导轨面和轴瓦等），仍需要依靠工人的手艺作精密加工；三是在单件小批生产、修配工作或缺乏设备条件的情况下，采用钳工制造某些零件仍是一种经济实用的方法。

14.1　钳工概述

钳工是利用各种手工工具和钻床、砂轮机等设备，按照技术要求对工件进行加工、修整，对部件、机器进行装配、调试和对各类机械设备进行维护、检修的工种。其特点是手工操作多、使用工具简单、灵活性强、适应面广、技术要求高，而且操作者本身的技能水平直接影响完成质量。采用机械加工方法不太适宜或难以完成的某些工作，常由钳工手工来完成。

钳工的基本操作技能主要有：划线、錾削、锯削、锉削、钻孔、扩孔、铰孔、锪孔、攻螺纹、套螺纹、矫正、刮削和装配等。

14.1.1　钳工的适用范围

1）零件的加工制造

零件，特别是外形轮廓不规则的异形零件，要经过钳工的划线后才能进行机械加工；有些零件的加工表面采用机械加工的方法不太适宜或无法加工时，就要通过钳工的錾、锯、锉、刮等基本操作来完成。

2）精密工具、夹具、量具的制造

在实际生产中，有时会用到某些专用工具、夹具、量具等，它们在一般情况下或是单件、或加工表面异形、或精度要求高，机械加工困难或成本高，这时可由钳工制造。

3）机械设备的装配、安装、调试

零件加工完后，钳工要根据设备的图样、工作原理和技术要求将零件组装成部件，再把部件装配成整机，然后进行设备安装和调试，最后按照试运转规程对设备进行试运转。

4）机械设备的维护、检修

机械设备在使用过程中出现某些故障或事故，由钳工来修理，即使机械设备运转正常没有故障和事故，也需要钳工定期来检查维护。机械设备经过长时间使用后，某些零部件会产生磨损，影响正常使用，这时应该安排钳工对机械设备进行中修或大修。

14.1.2　钳工常用的设备、工具和量具

1）钳工工作台

钳工工作台也称钳桌、钳台，如图 14.1 所示，其高度为 800～900mm，主要用于安装台

虎钳和存放钳工常用工具、夹具、量具和工件等。台虎钳安装在钳工工作台台面上后，其高度应适合于操作者习惯的工作位置，一般以钳口高度和人的手肘平齐为宜，如图 14.2 所示。钳工的基本操作大多在钳工工作台上进行。

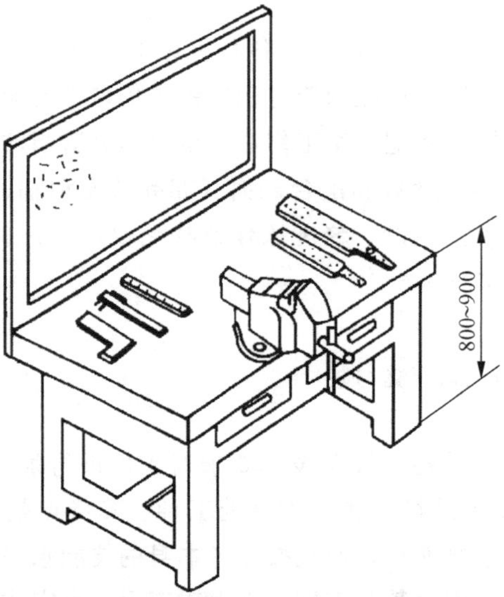

图 14.1　钳工工作台

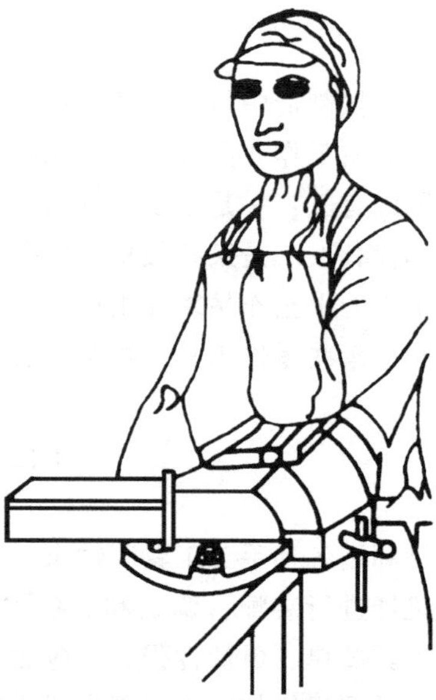

图 14.2　台虎钳安装高度

2）台虎钳

台虎钳是钳工用来夹持工件的通用夹具，也是钳工必备的常用工具，其规格用钳口宽度表示，常用规格有 100mm、125mm 和 150mm 三种。

台虎钳有固定式和回转式两种，如图 14.3 所示，两者的主要结构和工作原理基本相同，不同之处是回转式台虎钳比固定式台虎钳多了一个底座，工作时钳身可在底座上回转，能满足不同方位加工的需要，因此使用方便，应用范围广。

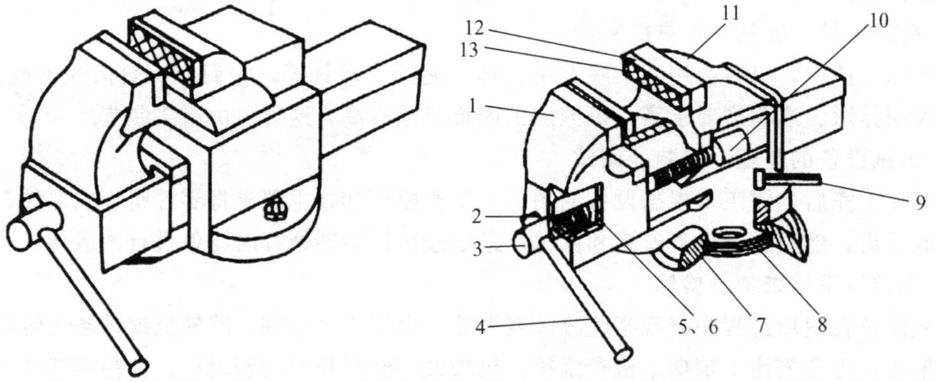

(a) 固定式台虎钳　　(b) 回转式台虎钳

图 14.3　台虎钳

1-活动钳身；2-弹簧；3-丝杠；4、9-手柄；5-挡圈；6-销；7-转座；
8-夹紧盘；10-螺母；11-固定钳身；12-钢质钳口；13-螺钉

台虎钳的正确使用和维护方法如下：

(1) 在钳工工作台上安装台虎钳时，必须使钳口工作面处于钳工工作台边缘之外，以保证台虎钳在夹持长条形工件时，工件的下端不会受到钳工工作台边缘的阻碍。

(2) 夹紧工件时只允许依靠双手的力量扳紧手柄，不能用锤子敲击手柄或加套管扳手柄，以免用力过大损坏丝杠、螺母或钳身。

(3) 为使钳口受力均匀，工件应夹在钳口的中部，且伸出钳口高度应控制在 10mm 以内。

(4) 不允许在台虎钳上进行敲击作业，以免破坏台虎钳。

(5) 工作时尽量使受力方向朝向固定钳身，避免损坏丝杠或螺母的螺纹。

(6) 台虎钳必须牢固地固定在钳工工作台上，以保证工作时钳身无松动现象。

(7) 丝杠、螺母和各运动表面，要定期加油润滑，并保持清洁，防止生锈。

3) 砂轮机

砂轮机主要用于修磨钳工用的各种刀具或工具，如錾子、钻头、刮刀等，也可以用来清理小零件的毛刺和锐边。图 14.4 所示为立式砂轮机，主要由电动机、机座和防护罩等组成。

常用的磨刀砂轮有两种，一种是白色的氧化铝砂轮，另一种是绿色的碳化硅砂轮。氧化铝砂轮韧性好，比较锋利，硬度低一些，常用来刃磨高速钢刀具和清理工件毛刺。碳化硅砂轮硬度高，切削性能好，但较脆，常用来刃磨硬质合金刀具。

由于砂轮较脆，工作时转速较高，所以在使用时一定要严格遵守安全操作规程，防止砂轮碎裂飞出造成人身事故或设备事故。

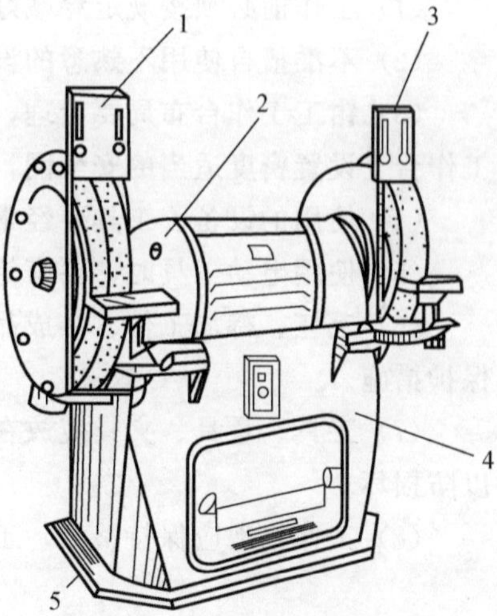

图 14.4 立式砂轮机

1、3-防护罩；2-电动机；4-机架；5-机座

4) 常用电动工具

电钻是一种手提式电动工具，常用的有手枪式（图 14.5）和手提式（图 14.6）两种。其特点有体积小、重量轻、使用灵活、携带方便、操作简单等。电钻的电源电压有单相（220V 或 36V）和三相（380V）两种，其规格用最大钻孔直径表示，单相电压电钻的常用规格有 ϕ6mm、ϕ8mm、ϕ10mm、ϕ14mm、ϕ19mm 五种，三相电压电钻的常用规格有 ϕ14mm、ϕ19mm、ϕ23mm 三种。电钻因为受到转速、进给量和稳定性等的限制，只能用于钻孔，而不能用于铰孔、锪孔和攻螺纹等加工。

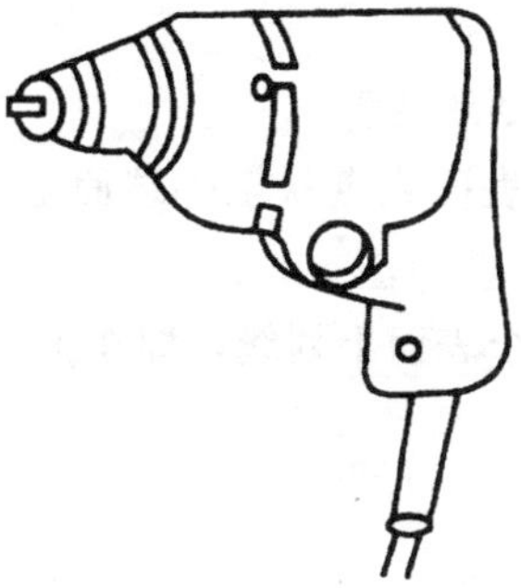

图 14.5 手枪式电钻

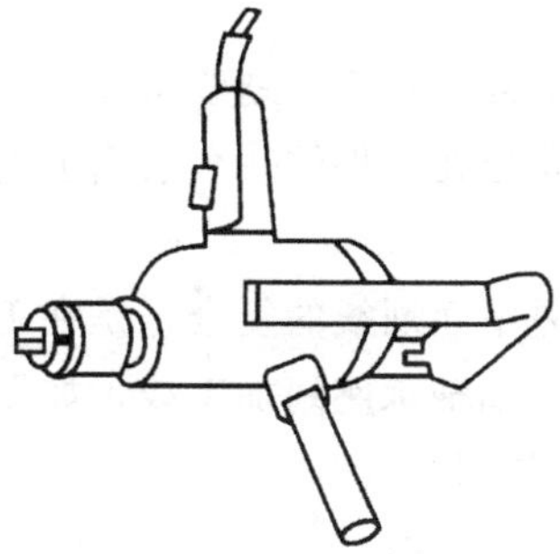

图 14.6 手提式电钻

电剪刀是一种用于剪切较薄金属板材的电动工具，其特点是体积小、重量轻、使用灵活、携带方便、操作简单等。用电剪刀剪切成形的板材，板面平整、变形小、质量好。

电磨头是一种用于磨削的电动工具，常用于在工具、夹具、模具的装配调整过程中对各种形状复杂的工件进行修磨或抛光。

使用各种电动工具时，必须握持工具手柄，不允许拉拽电线拖动工具，以防因电线破损发生触电事故。要妥善保护各种电动工具的塑料外壳，避免碰撞，不能和汽油等有机溶剂接触，更不能使用塑料外壳破损的电动工具，以防发生触电事故。长期不用的电动工具使用前必须进行电气检查，避免发生意外。

14.1.3 钳工操作的安全技术规程

(1) 工作前必须按规定穿戴好劳保用品。

(2) 不准擅自使用不熟悉的设备和工具。

(3) 钳工工作台布局要合理，应放在光线适宜和工作方便的位置，需要面对面使用时要在工作台上设置密度适当的安全网，需要照明时，照明电压不得超过 36V。

(4) 使用的设备、工具要经常检查，发现损坏要及时修理、报修或更换。

(5) 使用电动工具时，要有绝缘防护和安全接地措施。

(6) 毛坯、待加工件、半成品和成品要定置管理，堆放要整齐，对已加工的零件表面采取保护措施。

(7) 工具、量具、夹具应放在专门地点，放置要整齐、合理、取用方便，严禁随意堆放，以防损坏。

(8) 工作场地应保持整洁，工作完毕后，要清理工作场地，做到文明生产。

14.2 钳工基本工艺

14.2.1 划线

1) 划线的定义、用途和种类

根据图样的尺寸要求，用划线工具在毛坯或半成品工件上划出待加工部位的轮廓线或作出基准的点、线的操作称为划线。

在铸、锻件毛坯上划线可以用来确定加工面的位置和孔的中心，在半成品工件上划线可以用来确定精加工表面或孔的位置，在钢板或条状材料上划线可以供气割、剪切、锯割、机加工等使用。

按照工件的复杂程度，划线可分为平面划线和立体划线两种。

平面划线是指在工件的一个表面上划线，如在板料表面或盘状工件端面上划钻孔加工线，如图 14.7 所示。

立体划线是平面划线的复合，是在工件或毛坯的几个表面上划线，即在工件的长、宽、高三个方向划线，如轴承座划加工线，如图 14.8 所示。

2) 划线的作用

划线的作用主要有：

(1) 确定加工位置和加工余量，使加工时有明显的尺寸界限。

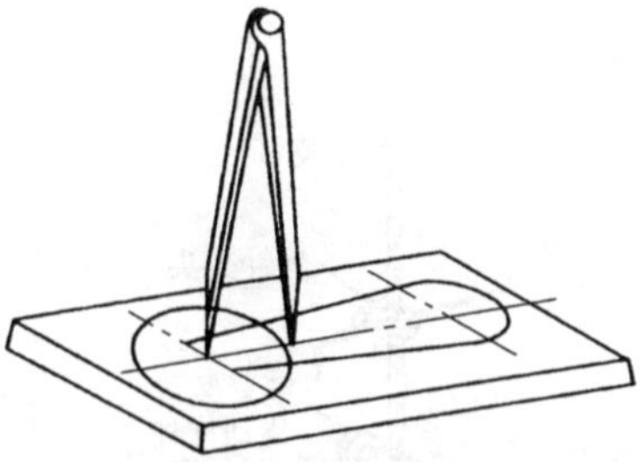

图 14.7　平面划线

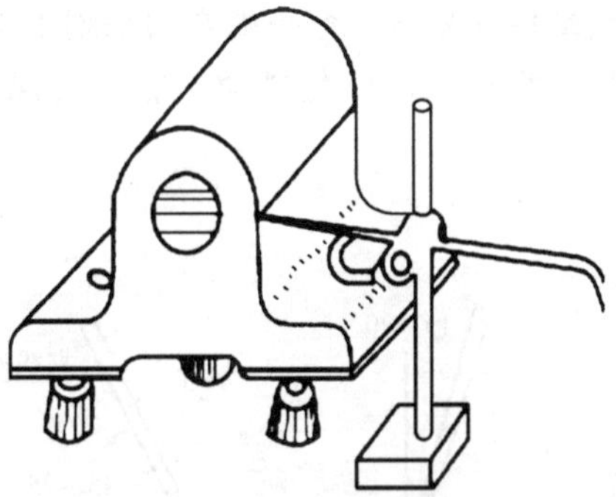

图 14.8　立体划线

(2) 检查毛坯的外形尺寸，确定毛坯是否符合图样、加工要求，及时发现并处理不合格的毛坯，避免造成加工后损失。

(3) 误差不大时，适当分配加工余量，或通过借料划线的方法进行补救，用来挽救可能报废的毛坯或半成品。

(4) 在机床上安装复杂工件时，可以按照划线找正、定位、安装。

3) 划线的基本要求

划线除了要求划在毛坯、半成品、成品上的基准线、加工线和轮廓线线条清晰均匀外，最重要的是要保证尺寸准确。由于划出的线条总是有一定的宽度，使用量具测量时难免会产生误差，不可能达到绝对的准确，如果划线出现错误或精度太低，都有可能造成加工错误而使工件报废，所以一般要求划线的精度为 0.25～0.5mm。

4) 划线工具

划线的工具很多，按用途分有以下几类：基准工具、直接划线工具、夹持工具和量具等。

(1) 划线平板。划线平板用铸铁铸造，经时效处理、机械加工和刮削制成，是划线的主要基准工具。其安放时要平稳牢固，上平面要保持水平。平面的各处要均匀使用，不许碰撞或敲击其表面，要注意其表面的清洁。长期不用时，应涂防锈油防锈，并盖保护罩，如图 14.9 所示。

(2) V 形铁。采用 HT200 材质，一般成对使用。主要用于轴类检验、校正、划线，也可用于检验工件垂直度、平行度，如图 14.10 所示。

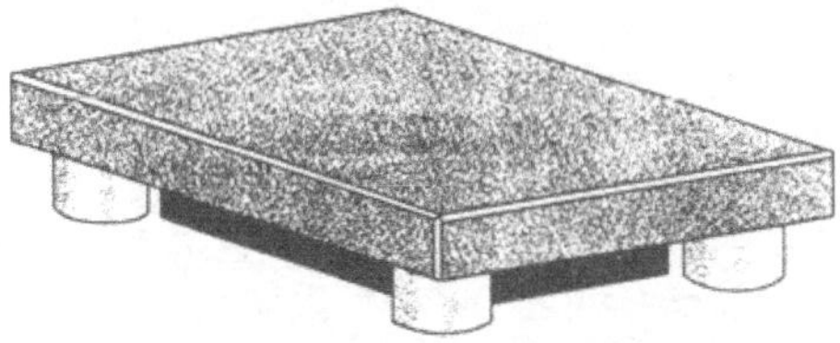

图 14.9　划线平板图

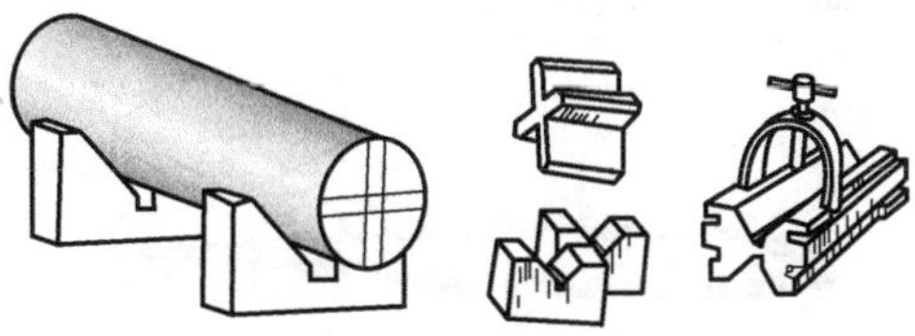

图 14.10　V 形铁

(3) 划针。划针是用来在工件上划线的工具，一般多用弹簧钢丝端部淬火磨尖制成。划针要依靠钢尺或直尺等导线工具而移动，并向外侧倾斜为 15°～20°，向划线方向倾斜为 45°～75°。要尽量做到一次划成，以使线条清晰、准确，如图 14.11 所示。

(4) 划线盘。划线盘主要用于立体划线和工件位置的校正。划针两端分为直头端和弯头端，直头端用来划线，弯头端常用来划正工件的位置。用划针盘划线时，应注意划针装夹要牢固，伸出不宜过长，以免抖动。底座要保持与划线平板紧贴，不能摇晃和跳动，如图 14.12 所示。

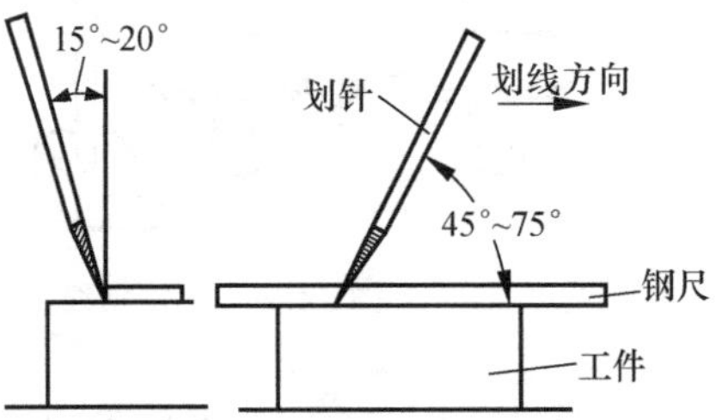

图 14.11　划针及其使用

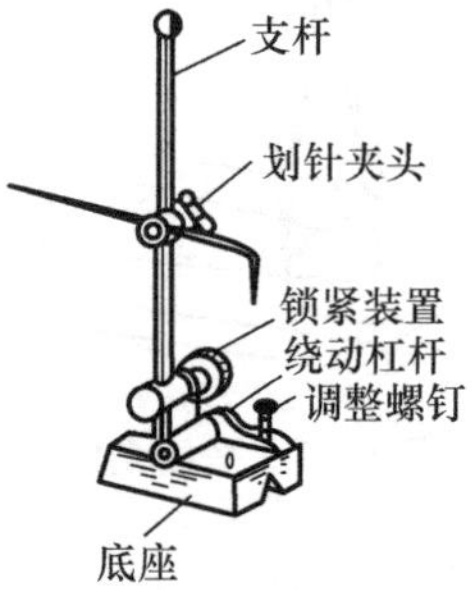

图 14.12　可调划线盘

(5) 划规。划规是划圆或划弧线、等分线段及量取尺寸等操作时使用的工具。其用法与制图中的圆规相同，如图 14.13 所示。

(6) 划卡。划卡也称为单脚划规，用来确定轴和孔的中心位置。其使用方法如图 14.14 所示。先划出四条圆弧线，再在圆弧线中冲一样冲点。

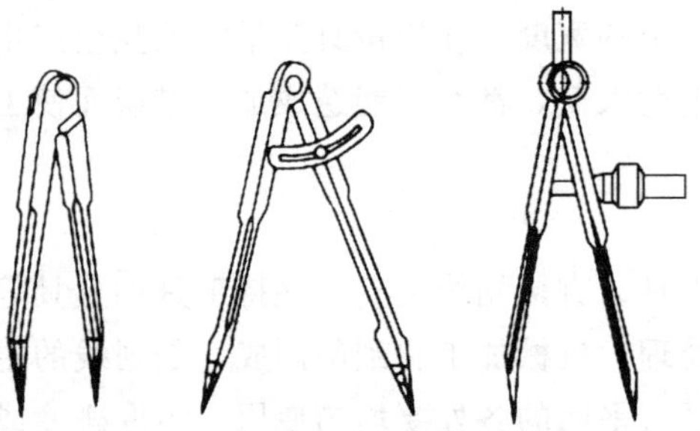

图 14.13　划规

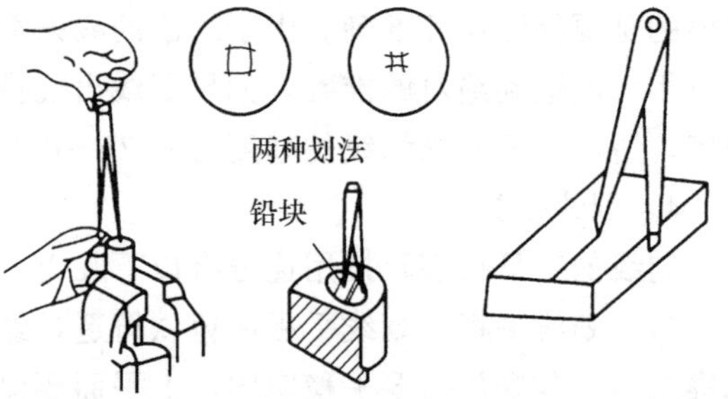

图 14.14　划卡及其使用

(7) 样冲。样冲是在划好的线上冲眼用的工具，通常用工具钢制成，尖端磨成 60°左右，并经过热处理，硬度高达 55～60HRC。冲眼是为了强化显示用划针划出的加工界线；在划圆时，需先冲出圆心的样冲眼，利用样冲眼作圆心，才能划出圆线。样冲眼也可以作为钻孔前的定心，如图 14.15 所示。

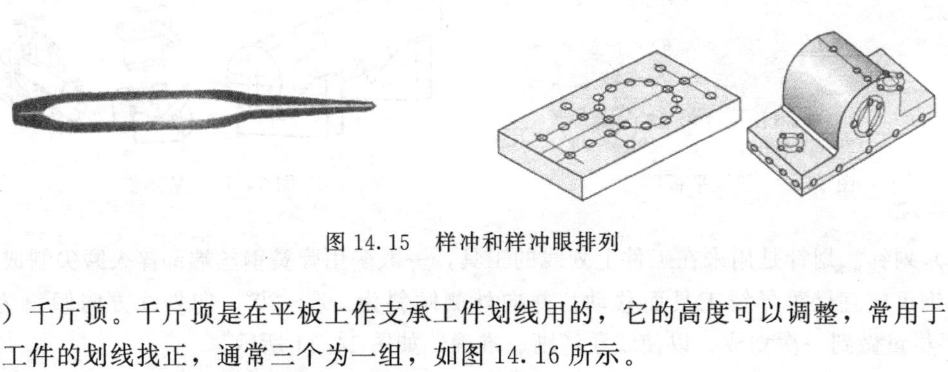

图 14.15　样冲和样冲眼排列

(8) 千斤顶。千斤顶是在平板上作支承工件划线用的，它的高度可以调整，常用于较大或不规则工件的划线找正，通常三个为一组，如图 14.16 所示。

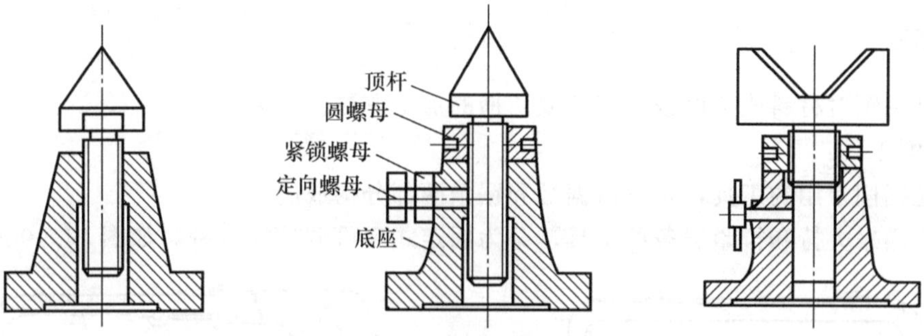

图 14.16　千斤顶

(9) 方箱。方箱是用铸铁制成的空心立方体，其六个面都经过精加工，相邻的各面相互垂直。一般用来夹持、支承尺寸较小而加工面较多的工件。通过翻转方箱，可在工件的表面上划出相互垂直的线条，如图 14.17 所示。

(10) 高度游标尺。高度游标尺能直接测量出高度尺寸，其读数精度和游标卡尺一样，可作为精密划线量具，如图 14.18 所示。

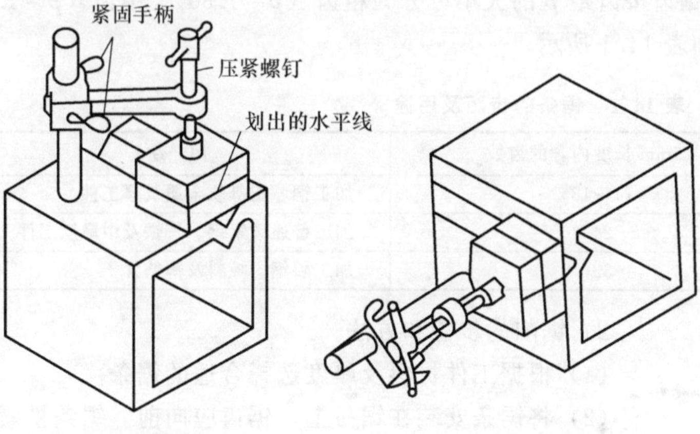

(a) 划水平线　(b) 划垂直线

图 14.17　用方箱划线图

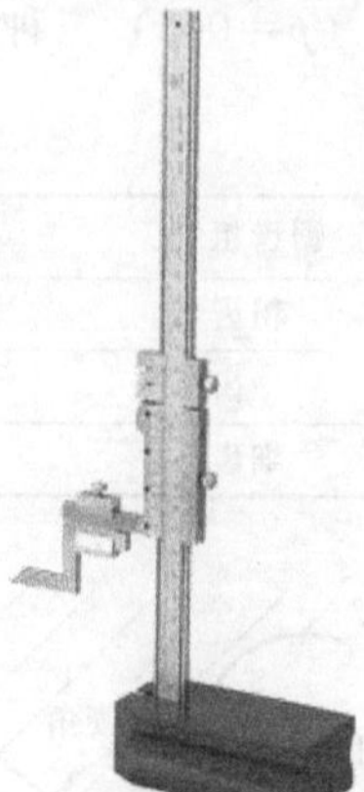

图 14.18　高度游标尺

5) 划线基准的选择

划线基准就是划线的标准。划线时为了确定工件上各加工表面的尺寸、几何形状和其他点、线、面的相对位置，要事先选择某些起着决定作用的基准点、基准线、基准面作为依据，这些基准点、基准线、基准面就称为划线基准。零件图上用来确定其他点、线、面位置的基准称为设计基准。

划线要从确定划线基准开始。选择划线基准时，要先分析图样，找出设计基准，再以保证加工精度、合理分配加工余量和简化划线工序为出发点选择划线基准。

选择划线基准的原则有：

(1) 尽可能用零件图样的设计基准作为划线基准。

(2) 对称形状的工件，应以对称中心线为划线基准。

(3) 当毛坯有孔或凸起部分时，应以孔或凸起部分的中心作为划线基准。

(4) 尽可能选择已经加工过的较大表面作为划线基准，未加工的毛坯件，应选择平面度较好或面积较大的表面作为划线基准。

14.2.2 锯削

锯削是用锯对材料或工件进行切断或切槽的加工方法。

1）锯削工具

手锯是锯削常用的工具，它是由锯弓和锯条两部分构成的。

锯弓是用来夹持和拉紧锯条的工具，分为固定式和可调节式两种，如图 14.19 所示。

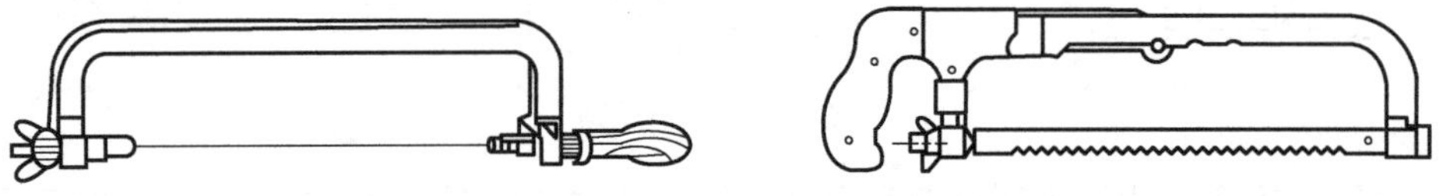

(a) 固定式　　(b) 可调节式

图 14.19　锯弓

锯条多用碳素工具钢制成，并经热处理淬硬。常用的锯条约长 300mm、宽 12mm，厚 0.8mm。

锯齿的形状如图 14.20 所示。锯齿按齿距 p 的大小可分为粗齿（$p=1.60$）、中齿（$p=1.2$）及细齿（$p=0.8$）三种。其用途如表 14.1 所示。

表 14.1　锯条的齿距及用途

锯齿粗细	每 25mm 长度内含的齿数	用　途
粗齿	14～18	加工铜、铝等软金属及厚工件
中齿	24	加工普通碳素钢、铸铁及中厚度工件
细齿	32	加工硬钢、板料及薄壁管子

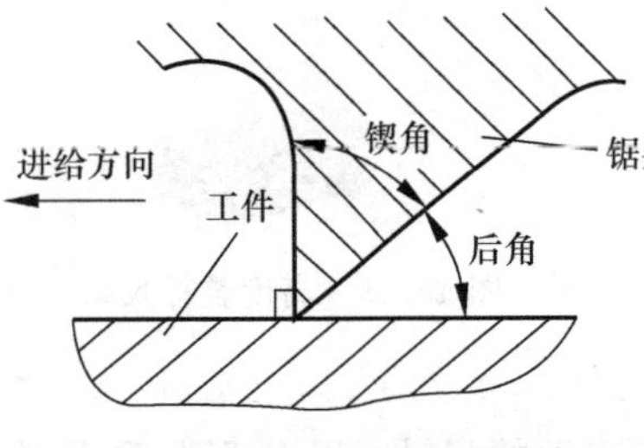

图 14.20　锯齿的形状

2）锯削的步骤和方法

（1）根据工件材料及厚度选择合适的锯条。

（2）将锯条安装在锯弓上，锯齿应向前。锯条松紧要合适，否则锯削时易折断锯条。

（3）工件尽可能夹在虎钳左边，以免操作时碰伤左手。工件伸出要短，否则锯削时会颤动。

（4）起锯时以左手拇指靠住锯条，右手稳推手柄，起锯角度 α 为 10°～15°。锯弓往复行程应短，压力要轻，锯条要与工件表面垂直。锯出锯口后，逐渐将锯弓改至水平方向。

（5）锯削时锯弓应直线往复，不可摆动；前推时加压，用力均匀，返回时在工件上轻轻滑过。锯削速度不宜过快，通常每分钟往复 30～60 次。锯削时用锯条全长工作，以免锯条中间部分磨钝。锯钢料时可加机油润滑。快锯断时，用力应轻，以免碰伤手臂。

14.2.3 錾削

使用手锤锤击錾子金属进行切削加工的操作，称为錾削，又称凿削。它的工作范围主要是去除毛坯上的凸缘、毛刺、分割材料、錾削平面及油槽等，经常用于不便于机械加工的场合。

1）錾削工具

鉴削工具为錾子与手锤。錾子一般用碳素工具钢（T7 或 T8 钢）经锻造、刃部淬硬制成。

常用的錾子有平錾（又称扁錾）、槽錾和油槽錾，如图 14.21 所示。手锤用碳素钢制成，头部淬火。常用手锤有圆头、方头两种。

2）錾削方法

錾子应用左手握持，主要是用中指、无名指与掌心夹持，尾端以露出 20～25mm 为宜（图 14.22）。手锤用右手握持，主要是靠拇指和食指，其余各指在锤下落时才握紧，尾端以露出 15～30mm 为宜（图 14.23）。

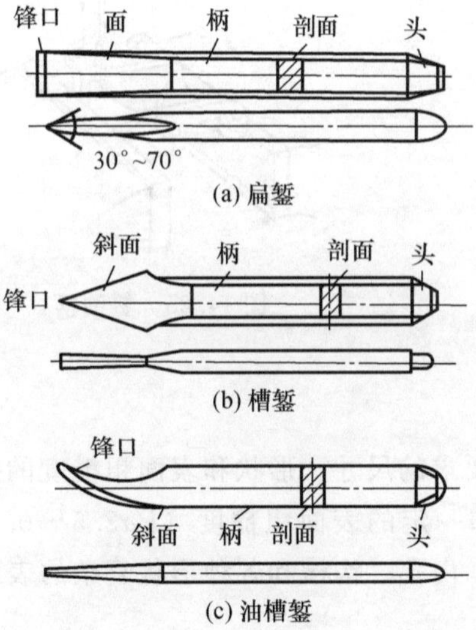

图 14.21　錾子种类

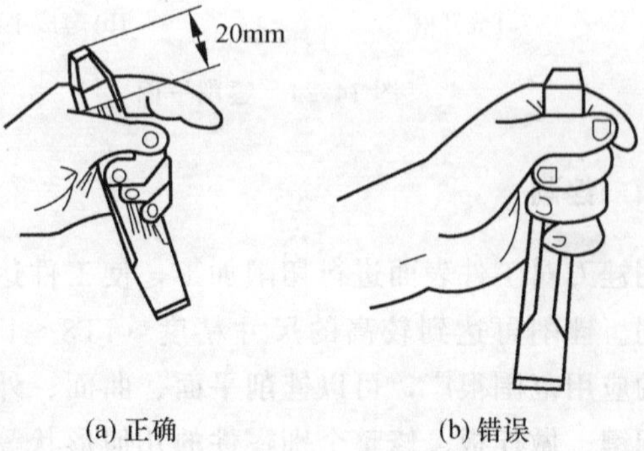

图 14.22　握錾法

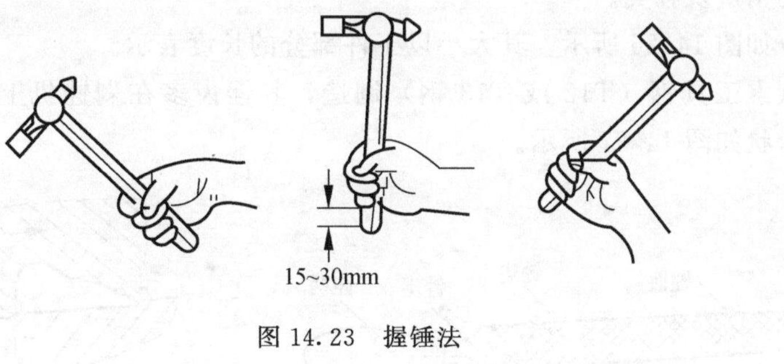

图 14.23　握锤法

錾削时，身体与虎钳中心线大致成 45°角，且略向前倾，左脚跨前半步，膝盖处稍有弯曲，姿势应便于用力，不易疲劳。同时，挥锤要自然，眼睛要注视錾刃，而不是錾头。锤击时做到稳、准、狠。

錾削过程可分起錾、錾削和錾出三个阶段。起錾时，錾子刃口要贴住工件，錾头略向下倾斜，以便錾子切入工件，轻打錾子，待得到一个小斜面时，然后恢复到正常錾削位置，以便正确掌握加工余量。錾削时，要保持錾子的正确位置和前进方向，锤击力要均匀。当要錾出工件边缘时，应调头工件，从另一端轻轻錾去剩余部分，以免工件边缘崩裂。

錾较大平面时，先用槽錾开槽［图 14.24（a）］，槽间宽度约为平錾錾刃宽度的 3/4，然后再用平錾錾平，平錾錾刃与前进方向成 45°角［图 14.24（b）］。

錾油槽时，錾子刃口宽度应等于油槽宽度，刃高约为宽度的 2/3，在工件上按划线錾削油槽（图 14.25）。在錾削曲面上的油槽时，錾子的倾斜度随曲面的形状而变化，使錾削时的后角保持不变。要求油槽錾得光滑、一致。

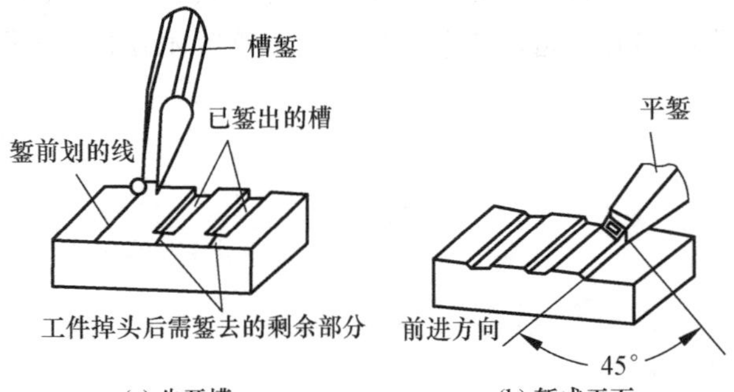

(a) 先开槽　(b) 錾成平面

图 14.24　錾削平面

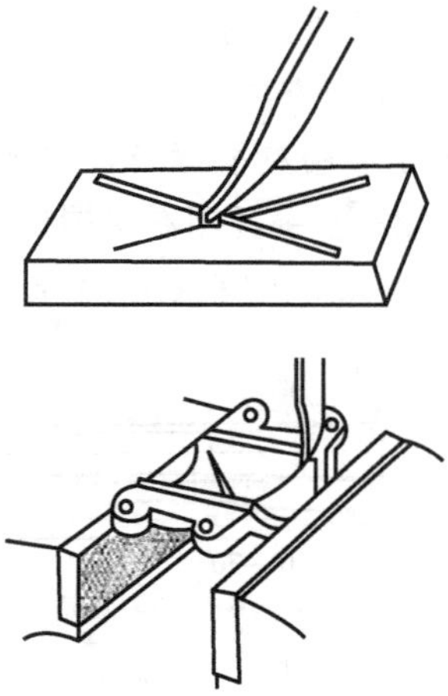

图 14.25　錾油槽

14.2.4　锉削

用锉刀对工件表面进行切削加工，使工件达到所要求的尺寸、形状和表面粗糙度的操作称为锉削。锉削可达到较高的尺寸精度（IT8～IT7）和一定的表面粗糙度（$Ra2.5\sim0.8\mu m$）。锉削的应用范围很广，可以锉削平面、曲面、外表面、内孔、沟槽和各种形状复杂的表面，还可以配键、做样板、修整个别零件的几何形状等。

1）锉刀及其使用方法

（1）锉刀的构造及种类。

锉刀各部分如图 14.26 所示。其大小以工件部分的长度表示。

锉刀多用碳素工具钢（T12 或 T13 钢）制造，其锉齿多在剁锉机上剁出，然后经淬火、回火处理，其形状如图 14.27 所示。

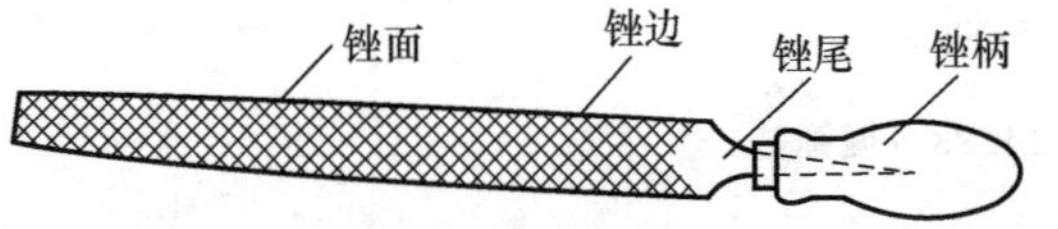

图 14.26　锉刀结构

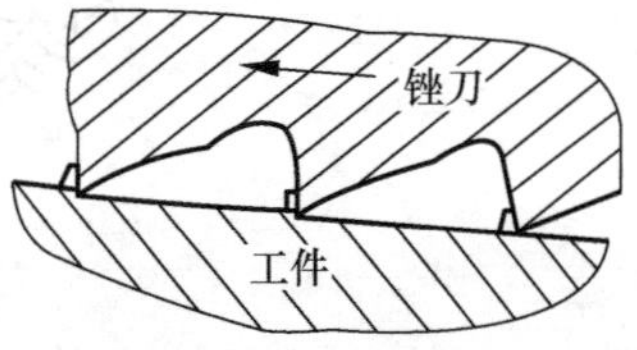

图 14.27　锉齿形状

锉刀的锉纹多制成双纹，锉削时切屑是碎断的，容屑槽不易堵塞，锉削时比较省力。

锉刀的粗细，是以每 10mm 长的锉面上锉齿的齿数来划分的。粗锉刀（4～12 齿），齿间大，不易堵塞，适于粗加工或锉铜、铝等软金属；中锉刀（13～24 齿），适于锉钢和铸铁等；细锉刀（30～40 齿），锉光表面或硬金属；油光锉（50～60 齿），只用于精加工时修光表面。锉刀越细，锉出工件表面越光，但生产率也越低。

按功用不同，锉刀可分为普通锉刀、整形锉刀（什锦锉刀）和特种锉刀三类。普通锉刀用于一般锉削，根据断面形状不同，锉刀可分平锉（也称板锉）、半圆锉、方锉、三角锉及圆锉等，其中以平锉用得最多。整形锉刀尺寸较小，通常以 10 把形状各异的锉刀为一组，主要用于精细加工及修整工件上难以机加工的细小部位，如锉制样板、冲模。它由若干把各种截面形状的锉刀组成一套。特种锉是为加工零件上特殊表面用的，它有直的、弯曲的两种，其截面形状很多。

（2）锉刀的使用方法。锉削时必须正确地掌握握锉方法，以及施力变化。

使用大的平锉时，应右手握锉柄，左手压在锉端上，使锉刀保持水平［图 14.28（a）］。用中型平锉时，因用力较小，左手的大拇指和食指捏着锉端，引导锉刀水平移动［图 14.28（b）］。

锉削时施力的变化如图 14.29 所示。锉刀前推时加压，并保持水平，返回时，不宜紧压工件，以免磨钝锉齿和损伤已加工面。

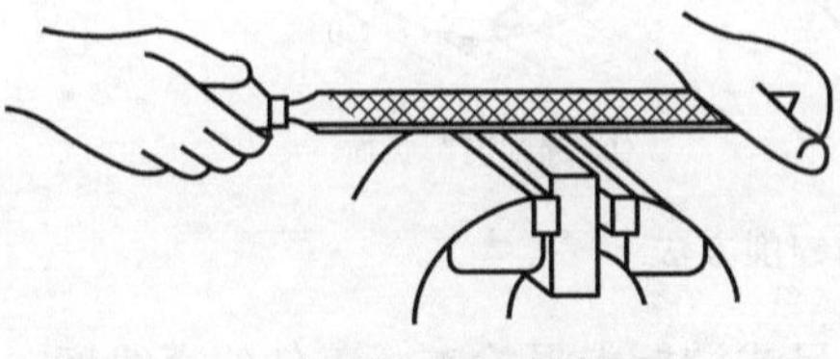

(a) 大平锉刀两手握法

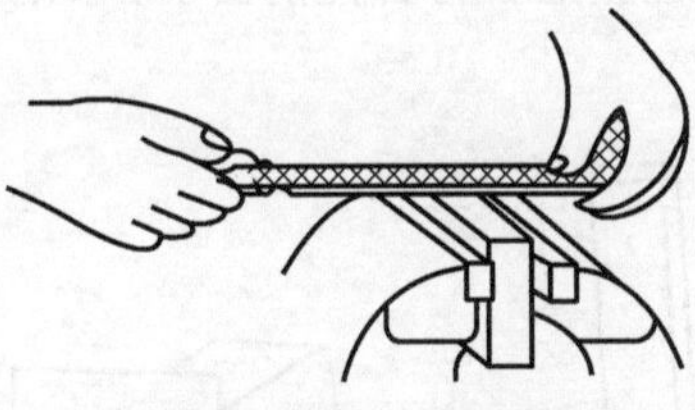

(b) 中平锉刀两手握法

图 14.28　锉刀握法

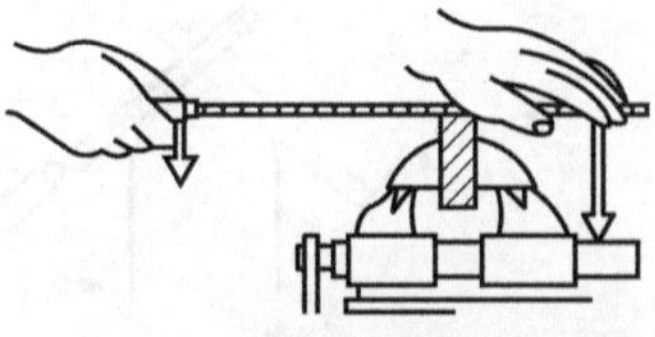

(a) 起始位置

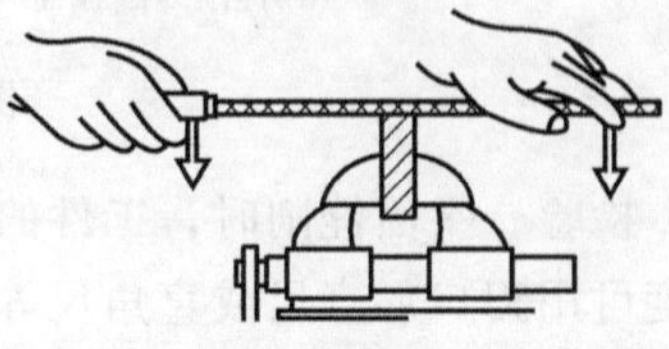

(b) 中间位置

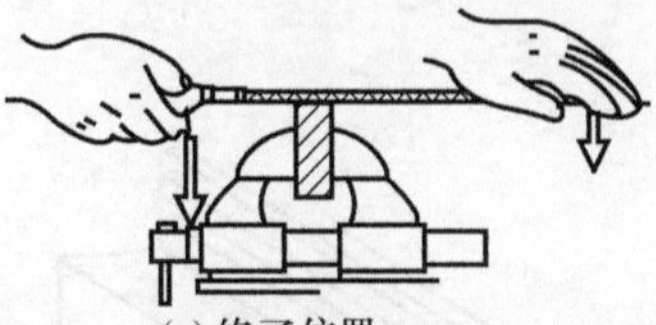

(c) 终了位置

图 14.29　锉削时施力的变化

2）锉削步骤和方法

（1）选择锉刀。锉削前，应根据金属的软、硬加工表面和加工余量的大小、工件的表面粗糙度要求等来选择锉刀。

（2）安装工件。工件必须牢固地夹在虎钳口的半部，并略高于钳口。夹在已加工表面时，应在钳口与工件间垫以铜制或铅制垫片。

（3）锉削。

① 平面锉削。平面锉削方法有顺向锉法、交叉锉法和推锉法三种，如图 14.30 所示。

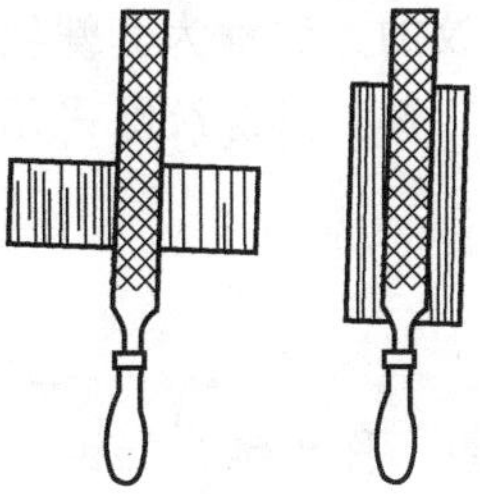

(a) 顺锉法

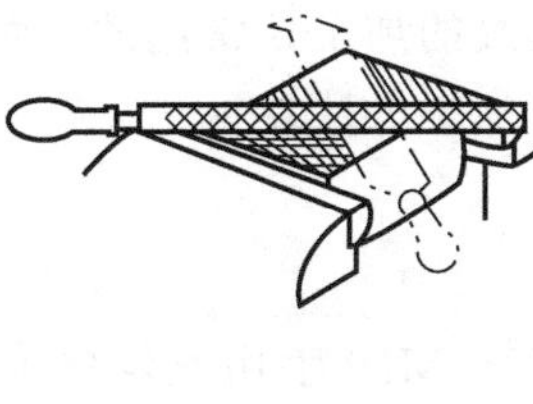

(b) 交叉锉法

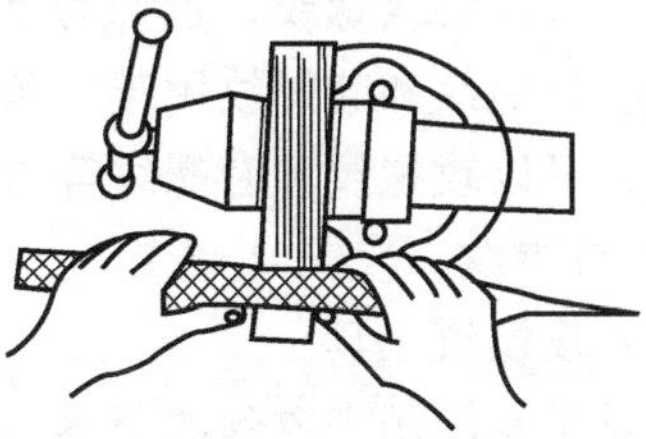

(c) 推锉法

图 14.30　平面锉削方法

② 外圆弧面锉削。锉削外圆弧面使用平锉。粗加工时，可横着圆弧锉，以提高效率。精加工时，则要顺着圆弧锉，此时锉刀除向前运动外，还需绕着工件圆弧面中心摆动，如图 14.31（a）所示。

③ 内圆弧面锉削。锉削内圆弧面可使用圆锉、半圆锉或椭圆锉。锉削时锉刀要同时完成三个运动：前进运动、向左或向右移动和绕锉刀中心线转动，如图 14.31（b）所示。

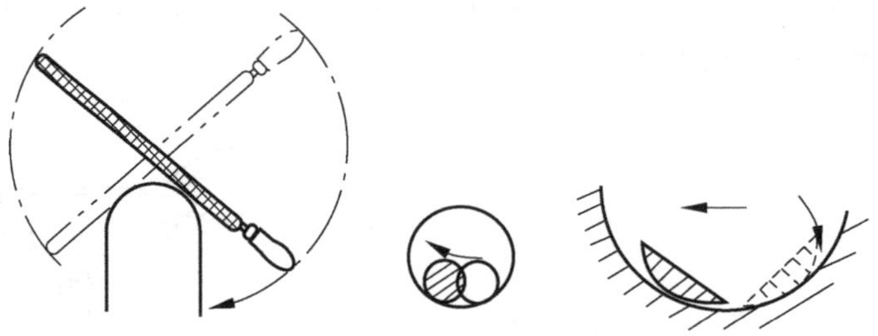

(a) 锉削外圆弧面　　(b) 锉削内圆弧面

图 14.31　圆弧面锉削方法

（4）检验。平面锉削时，工件的尺寸可用钢直尺或游标卡尺检查。工件的直线度、平面度及垂直度可用刀口形直尺或直角尺等，根据是否透光来检查是否符合锉削要求，如图 14.32 所示。圆弧锉好后，可用曲面样板检查。

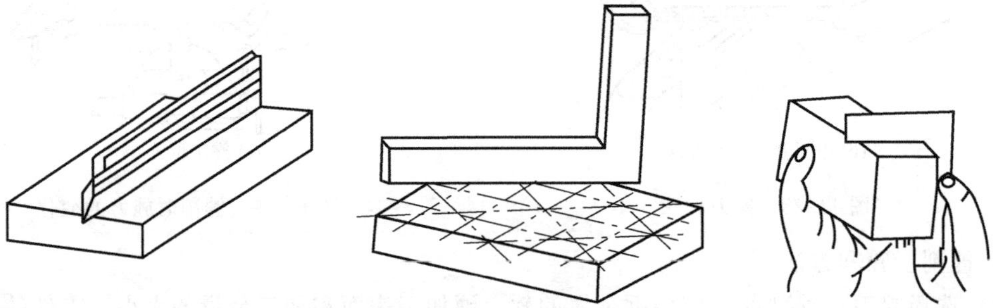

(a) 用刀口形直尺检　　(b) 用90°角尺检查平面　　(c) 用90°角尺检查

图 14.32　平面的检查

14.2.5　攻螺纹和套螺纹

工件圆柱表面上的螺纹称为外螺纹；工件圆柱孔内侧面上的螺纹为内螺纹。用丝锥加工内螺纹的方法称为攻螺纹，也称为攻丝，用板牙在圆杆上加工出外螺纹的方法称为套螺纹，也称为套丝。攻螺纹和套螺纹用于三角螺纹的加工。常用的三角形螺纹工件，其螺纹除采用机械加工外，还可以攻螺纹和套螺纹等钳工加工方法获得。

1）攻螺纹

（1）攻螺纹工具。

丝锥是专门用来攻丝的刀具。M3～M20 手用丝锥多为两支一组，称头锥、二锥。丝锥的基本结构形状像一个螺钉，轴向有几条容屑槽，相应地开成几瓣刀刃（切削刃），由工作部分和柄部组成，其中工作部分由切削部分与校准部分组成。切削部分常磨成圆形，以便使切削负荷分配在几个刀齿上，其作用是切去孔内螺纹牙间的金属，头锥有 5～7 个不完整的牙齿，二锥有1～2个不完整的牙齿。校准部分的作用是修光螺纹和引导丝锥。丝锥上有三四条容屑槽，便于容屑和排屑。柄部为方头，其作用是与铰杠相配合并传递扭矩（图14.33）。

铰杠是用来夹持丝锥柄部方头，并扳转丝锥的工具，如图14.34所示。手工攻螺纹时，常用的铰杠是可调节式的，转动右边的手柄或螺钉，即可调节方孔的大小，以便夹持不同尺寸的丝锥。铰杠长度应根据丝锥尺寸大小进行选择，以便控制攻螺纹时的施力（扭矩），防止丝锥因施力不当而折断。

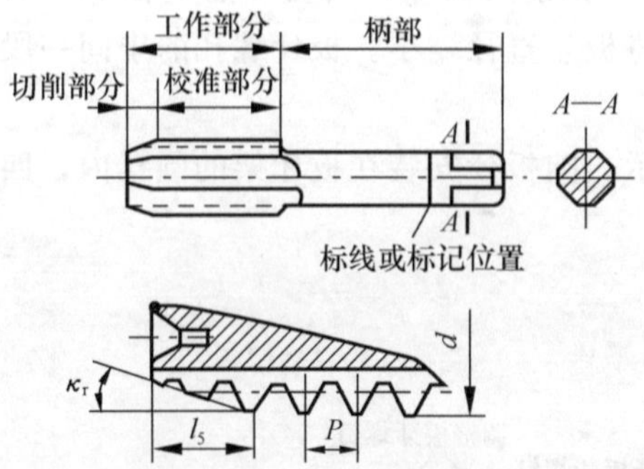

图14.33　丝锥

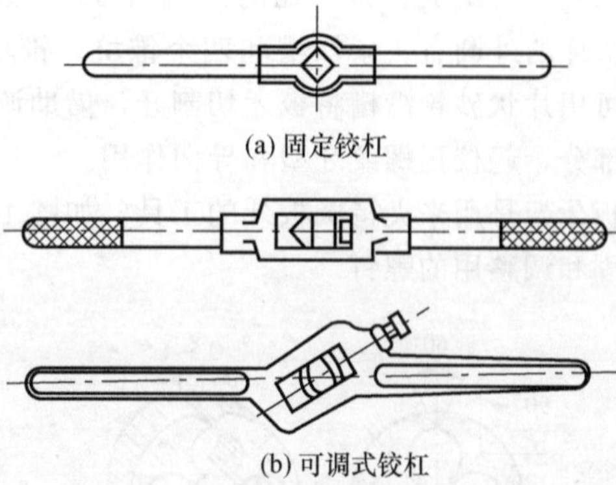

图14.34　铰杠

（2）攻螺纹的操作方法。

攻螺纹的操作方法有攻螺纹前钻底孔直径和深度的确定、用头锥攻螺纹及用二锥攻螺纹。

① 攻螺纹前钻底孔直径和深度的确定。

丝锥主要是切削金属，但也有挤压金属的作用。因此攻螺纹前的底孔直径（即钻孔直径）必须大于螺纹标准中规定的螺纹内径。确定底孔的直径可查手册或按下面的经验公式计算。

对脆性材料（铸铁、青铜等）：

$$D_1 = D - 1.1p \tag{14-1}$$

对韧性材料（钢/紫铜等）：

$$D_1 = D - p \tag{14-2}$$

式中，D_1为钻孔直径；D为螺纹公称直径；p为螺距。

攻盲孔（不通孔）的螺纹时，因丝锥不能攻到底所以孔的深度要大于螺纹长度，盲孔深度可按下列公式计算：

$$L_1 = L + 0.7D \tag{14-3}$$

式中，L_1为钻孔直径；L为要求的螺纹长度；D为螺纹公称直径。

② 用头锥攻螺纹。

攻螺纹时，将丝锥垂直放在工件底孔端部，用铰杠夹持丝锥方头，转动铰杠，适当加压，旋入1～2圈，用目测或直角尺在两个互相垂直的方向上检查，并及时纠正丝锥，使其与端面保持垂直。当丝锥切入3～4圈后，即可只转动，不加压，每转1～2周应反转1/4周，以便切屑断落，如图14.35所示。攻钢料螺纹应加机油润滑，攻铸铁可加煤油。攻通孔螺纹，只用头锥攻穿即可。

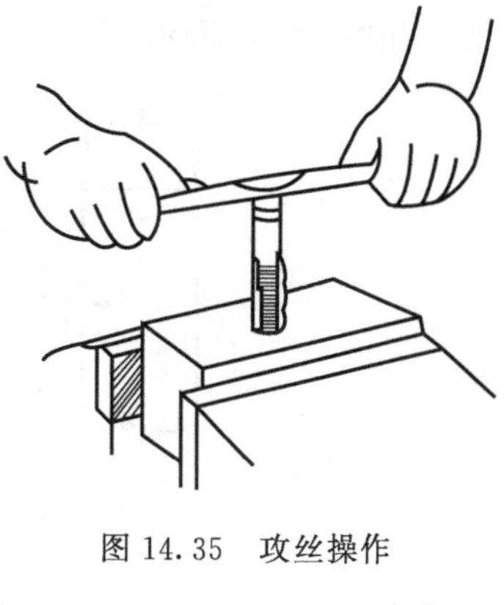
图14.35　攻丝操作

③ 用二锥攻螺纹。先将丝锥放入孔内，用手旋入几周后，再用铰杠转动。旋转铰杠时不需加压。攻盲孔螺纹时，需依次使用头锥、二锥才能攻到需要深度。每更换一锥，先要旋入一两圈，扶正定位，再用铰杠，以防乱扣。

2）套螺纹

（1）套螺纹工具。

板牙有固定式和可调式两种，如图 14.36 所示。板牙由切削部分、定径部分、排屑孔（一般有三四个）组成。排屑孔的两端有 60°的锥度，起着主要的切削作用。定径部分起修光作用。板牙的外圆有一条深槽和四个锥坑，锥坑用于定位和紧固板牙，当板牙的定径部分磨损后，可用片状砂轮沿槽将板牙切割开，借助调紧螺钉将板牙直径缩小。板牙螺孔的中间一段为校准部分，起校正螺纹牙型和导向作用。

板牙架是用来夹持圆板牙的工具，如图 14.37 所示。圆板牙安装在板牙架的圆孔内，四周有紧固和调整用的螺钉。

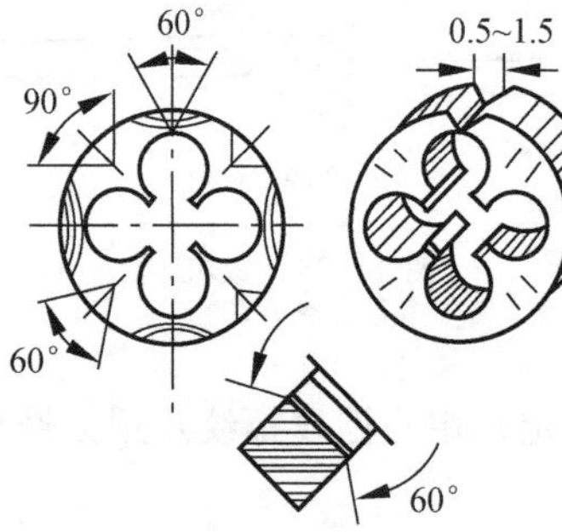

图 14.36　板牙

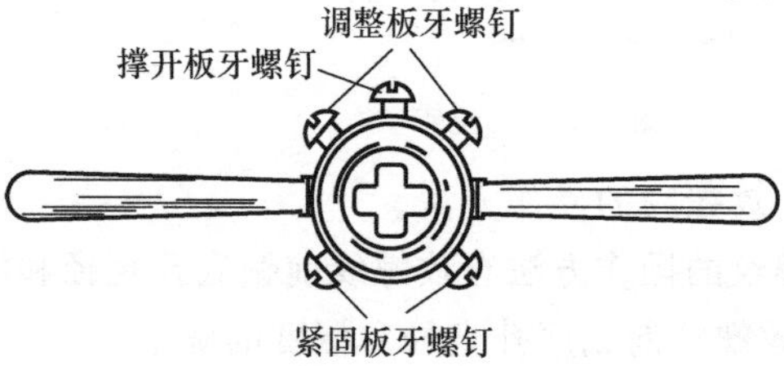

图 14.37　板牙架

（2）套螺纹的操作方法。

套螺纹前应检查圆杆直径，太大难以套入，太小套出的螺纹牙齿不完整。因此，圆杆直径应稍小于螺纹公称直径。圆杆直径可按经验公式计算：

$$d_1 = d - 0.13p \tag{14-4}$$

式中，d_1 为圆杆直径；d 为螺纹公称直径；p 为螺距。

要套螺纹的圆杆必须有合适的倒角，使板牙容易对准工件中心，同时也容易切入，如图 14.38 所示。

套螺纹过程与攻螺纹相似。套螺纹时板牙端面与圆杆应严格地保持垂直。开始转动板牙架时，要稍加压力；套入几扣后，即只需转动，不加压。要时常倒转，以便断屑，并加机油润滑，如图 14.39 所示。

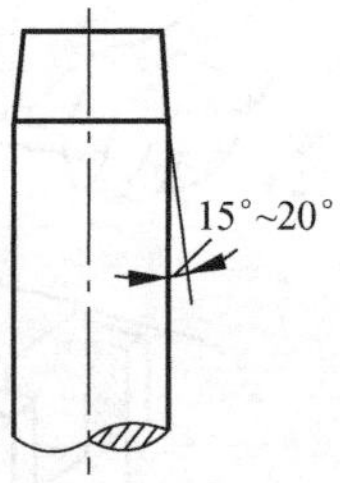

图 14.38　圆杆倒角

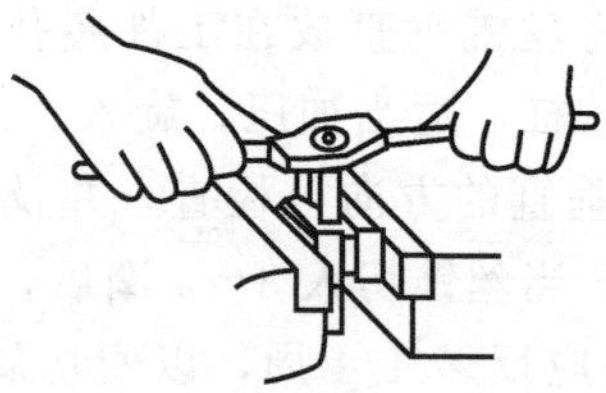

图 14.39　套扣操作

14.3　钳工装配基本知识

任何机械产品都是由多个零件组成，如一台中等复杂程度的减速箱就是由几十个零件所组成。根据规定的装配技术要求，将零件进行必要的配合和连接，使之成为产品的工艺过程，称为装配。

装配又有组件装配、部件装配和总装配之分。

组件装配：将两个以上零件连接组合成为组件的过程，如减速器的一根轴。

部件装配：将若干个零件、组件连接组合成为部件（独立机构）的过程，如减速箱。

总装配：将若干个零件、组件、部件连接组合成机械产品的过程，如车床即是由几个箱体等部件安装在床身上而构成的。

14.3.1　装配过程及装配工作

1）装配前的准备

(1) 研究熟悉装配图的技术条件，了解产品的结构、性能和零件的作用，以及零件间的连接关系。

(2) 确定装配的方法、程序和所需的装配工具。

(3) 领取和清洗零件。清洗时，可用柴油、煤油去掉零件上的锈蚀、切屑末、油污及其他脏物，然后涂上一层润滑油。有毛刺时应及时修去。

2）装配

按组件装配—部件装配—总装配的次序进行，并经过调整、试验、检验、喷漆、装箱等步骤。

组件装配举例。

以减速箱大轴组件为例，它的装配顺序如下：

(1) 将键配好，轻打装在轴上。

(2) 压装齿轮。

(3) 放上垫套，压装右轴承。

(4) 压装左轴承。

(5) 于透盖槽中放入毡圈，并套在轴上。

3）对装配工作的要求

(1) 装配时，应检查零件与装配有关的形状和尺寸精度是否合格，检查有无变形、损坏等。应注意零件上的各种标记，防止错装。

(2) 固定连接的零、部件，不允许有间隙。活动的零件，能在正常的间隙下，灵活均匀地按规定方向运动。

(3) 各种运动部件的接触表面，必须保证有足够的润滑，若有油路，必须畅通。

(4) 各种管道和密封部件，装配后不得有渗漏现象。

(5) 高速运动机构的外面，不得有凸出的螺钉头、销钉头等。

(6) 试车前，应检查各部件连接的可靠性和运动的灵活性，检查各种变速和变向机构的操纵是否灵活，手柄是否在合适的位置。试车时，从低速到高速逐步进行。并且根据试车情况，进行必要的调整，使其达到运转的要求，但是注意不能在运转中进行调整。

14.3.2 典型件的装配

1）螺纹连接件的装配

螺纹连接装拆简便，调整、更换方便，是应用最广泛的可拆固定连接。常见的螺纹连接件形式有：双头螺栓连接、螺栓连接和螺钉连接等，如图 14.40 所示。

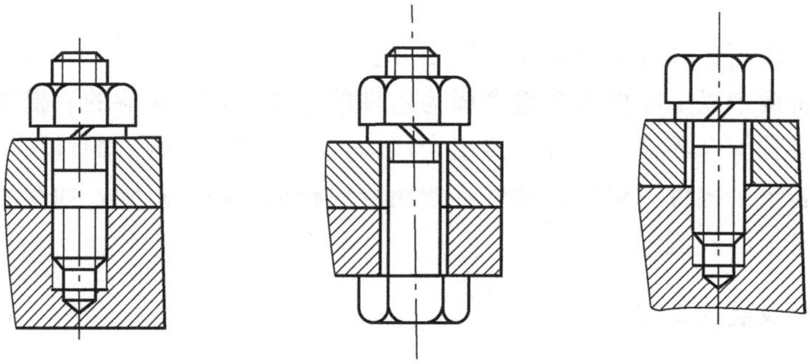

(a) 双头螺栓连接　　(b) 螺栓连接　　(c) 螺钉连接

图 14.40　螺纹连接件的形式

螺纹连接件装配的基本要求：

(1) 螺母或螺钉的装配应做到用手能自由旋入，然后再用扳手拧紧，拧紧时注意松紧合适。

(2) 螺母端面应与螺纹轴线垂直，以使受力均匀。

(3) 零件与螺母的贴合面应平整、光洁，否则螺纹连接容易松动，为了提高贴合质量可加垫圈。在动载荷或受振情况下，为防止螺纹连接松动，增加摩擦力，可再加弹簧垫圈。

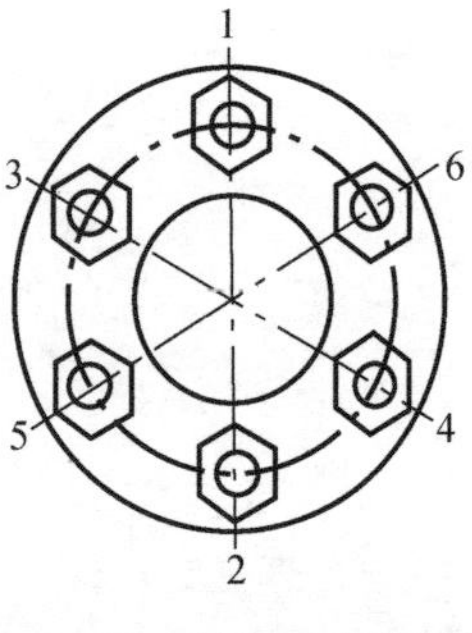

图 14.41　螺母的拧紧顺序

(4) 双头螺栓的一头应紧密地拧入机体，不能有任何松动，以便拆卸时从其上拧下很紧的螺母时不会发生松动。螺栓轴线应与机体端面垂直，否则会造成被连接件难以装入。

(5) 装配成组螺钉、螺母时，为了保证零件贴合面受力均匀，应按一定顺序，并分 2～3 次逐步拧紧，如图 14.41 所示。

2）键连接的装配

键是用来连接传动轴上的齿轮、皮带轮等零件，以传动扭矩。常见的键连接形式有：平键连接和楔键连接。

(1) 平键的装配。

图 14.42 所示为平键的装配。装配前，锉除键槽和平键的锐边毛刺。装配时，通常先把平键敲入或压入轴的键槽内，然后再装轮毂，不允许在相互配合处有松动现象。装配后，键的两侧面应有一定过盈量，键的底面要与轴上键槽底部接触，键的顶面和轮毂间须有一定间隙。

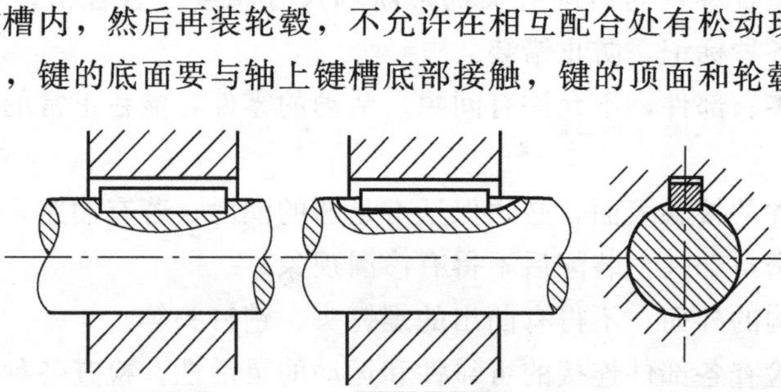

图 14.42　平键的装配

(2) 楔键的装配。

图 14.43 所示为楔键的装配。楔键的形状与平键不同之处是：楔键的顶面在长度方向带有 1∶100 的斜度（轮毂的键槽也有同样的斜度），一端有钩头，以便拆装。装配时用锤子打入，使楔键的顶面和底面分别与轮毂键槽、轴上键槽紧贴，键的两侧与键槽有一定的间隙。锲键除能传递扭矩外，还能承受单向轴向力。

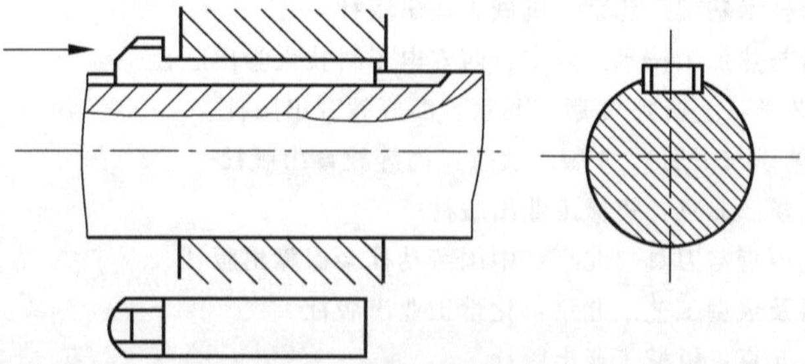

图 14.43　楔键的装配

3）滚珠轴承的装配

装配前，应将轴承、轴、机体孔及油孔等用煤油或汽油清洗干净。轴承如需要用黄油润滑时，要涂上清洁的黄油。

滚珠轴承的装配大多为较小的过盈配合，常用手锤或压力机压装。装配时，为了使轴承受力均匀，通过垫套将轴承压入。将轴承装在轴上时，力应加在内圈端面上［图 14.44（a)］；将轴承装在机体孔中时，力应加在外圈端面上［图 14.44（b)］；轴承同时装到轴上和机体孔中时，力则应同时作用在内、外圈的端面上［图 14.44（c)］。

如果轴承内圈与轴配合的过盈量较大，可将轴承悬吊在 80°～90°的机油中加热，加热时间不少于 15min，然后趁热装入。

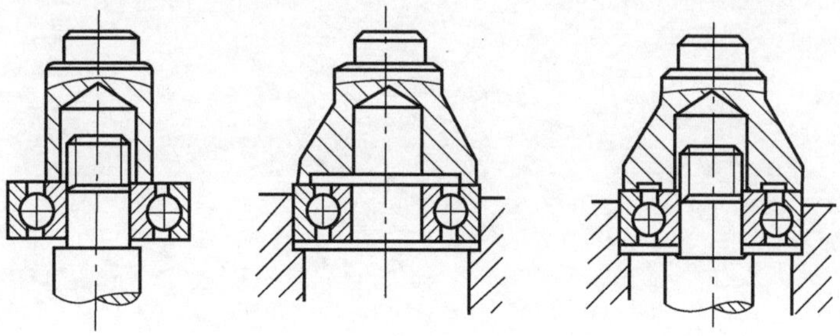

(a)　(b)　(c)

图 14.44　用垫套压滚珠轴承

复习思考题

14-1　何谓钳工加工？试说明钳工加工的主要优缺点及适用场合。

14-2　何谓划线？划线的目的是什么？说明主要划线工具的作用。选择划线基准应注意哪些问题？

14-3　在钻床上钻孔，钻头容易产生偏斜，在生产中如何解决这个技术问题？

14-4　何谓錾削？錾削主要用途在何处？

14-5　锉削有几种加工方法？各有什么不同特点？

14-6　套螺纹前圆杆头部为什么要倒角？攻螺纹、套螺纹时为什么要经常反转？

14-7　装配工作的基本内容有哪些？装配之前有哪些准备工作？保证产品装配精度的装配方法有哪几种？

参考文献

陈金德．2000．材料成形技术基础．北京：机械工业出版社

程晓宇．2006．工程材料与热加工技术．西安：西安电子科技大学出版社

邓文英．2001a．金属工艺学（上册）．4版．北京：高等教育出版社

邓文英．2001b．金属工艺学（下册）．4版．北京：高等教育出版社

丁德权．2002．金属工艺学．北京：机械工业出版社

洪惠良．2006．金属切削原理与刀具．北京：中国劳动社会保障出版社

侯旭明．2003．工程材料及成型工艺．北京：化学工业出版社

刘霞．2009．金工实习．北京：机械工业出版社

马保吉．2006．机械制造基础工程训练．2版．西安：西北工业大学出版社

上海市金属切削技术协会．2008．金属切削手册．上海：上海科学技术出版社

万文龙．2007．机械制造基础．北京：高等教育出版社

王甫茂，李正峰．2005．机械制造基础（两年制）．上海：上海交通大学出版社

吴拓．2006．金属切削加工及装备．北京：机械工业出版社

闫红，张杰．2004．金属工艺学．重庆：重庆大学出版社

姚智慧．2000．现代机械制造技术．哈尔滨：哈尔滨工业大学出版社

张福润．1999．机械制造技术基础．武汉：华中理工大学出版社

张国文，吴安德．2006．机械制造基础．北京：人民邮电出版社

庄佃霞，崔朝英．2009．机械制造基础．北京：机械工业出版社